全国普通高等学校机械类“十三五”规划系列教材
全国普通高等学校机械类“十二五”规划系列教材

单片机原理及接口技术
（第二版）

主　编　杨术明

副主编　王　军　王艳春　周华茂
　　　　祝爱萍　李茂强

参　编　王欣欣　杨小玲　翟晓华
　　　　薛　森

华中科技大学出版社

中国·武汉

内容提要

本书以MCS-51系列单片机为核心，系统介绍单片机的原理及应用，主要内容包括：单片机概述；单片机的硬件结构及原理；指令系统与汇编语言程序设计；定时器/计数器；中断系统；串行接口；MCS-51系列单片机的系统扩展与接口技术；Keil C51的应用程序设计基础；Proteus虚拟仿真设计。

本书既立足于读者对单片机理论知识的掌握，也着眼于应用能力的提高。为此，引入了软件开发平台Keil C51软件和硬件开发平台Proteus软件，通过开发实例，引导读者掌握单片机系统的硬件设计、软件设计及仿真分析流程，提高读者对这门课程的学习兴趣。

本书是高等学校机械类及相关专业的教材，同时也可供计算机专业、高等职业教育相关专业作为教材及从事单片机开发应用方面的工程技术人员学习参考。

图书在版编目(CIP)数据

单片机原理及接口技术/杨术明主编. —2版. —武汉：华中科技大学出版社，2018.7（2024.1重印）
全国普通高等学校机械类"十三五"规划系列教材
ISBN 978-7-5680-4355-7

Ⅰ.①单… Ⅱ.①杨… Ⅲ.①单片微型计算机-基础理论-高等学校-教材 ②单片微型计算机-接口技术-高等学校-教材 Ⅳ.①TP368.1

中国版本图书馆CIP数据核字(2018)第152861号

单片机原理及接口技术(第二版)
Danpianji Yuanli ji Jiekou Jishu(Di-er Ban)

杨术明 主编

策划编辑：余伯仲
责任编辑：刘 飞
封面设计：原色设计
责任监印：周治超
出版发行：华中科技大学出版社(中国·武汉) 电话：(027)81321913
武汉市东湖新技术开发区华工科技园 邮编：430223
录 排：武汉市洪山区佳年华文印部
印 刷：广东虎彩云印刷有限公司
开 本：787mm×1092mm 1/16
印 张：15.5
字 数：407千字
版 次：2024年1月第2版第5次印刷
定 价：44.80元

第二版前言

单片机技术的发展日新月异，内部资源不断扩展，功能日益增多，性能不断提高，应用范围越来越广。特别是在工业测量与控制、智能仪表、家用电器以及学生创新等方面，单片机已成为不可或缺的核心部件。

本书的特色是借助单片机集成开发环境 Keil 和 Proteus，将硬件设计、软件设计及仿真分析有机统一，为学习单片机原理，提高单片机开发效率提供系统的指导方法。本书自 2013 年出版以来，已被多所高校作为“单片机原理及接口技术”这门课程的指定教材，且已多次重印。根据读者的反馈意见，特对本书存在的问题进行了更正并对相关程序进行了修订。

在本书的撰写和修订过程中，参考了相关的国内外文献和教材，在此谨向作者表示衷心的感谢。

编　者

2018 年 5 月

第一版前言

本书是为普通高等学校培养基础扎实、知识面宽、具有创新实践能力的新世纪应用型人才而编写的，是全国普通高等学校机械类“十二五”规划系列教材。

单片机因集成度高、体积小、功耗低、功能强及性价比高等特点，被广泛应用于智能仪表、家用电器、通信设备、工业测控、汽车电子产品等领域。单片机的应用已经渗透到我们生活的方方面面，单片机应用技术已成为工程技术人员必须掌握的技术之一。

本书既立足于读者对单片机理论知识的掌握，又着眼于应用能力的提高。在介绍单片机硬件结构、单片机指令等理论知识的基础上，引入了软件开发平台 Keil C51 软件和硬件开发平台 Proteus 软件，通过开发实例，引导读者掌握单片机系统的硬件设计、软件设计及仿真分析方法，体现出理论和实践的有机统一，是提高单片机教学质量的一种尝试。

本书共分 9 章，主要内容为：单片机概述、单片机的硬件结构及原理、指令系统与汇编语言程序设计、定时器/计数器、中断系统、串行接口、MCS-51 系列单片机的系统扩展与接口技术、Keil C51 的应用程序设计基础和 Proteus 虚拟仿真设计。

本书由杨术明（宁夏大学）担任主编，王军（江西理工大学）、王艳春（蚌埠学院）、周华茂（江西农业大学）、祝爱萍（宁夏大学）担任副主编，主要编写成员还有翟晓华（晋中学院）、王欣欣（华北水利水电学院）、杨小玲（江西农业大学）。杨术明负责全书的统稿。在本书的编写过程中，参考了其他版本的同类教材及专家学者的文献资料，在此特向其编著者表示衷心的感谢！

由于编者水平有限，书中难免存在疏漏与不妥之处，敬请广大读者批评指正。

编　者

2012 年 5 月

目　　录

第 1 章　单片机概述

1.1　数制及其运算

数制是人们对事物数量计数的一种统计规律。在日常生活中最常用的是十进制，但在计算机中，由于电子元件最易实现的是两种稳定状态：器件的“开”与“关”，电平的“高”与“低”，因此，采用二进制数“0”和“1”可以很方便地表示机内的数据运算与存储。在编程时，为了方便阅读和书写，人们还经常用八进制数或十六进制数来表示二进制数。虽然一个数可以用不同计数制形式表示它的大小，但该数的量值是相等的。

1.1.1　计数机中的数制及其相互转换

1. 数制的基数和位权

当进位计数制采用位置表示法时，同一数字在不同的数位所代表的数值是不同的。每一种进位计数应包含以下两个基本的因素。

(1) 基数 R(radix)　它代表计数制中所用到的数码个数，简称基。如：二进制计数中用到“0”和“1”两个数，而八进制计数中用到 0～7 共八个数。一般来说，基数为 R 的计数制(简称 R 进制)中，包含 0，1，…，$R-1$ 个数码，进位规律为“逢 R 进 1”。

(2) 位权 W(weight)　在进位计数制中，某个数位的值是由这一位的数码值乘以处在这一位的固定常数决定的，通常把这一固定常数称为位权值，简称位权或权。各位的位权是以 R 为底的幂。如十进制的基数 $R=10$，则个位、十位、百位上的位权分别为 10^0、10^1、10^2。

例 1-1　二进制数 1010.11 的基数 R 为 2。

对应各位的位权 W 分别为 2^3，2^2，2^1，2^0，2^{-1}和 2^{-2}。

2. 常用数制简介

(1) 二进制数(binary)　二进制计数中用到“0”和“1”共两个数，后缀用“B”表示，进位规律为“逢 2 进 1”。

(2) 八进制数(octal)　八进制计数中用到 0～7 共八个数，因为字母“O”与数字“0”易混淆，所以后缀用“Q”表示，进位规律为“逢 8 进 1”。

(3) 十进制数(decimal)　十进制计数中用到 0～9 共十个数码，后缀用“D”表示，后缀“D”在使用时可以省略，此时数字默认为十进制数，规律为“逢 10 进 1”。

(4) 十六进制数　十六进制计数中用到 0～9 十个数码和 A、B、C、D、E、F 六个字母，其中 A 到 F 六个字母分别代表十进制数中的 10 到 15，后缀用“H”表示，进位规律为“逢 16 进 1”。

3. 各种进制数转换为十进制数

各种进制数转换为十进制数的原则为：按位权展开相加。

例 1-2　将数 FFFFH，735.4Q 及 10111100.101B 分别转换为十进制数。

$$\text{FFFFH} = 15\times16^3+15\times16^2+15\times16^1+15\times16^0=65535$$

$$735.4\text{Q} = 7\times8^2+3\times8^1+5\times8^0+4\times8^{-1}=477.5$$

$$10111100.101B = 2^7 + 2^5 + 2^4 + 2^3 + 2^2 + 2^{-1} + 2^{-3} = 188.625$$

4. 十进制数转换为二、八、十六进制数

十进制数转换为二、八、十六进制数时，需将整数部分和小数部分分开进行，转换原则为：整数部分除基取余，小数部分乘基取整。

整数部分转换步骤分为以下三步。

步骤1 用基去除整数部分，得到商和余数，记余数为最终进制整数的最低位数码。

步骤2 再用基继续去除上面得到的商，求出新的商和余数，余数又作最终进制整数的次低位数码。

步骤3 重复步骤2，直至商为零为止，整数转换结束。此时，余数作为转换后最终进制整数的最高位数码。

小数部分转换步骤分为以下三步。

步骤1 用基去乘小数部分，记下乘积的整数部分，作为最终进制数小数的第1个数码。

步骤2 再用基继续去乘上次得到的积的纯小数部分，得到新乘积的整数部分，记为最终进制数小数的次位数码。

步骤3 重复步骤2，直至乘积的小数部分为零，或者达到所需要的精度位数为止。此时，乘积的整数位作为最终进制数小数位的后一个数码。

例1-3 将数254.73D转换为十六进制数，保留两位小数。

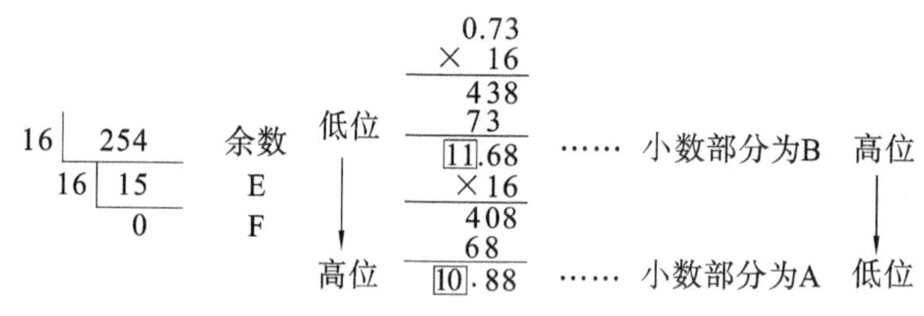

即 254.73D=FE.BAH

由以上两个例子可以看出：其他进制数可以精确转换为十进制数，但十进制数不一定可以精确转换为其他进制数。

1.1.2 二进制数的运算

1. 二进制数的算术运算

二进制数只有“0”和“1”两个数，其算术运算比较简单，加、减法分别遵循“逢二进一”和“借一当二”的原则。

1) 二进制数的加法运算

一位二进制数的加法运算规则为：0+0=0，0+1=1，1+0=1，1+1=10(有进位)。

例1-4 求10101100B+110110B的和。

解

被加数	10101100
加数	+ 110110
和	11100010

即 10101100B+110110B=11100010B

2) 二进制数的减法运算

一位二进制数的减法运算规则为：0−0=0，1−1=0，1−0=1，0−1=1(有借位)。

例 1-5　求 11000111B－110110B 的差。

解　被减数　　11000111

减数　　－　110110

差　　　　10010001

即　　　　11000111B－110110B＝10010001B

3）二进制数的乘法运算

一位二进制数的乘法运算规则为：0×0＝0，0×1＝0，1×0＝0，1×1＝1。

例 1-6　求 11001101B×1101B 的积。

解　被乘数　　11001101

乘数　　×　　1101

```
        11001101
       00000000
      11001101
     11001101
积  101001101001
```

即　　　　11001101B×1101B＝101001101001B

4）二进制数的除法运算

例 1-7　求 11101101B÷1011B 的商。

解

```
          10101
1011 ) 11101101
       1011
         1111
         1011
          10001
           1011
            110
```

即　　　　11101101B÷1011B＝10101B，余数为 110B

2. 二进制数的逻辑运算

1）二进制数"与"运算

"与"运算又称逻辑乘，运算符为"·"或"∧"，实现"有 0 就为 0，全 1 才为 1"的逻辑运算。"与"运算的规则为：0∧0＝0，0∧1＝0，1∧0＝0，1∧1＝1。

例 1-8　若 A＝11010011B，B＝10101010B，求 A∧B。

解

```
   11010011
∧  10101010
   10000010
```

即　　　　A∧B＝11010011B∧10101010B＝10000010B

2）二进制数"或"运算

"或"运算又称逻辑加，运算符为"＋"或"∨"，实现"有 1 就为 1，全 0 才为 0"的逻辑运算。"或"运算的规则为：0∨0＝0，0∨1＝1，1∨0＝1，1∨1＝1。

例 1-9　若 A=10111101B,B=11010001B,求 $A \vee B$。

解

$$\begin{array}{r} 10111101 \\ \vee \quad 11010001 \\ \hline 11111101 \end{array}$$

即　　$A \vee B$=10111101B∨11010001B=11111101B

3) 二进制数"非"运算

"非"运算又称逻辑非,变量 X 的"非"运算记作 $\overline{X}$,实现对变量 X 取反的逻辑运算。"非"运算的规则为$\overline{0}$=1,$\overline{1}$=0。

例 1-10　若 X=11100001B,求 $\overline{X}$。

解　$\overline{X}=\overline{11100001}$=00011110B。

4) 二进制数"异或"运算

"异或"运算符为"⊕",实现"相同为 0,相异为 1"的逻辑运算。"异或"运算的规则为 0⊕0=0,0⊕1=1,1⊕0=1,1⊕1=0。

例 1-11　若 A=10001111B,B=11010001B,求 $A \vee B$。

解

$$\begin{array}{r} 10001111 \\ \oplus \quad 11010001 \\ \hline 01011110 \end{array}$$

即　　$A \oplus B$=10001111B⊕11010001B=01011110B

1.1.3　符号数的表示

1. 机器数与真值

计算机在数的运算中,不可避免地会遇到正数和负数,那么在计算机中正负号如何表示呢? 由于计算机只能识别"0"和"1",因此,我们将一个二进制数的最高位用作符号位来表示这个数的正负。规定符号位用"0"表示正,用"1"表示负。例如,X=−110101B,Y=+110101B,则在计算机中 X,Y 用八位二进制数可分别表示如下。

	D7	D6	D5	D4	D3	D2	D1	D0
X=−110101B	1	0	1	1	0	1	0	1
	符号	数值部分						

	D7	D6	D5	D4	D3	D2	D1	D0
Y=+110101B	0	0	1	1	0	1	0	1
	符号	数值部分						

把一个二进制数连同符号位在内作为一个数,这个数称为机器数,如 10110101B,而一般书写形式的数,即原来二进制数的数值称为该机器数的真值,如−110101B。计算机中机器数的表示方法有三种,即原码、反码和补码。

2. 数的码制

1) 原码

正数的符号用"0"表示,负数的符号用"1"表示,数值部分用真值的绝对值来表示的二进制机器数称为数的原码,用$[X]_{原}$表示,正数的原码与其真值相同。

例 1-12　对于 8 位数据，

若 $X=+35$,则　$[X]_{原}=[+35]_{原}=00100011B$

若 $X=-35$,则　$[X]_{原}=[-35]_{原}=10100011B$

若 $X=0$,则原码有两种表示法:$[+0]_{原}=00000000B$，$[-0]_{原}=10000000B$

由此可见,当 n 为二进制的位数时,原码与真值的关系为

$$[X]_{原}=\begin{cases} X, & 0\leqslant X<2^{n-1} \\ 2^{n-1}-X, & -2^{n-1}<X\leqslant 0 \end{cases}$$

八位二进制数($n=8$)原码所能表示的数的范围为$-127\sim127$。

2) 反码

一个正数的反码等于该数的原码;一个负数的反码,等于该负数的原码符号位不变(即"1"),数值位按位求反(即"0"变"1","1"变"0")。反码用$[X]_{反}$表示。

例 1-13　对于 8 位数据，

若 $X=+35$,则　$[X]_{反}=[+35]_{反}=00100011B$

若 $X=-35$,则　$[X]_{反}=[-35]_{反}=11011100B$

若 $X=0$,则反码也有两种表示法:$[+0]_{反}=00000000B$，$[-0]_{反}=11111111B$

由此可见,当 n 为二进制的位数时,反码与真值的关系为

$$[X]_{反}=\begin{cases} X, & 0\leqslant X<2^{n-1} \\ 2^{n-1}-1+X, & -2^{n-1}<X\leqslant 0 \end{cases}$$

八位二进制数($n=8$)反码所能表示的数的范围为$-127\sim127$。

3) 补码

在日常生活中有许多"补"码的事例。如钟表,假设标准时间为 5 点整,而某钟表却指在 9 点,若要把表拨准,可以有两种拨法,一种是倒拨 4 小时,即 $9-4=5$;另一种是顺拨 8 小时,即 $9+8=5$。尽管将表针倒拨或顺拨不同的时数,但却得到相同的结果,即"$9-4$"与"$9+8$"的效果是一样的。这是因为钟表采用 12 进位,超过 12 就从头算起,即 $9+8=12+5$,12 称为钟表计时制的模(mod)。模(mod)为一个系统的量程或此系统所能表示的最大数,它会自然丢掉,如:$9-4=5$ 与 $9+8=12+5$ (mod12 自然丢掉)是等价的。

通常称"-4"和"$+8$"是在模为 12 时的补数。于是,引入补码后,可使减法运算变为加法运算。

一般情况下,任一整数 X,对于 n 位计算机,在模为 K 时的补码可表示为

$$[X]_{补}=\begin{cases} X, & 0\leqslant X<2^{n-1} \\ 2^{n}+X, & -2^{n-1}\leqslant X\leqslant 0 \end{cases}$$

例 1-14　对于 8 位数据，

若 $X=+35$,则　$[X]_{补}=[+35]_{补}=00100011B$

若 $X=-35$,则　$[X]_{补}=[-35]_{补}=11011101B$

若 $X=0$,则补码只有一种表示法,即　$[+0]_{补}=[-0]_{补}=00000000B$

八位二进制数($n=8$)补码所能表示的数的范围为$-128\sim127$。

综上所述,计算机中数的码制可归纳如下。

(1) 正数的原码、反码、补码就是该数本身。

(2) 负数的原码其符号位为 1,数值位不变。

(3) 负数的反码其符号位为 1,数值位逐位求反。

(4) 负数的补码其符号位为1,数值位逐位求反并在末位加1。

注意:计算机中所有的符号数默认用补码表示;计算机中所能表示的符号数的范围为$-2^{n-1} \sim +2^{n-1}-1$,n为机器数的位数;已知一个数的补码时,$[正数]_{真值}=[正数]_{补}$,$[负数]_{真值}=[负数]_{补}$取反(符号位除外)+1。

1.2 BCD码和ASCII码

1.2.1 BCD码

二进制数以其物理易实现和数据传送、运算简单的优点,在计算机中得到了广泛应用,但二进制数不直观,也不符合人们的日常习惯,所以在计算机的输入和输出时,通常还是采用十进制数表示。为了既满足人们的习惯,又能让计算机接受,便引入了BCD码(binary coded decimal)。它用二进制编码来表示二进制数,这样的十进制数的二进制编码,既具有二进制数的形式,又具有十进制数的特点,便于传递处理。

一位十进制数有0~9共十个数,需要由四位二进制数来表示。四位二进制数有16种组合,取其前10种组合分别代表十个十进制数,最常用的方法是8421 BCD码,其中8,4,2,1分别为四位二进制数的位权值。表1-1给出了十进制数和8421 BCD码的对应关系。

例1-15 写出129.36的BCD码。

解 根据表1-1,可直接写出相应的BCD码,即

$$129.36=(000100101001.00110110)_{BCD}$$

表1-1 8421 BCD编码表

十进制数	8421 BCD码	十进制数	8421 BCD码
0	0000	5	0101
1	0001	6	0110
2	0010	7	0111
3	0011	8	1000
4	0100	9	1001

1.2.2 ASCII码

计算机除了能对二进制数运算外,还需要对各种各样的字符进行识别和处理,这就要求计算机首先能够表示这些字符。这些字符如下。

数字字符:0,1,…,9。

大小写的26个英文字母:A,B,…,Z;a,b,…,z。

专用字符:如+,-,* ,/,SP(空格)等。

各种标点符号。

非打印字符:CR(回车),LF(换行),BEL(响铃)等。

当用汇编语言或其他高级语音编写的源程序送入计算机时,就要键入很多字母、数字、标点及其他符号,这就要对字符进行编码。

在微型计算机中，目前国际上比较通用的是美国标准学会（ANSI）在 1963 年制定的美国国家信息交换标准字符码，简称 ASCII 码。标准的 ASCII 码采用七位二进制数对字符进行编码，共有 128 个元素，其中包括 32 个通用控制字符，10 个十进制数码，52 个大小写英文字母和 34 个专用符号。例如，字母“A”的 ASCII 码为 41H，字母“b”的 ASCII 码为 62H，0～9 的 ASCII 码是 30H～39H，详见表 1-2。

表 1-2　ASCII 码表

低位＼高位	000	001	010	011	100	101	110	111
0000	NULL	DLE	SP	0	@	P	、	p
0001	SOH	DC1	!	1	A	Q	a	q
0010	STX	DC2	“	2	B	R	b	r
0011	ETX	DC3	#	3	C	S	c	s
0100	EOT	DC4	$	4	D	T	d	t
0101	ENQ	NAK	%	5	E	U	e	u
0110	ACK	SYN	&	6	F	V	f	v
0111	BEL	ETB	‘	7	G	W	g	w
1000	BS	CAN	(	8	H	X	h	x
1001	HT	EM	)	9	I	Y	i	y
1010	LF	SUB	*	:	J	Z	j	z
1011	VT	ESC	+	;	K	[	k	{
1100	FF	FS	’	<	L	\	l	|
1101	CR	GS	—	=	M	]	m	}
1110	SO	RS	.	>	N	↑	n	～
1111	SI	US	/	?	O	←	o	DEL

在计算机中传输 ASCII 码时，通常采用八位二进制数，因此，最高有效位用做奇偶校验位，用于检查代码在传输过程中是否出现差错。

如果字母“W”的 ASCII 码采用偶校验，则在最左边的奇偶校验位上加一个“1”，即为 11010111B，使其变成偶数个“1”。

如果“W”采用奇校验，则在最左边加一个“0”，即为 01010111B，变成奇数个“1”。

1.3　单片机的产生与发展

随着大规模集成电路的出现及其发展，将计算机的 CPU、RAM 、ROM、定时器/计数器和多种 I/O 口集成在一片芯片上，形成了芯片级的计算机，因此单片机早期的含义称为单片微型计算机（single chip microcomputer），直译为单片机，沿用至今。准确反映单片机本质的定义应是微控制器（microcontroller）。目前国外大多数厂家、学者已普遍改用 microcontroller 一词，其缩写为 MCU（microcontroller unit），以与 MPU （microprocesser unit）相对应。国内仍沿用单片机一词，但其含义应是 microcontroller，而非 microcomputer，这是因为单片机无论从功能还是从形态来说,都是作为控制领域用计算机的要求而诞生的。

目前也有人根据单片机的结构和微电子设计特点将单片机称为嵌入式微处理器(embedded microprocesser)或嵌入式微控制器(embedded microcontroller)。本书我们仍沿用传统的称呼——单片机。

1.3.1 单片机的发展历史

单片机出现的历史并不长,但发展十分迅猛。它的产生与发展和微处理器的产生与发展大体同步,自 1971 年美国 Intel 公司首先推出 4 位微处理器以来,它的发展到目前为止大致可分为以下五个阶段。

(1) 第一阶段(1971—1976)　单片机发展的初级阶段。1971 年 11 月,Intel 公司首先设计出集成度为一块芯片上 2000 只晶体管的 4 位微处理器 Intel 4004,并配有 RAM、ROM 和移位寄存器,构成了第一台 MCS-4 微处理器。而后又推出了 8 位微处理器 Intel 8008,以及其他各公司相继推出的 8 位微处理器。它们虽说还不是单片机,但从此拉开了研制单片机的序幕。

(2) 第二阶段(1976—1980)　低性能单片机阶段。以 1976 年 Intel 公司推出的 MCS-48 系列为代表,采用将 8 位 CPU、8 位并行 I/O 口、8 位定时器/计数器、RAM 和 ROM 等集成于一块芯片上的单片结构,虽然其寻址范围有限(不大于 4 KB),也没有串行 I/O 口,RAM、ROM 容量小,中断系统也较简单,但功能可满足一般工业控制和智能化仪器、仪表等的需要。这种将 CPU 与计算机外围电路集成到一块芯片上的技术,标志着单片机与通用 CPU 的分道扬镳,在构成新型工业微控制器方面取得了成功,为进一步发展单片机开辟了成功之路。

(3) 第三阶段(1980—1983)　高性能单片机阶段。这一阶段推出的高性能 8 位单片机普遍带有串行口,有多级中断处理系统,多个 16 位定时器/计数器;片内 RAM、ROM 的容量加大,且寻址范围可达 64 KB,个别片内还带有 A/D 转换接口。其典型产品为 1980 年 Intel 公司推出的 MCS-51 系列单片机,其他代表产品有 Motorola 公司的 6801 和 Zilog 公司的 Z8 等。这类单片机拓宽了单片机的应用范围,使之能用于智能终端、局部网络的接口等。因而,它是目前国内外产品的主流,各制造公司还在不断地改进和发展它。

(4) 第四阶段(1983—20 世纪 80 年代末)　16 位单片机阶段。1983 年,Intel 公司又推出了高性能的 16 位单片机 MCS-96 系列,由于其采用了最新的制造工艺,芯片集成度高达每片 12 万只晶体管。CPU 为 16 位,支持 16 位算术逻辑运算,并具有 32 位除 16 位的除法功能,片内 RAM 和 ROM 容量更进一步增大;除两个 16 位定时/计数器外,还可设定 4 个软件定时器,具有 8 个中断源,片内带有多通道高精度 A/D 转换和高速输入、输出部件(HSIO),运算速度和控制功能也大幅度提高,具有很强的实时处理能力。

(5) 第五阶段(20 世纪 90 年代至今)　单片机在集成度、功能、速度、可靠性、应用领域等全方位向更高水平发展。如:CPU 的位数有 8 位、16 位、32 位,而结构上进一步采用双 CPU 结构或内部流水线结构,以提高处理能力和运算速度;时钟频率高达 20 MHz,使指令执行速度相对加快;提供新型的串行总线结构,为系统的扩展与配置打下了良好的基础;增加新的特殊功能部件(如:PWM 输出、监视定时器 WDT,可编程计数器阵列 PCA, DMA 传输、调制解调器、通信控制器,浮点运算单元等);半导体制造工艺的不断改进,使芯片向高集成化、低功耗方向发展;等等。以上这些方面的发展,使单片机在大量数据的实时处理、高级通信系统、数字信号处理、复杂工业过程控制、高级机器人及局域网络等方面得到大量应用。

1.3.2 单片机的特点

单片机的芯片集成度很高，它将微型计算机的主要部件都集成在一块芯片上，具有下列特点。

(1) 体积小，质量轻，价格便宜，功耗低。

(2) 根据工控环境要求设计，且许多功能部件集成在芯片内部，其信号通道受外界影响小，故可靠性高，抗干扰性能优于采用一般的CPU。

(3) 控制功能强，运行速度快。其结构组成与指令系统都着重满足工业控制要求，有极丰富的条件分支转移指令，有很强的位处理功能和I/O口逻辑操作功能。

(4) 片内存储器的容量不可能很大；引脚也较少，I/O引脚常不够用，且兼第二功能乃至第三功能，但存储器和I/O口都易于扩展。

1.3.3 单片机的应用

由于单片机具有上述显著的特点，其应用领域有很多，无论是工业部门，还是民用部门乃至事业部门，到处都有它的身影。现将单片机的应用大致归纳为以下几个方面。

1. 在智能仪器仪表中的应用

仪器仪表是单片机应用最多，最活跃的领域之一。在各类仪器仪表中引入单片机，使仪器仪表智能化，提高测试的自动化程度和精度，简化仪器仪表的硬件结构，提高其性价比。

2. 在机电一体化产品中的应用

机电一体化产品是指集机械技术、微电子技术、计算机技术于一体，使其成为具有智能化特征的电子产品，它是机械工业发展的方向。

3. 在实时过程控制中的应用

单片机广泛地用于各种实时过程控制系统中，例如工业过程控制、过程监测、航空航天、尖端武器、机器人系统等各种实时控制系统。用单片机实时进行数据处理和控制，使系统保持最佳工作状态，提高系统的工作效率和产品的质量。

4. 在生活中的应用

目前，国内外各种家用电器已普遍采用单片机来代替传统的控制电路。例如洗衣机、电冰箱、空调机、微波炉、电饭煲、收音机、音响、电风扇及许多高级电子玩具都配上了单片机，从而提高了自动化程度，增强了功能。当前家电领域的主要发展趋势是模糊控制，以形成众多的模糊控制家电产品，而单片机正是这些产品的最佳选择。单片机将使人类生活更加方便舒适，丰富多彩。

5. 在其他方面的应用

单片机除以上各方面的应用外，它还广泛应用于办公自动化领域、商业营销领域、汽车及通信系统、计算机外部设备、模糊控制等各领域中。

总之，单片机已成为计算机发展和应用的一个重要方面。

1.3.4 单片机发展的未来

在未来相当长的时期内，8位单片机仍是单片机的主流机型。这是因为，一方面8位廉价型单片机基本已完全替代了4位单片机；另一方面，8位增强型单片机在速度及功能上向现在的16位单片机挑战。因此未来的机型可能是8位机与32位机共同发展的时代。从应用而言，32位单片机在相当长的时间内数量不会很多,现有的16位单片机仍有相当长的生命周期。

从单片机的结构功能上看,单片机的发展趋势将向着大容量,高性能,小容量、低价格和外围电路内嵌结构等几个方面发展。

(1) 大容量　片内存储器容量进一步扩大。以往单片机内的ROM为1～4KB,RAM为64～128B,因此在某些复杂控制场合,使其存储器容量不够,不得不进行外部扩充。为适应这种应用场合的要求,可以加大片内存储器的容量。目前单片机内部的ROM可达4～8KB,RAM可达256B,有的单片机片内ROM可达128KB, RAM可达1MB,寻址可达16MB。今后,随着工艺技术的不断发展,单片机片内存储器容量将进一步扩大。

(2) 高性能　主要是指进一步改进单片机CPU的性能,加快指令运算速度和提高系统控制的可靠性。第一代8位单片机片内CPU及寄存器都采用16位,内部总线也采用16位,有的还采用流水线技术,指令的执行速度可达100ns,堆栈的空间可达64KB,以支持C语言开发。片内RAM在1MB以上,存储器寻址可达16MB。

(3) 小容量、低价格　与上述相反,这类单片机的用途是把以往用数字逻辑集成电路组成的控制电路单片化。

(4) 外围电路内嵌结构　随着集成度的不断提高,尽可能把众多的各种外围功能器件集成在片内,除存储器、定时器/计数器等以外,片内还可以集成A/D、D/A、DMA控制器、声音发生器、监视定时器、液晶显示驱动器、彩色电视机和录像机用的锁相电路等。

(5) 增强I/O口功能　为减少外部驱动芯片,进一步增加单片机并行口的驱动能力,有的单片机可直接输出大电流和高电压,以便直接驱动负载。为进一步加快I/O口的传输速度,有的单片机还设置了高速I /O口,以最快的速度触发外部设备,也可以以最快的速度响应外部事件。

1.4　MCS-51系列单片机介绍

MCS-51系列单片机共有10多种产品,可分为两大系列:MCS-51子系列与MCS-52子系列。MCS-51子系列中主要有8031、8051、8751三种类型。MCS-52子系列也有三种类型:8032、8052、8752。各子系列配置如表1-3所示。

表1-3　MCS-51系列单片机配置一览表

系　列	片内存储器				定时器/计数器	并行I/O	串行I/O	中断源	制造工艺
	无ROM	片内ROM	片内EPROM	片内RAM					
MCS-51子系列	8031	8051 4KB	8751 4KB	128B	2×16b	4×8b	1	5	HMOS
	80C31	80C51 4KB	87C51 4KB	128B	2×16b	4×8b	1	5	CHMOS
MCS-52子系列	8032	8052 8KB	8752 8KB	256B	3×16b	4×8b	1	6	HMOS
	80C32	80252 8KB	87C252 8KB	256B	3×16b	4×8b	1	7	CHMOS

表 1-3 列出了 MCS-51 系列单片机的两个系列，在性能上略有差别。同一子系列内各芯片的区别主要在于片内存储器的类型不同，而不同系列的芯片的区别主要在于片内存储器的容量不同。另外，制造工艺为 CHMOS 的单片机具有功耗低的特点。

1.5　基于 MCS-51 内核单片机简介

近年来，随着科技的飞速发展和单片机应用的不断深入，出现了许多具有各自特色的单片机，基于 MCS-51 内核的单片机也不断推陈出新，目前已有上百种型号。因这些类型的单片机都基于 MCS-51 内核，所以各个型号之间基本都能兼容，具有很好的移植性能。下面介绍几种典型的基于 MCS-51 内核的单片机。

1.5.1　ATMEL 89 系列单片机

ATMEL 89 系列单片机是美国 ATMEL 公司生产的与 MCS-51 系列单片机兼容的产品。这个系列产品的最大特点是片内含有 Flash 存储器。因此，有着十分广泛的应用前景和用途。ATMEL 公司生产的 51 内核单片机主要有五类：单周期 8051 内核单片机、Flash ISP 在系统编程单片机、USB 接口单片机、智能卡接口单片机及 MP3 专用单片机。根据类型的不同，这些单片机内部集成了多种接口，如 SPI、多媒体卡接口、A/D 接口、D/A 接口、智能卡接口、USB 接口等，可根据需要选择相应的类型。因此系列单片机应用较广泛，下面对其型号进行说明。

ATMEL 89 系列单片机型号由三个部分组成，它们分别是前缀、型号、后缀，其格式如下。

AT89C(LV、S)××××-××××

1. 前缀

前缀由字母“AT”组成，它表示该器件是 ATMEL 公司的产品。

2. 型号

型号由“89C××××”或“89 LV××××”或“89 S××××”等表示。“9”表示芯片内部含 Flash 存储器；“C”表示 CHMOS 产品；“LV”表示低电压产品；“S”表示含可下载的 Flash 存储器。“××××”为表示型号的数字，如 51、2051、8252 等。

3. 后缀

后缀由“××××”四个参数组成，与产品型号用“-”号隔开。

后缀中第一个参数“×”表示速度，其意义为：

×＝12，表示速度为 12MHz。

后缀中的第二个参数“×”表示封装，其意义为：

×＝D，表示陶瓷封装；

×＝J，表示 PLCC 封装；

×＝P，表示塑料双列直插 DIP 封装；

×＝S，表示 SOIC 封装；

×＝Q，表示 PQFP 封装；

×＝A，表示 TQFP 封装；

×＝W，表示裸芯片。

后缀中的第三个参数“×”表示温度范围，其意义为：

×=C,表示商业用产品,温度范围为 0～+70 ℃;

×=I,表示工业用产品,温度范围为-40～+85 ℃;

×=A,表示汽车用产品,温度范围为-40～+125 ℃;

×=M,表示军用产品,温度范围为-55～+150 ℃。

后缀中的第四个参数"×"用于说明产品的处理情况,其意义为:

×为空,表示为标准处理工艺;

×=/883,表示处理工艺采用 MIL-STD-883 标准。

例如:单片机型号为"AT89C52-24PI",则表示意义为该单片机是 ATMEL 公司的含 Flash 存储器的单片机,采用 CMOS 结构,速度为 24 MHz,封装为塑封 DIP(双列直插),是工业用产品,按标准处理工艺生产。

1.5.2 NXP 单片机

NXP(恩智浦)是 2006 年末从飞利浦公司独立出来的半导体公司。NXP 的 8 位单片机主要包括:80C51 系列单片机、LPC700 系列单片机、LPC900 系列单片机、LPC9001 系列单片机和 LPC98X 系列单片机。

1. 80C51 系列单片机

NXP 的 80C51 单片机支持 OTP 及 Flash 存储器,3.3～5 V 工作电压,工业级温度范围,大容量 RAM(256B～8KB),大容量 Flash(4～96KB),支持 ISP/IAP/ICP 下载,具有 PWM、PCA 等功能,适合于各类电子应用场合。

2. LPC700 系列单片机

LPC700 系列单片机采用 OTP 型存储器,工作电压为 2.7～6.0 V,内置 *RC* 振荡器,集成独立的看门狗、I^2C、比较器、键盘中断、UART 等诸多功能,完全掉电模式下功耗低于 1 μA,适用于低功耗、高可靠性等场合。

3. LPC900 系列单片机

LPC900 系列是 NXP 推出的 80C51 内核 Flash 型单片机。采用先进的 2-clock 技术,比传统 80C51 快 6 倍。LPC900 具有体积小、功耗低、性能好和成本低的特点,可广泛应用于各类智能型电子产品中。LPC900 系列单片机内部集成了大量的外设,在产品设计中可以节省大量的外围器件,在简化系统设计、降低成本的同时,可进一步提高系统的可靠性。

4. LPC9001 系列单片机

LPC9001 系列单片机是一款多功能、小封装、高速度、高性价比的单片机,基于增强型 80C51 内核,内部集成有高精度 *RC* 振荡器,具有内部复位电路、上电检测、掉电检测、WDT 等功能,使其具有非常强的抗干扰特性;内置 A/D、D/A、比较器、PGA、温度传感器;内置的 RTC、键盘中断、掉电唤醒等诸多功能模块,适宜于低功耗应用场合;I^2C、SPI、CCU、自带波特率发生器的 UART 等诸多模块,使其能够可靠操作各种外围器件。

5. LPC98X 系列单片机

LPC98X 系列单片机是一款宽电压、高可靠性、单片封装的单片机,其电压范围为 2.4～5.5 V,LPC98X 系列单片机采用高性能的处理器结构,指令执行时间只需 2～4 个时钟周期,速度为标准 80C51 器件的 6 倍,其内部集成了上电检测、掉电检测、UART、SPI、I^2C、比较器、RTC、WDT 等诸多外设,另外该芯片拥有 7 路定时器资源,可以满足绝大多数应用场合的需求。

1.5.3　新唐系列单片机

新唐(Nuvoton)科技股份有限公司前身是中国台湾地区的华邦电子,其推出的单片机主要有如下类型。

1. 12T 型单片机

这类单片机每 12 个时钟周期为 1 个机器周期,与标准 8051 单片机完全兼容,具有高达 40MHz 的工作频率,包含多个定时器/计数器。主要在 W78 标准系列、W78 宽电压系列和 N78/ W78 工业温度级系列,主要型号有 W78E052D、W78L365A、N78E055A 等。

2. 4T 型单片机

这类单片机每 4 个时钟周期为 1 个机器周期,最大外部频率为 40 MHz,具有多个定时器/计数器、中断源、内置 SRAM 及双 UART 等资源。其内核经过重新设计,提高了时钟速度和存储器访问速度。经过这种改进以后,在相同的时钟频率下,它的指令执行速度比标准 8051 要快许多。一般来说,按照指令的类型,指令执行速度是标准 8051 的 1.5～3 倍。整体来看,速度比标准 8051 快 2.5 倍,其主要型号有 W77E058A、W77E516A、W77L032A 等。

1.5.4　其他系列单片机

除了上述的几家公司的单片机外,还有很多其他的厂商也提供了多种型号的基于 MCS-51 内核单片机。例如美国德州仪器 TI、ADI 公司、飞思卡尔(Freescale)、摩托罗拉(Motorola)、Microchip、SST 公司等,日本的 NEC、日立(Hitachi)、瑞萨(Renesas)等。这些厂商的单片机同样具有不错的性能。

近些年来,国内的半导体厂商异军突起,也提供了很多有特色的单片机。例如上海普芯达电子有限公司的 CW89F 系列单片机、深圳宏晶科技的 STC 系列单片机等。

1.6　单片机应用系统开发概述

单片机应用系统是指以单片机为核心,配以一定的外围电路和程序,能够实现规定功能的应用系统。单片机应用系统由硬件和软件两部分组成。单片机应用系统的设计一般分为总体设计、硬件设计、软件设计、仿真调试,并将程序代码下载到程序存储器进行硬件测试。其开发流程如图 1-1 所示。

1.6.1　总体方案设计

总体方案设计是指根据对象的功能需求和技术指标,进行必要的可行性分析,对整个设计任务的可行性进行论证。当完成可行性分析后,再进行总体方案设计。总体方案设计的任务是结合国内外相关产品的技术参数和功能特性、本系统的应用要求及现有条件,来决定本设计所要实现的功能和技术指标,制定合理的计划,编写设计任务书,从而完成该单片机应用系统的总体方案设计,明确设计任务。

1.6.2　硬件设计

硬件设计主要包括单片机和其他外围芯片的选择、硬件资源分配、总线设计及抗干扰设计等方面。

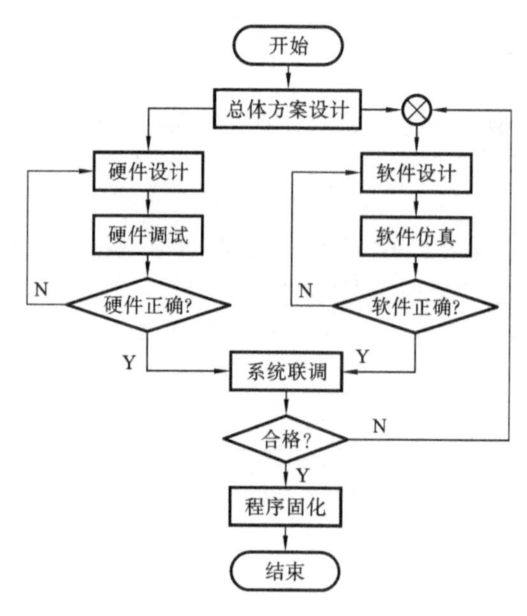

图 1-1　单片机应用系统开发流程框图

1. 单片机和其他外围芯片的选择

单片机是整个应用系统的核心，选择合适的单片机型号非常重要。如前所述，单片机种类繁多，不同厂商均推出很多不同资源配置的单片机类型。在进行正式的单片机应用系统开发之前，需要了解各种不同单片机的特性，从中做出合理的选择。在单片机选型时，主要遵循以下几个原则。

1）经济性原则

根据应用系统的实际要求，在性能指标满足的情况下，尽量选择硬件资源集成在单片机内的型号，例如 A/D、D/A 等。这样便于整个系统的软件管理，可以减少外部硬件的投入，缩小印刷电路板的面积，从而减少投资等。

应用系统的某些功能即可通过软件实现，又可以通过硬件来实现。这种情况下，应优先考虑采用软件方法。因此，在选择单片机时，选用在速度和内部存储器容量上能支持相应程序的单片机。

2）可购买原则

在满足经济性的前提下，应注意所选用的单片机在市场上的供应情况，能否方便地从厂家或其代理商处购买。此外还应考虑所选用的单片机是否面临停产、改进、升级等情况，是否有更高性价比的单片机。

3）易开发原则

单片机的易开发性是选择单片机时必须考虑的一个重要因素。不同类型的单片机，其开发手段也有所区别。有无足够的开发手段，是选择单片机型号的一个重要依据。如果没有有效的开发手段，单片机应用系统的设计很难高效进行。为加快开发速度，提高开发效率，在选择单片机型号时，可优先考虑使用广泛、开发手段熟悉的单片机系列。在开发手段方面，主要考虑其开发环境、调试工具及在线示范服务等方面。如 ATMEL 公司的 AT89S 系列单片机支持的 ISP(in-system programming)技术，可直接向在印刷电路板上的单片机下载或更新程序，而不需要从印刷电路板上取下器件用专门的编程器更新程序，这样就大大提高了开发的效率。

2. 硬件资源分配

当总体方案及单片机型号确定下来后，需要仔细规划整个硬件电路的资源分配。一般来说，一个单片机应用系统由紧密联系的硬件及软件构成。因此，在进行设计前，需要规划哪部分的功能用硬件来实现，以及用什么硬件来实现；哪部分的功能用软件来实现等。这里需要注意，如果单片机的硬件资源丰富，尽量选择使用单片机内部集成的硬件资源来实现，这样可以减少硬件投资，提高集成度。对于一些常用的功能部件，尽量选择标准化、模块化的典型电路，这样可以提高设计的灵活性，确保成功率等。合理规划单片机的硬件及软件资源，可以充分发挥单片机的最大功能。

3. 总线设计

单片机的总线既可以通过并行总线扩展，又可以通过串行总线扩展。在这种情况下，应优先选用支持串行总线扩展的单片机。常用串行总线有 I^2C 总线、CAN 总线、USB 总线、单总线及 SPI 总线等。

4. 抗干扰设计

在进行单片机应用产品的开发过程中，经常会碰到这样的问题，即在实验室环境下系统运行很正常，但小批量生产并安装在工作现场后，却出现一些不能正常工作的现象。究其原因主要是系统的抗干扰设计不完善，导致应用系统的工作不可靠。因此，必须针对引起干扰的原因，采取有效措施并结合软件措施，提高单片机应用系统抗干扰的能力。

1.6.3 软件设计

软件设计是应用系统开发的一项关键内容。软件设计时可以根据实际的需要来选择单片机设计语言及开发环境。软件设计的优劣，将直接决定应用系统工作能力的好坏。在设计单片机应用程序时，应注意以下几个方面。

(1) 采用模块化的程序设计，将各个功能部件模块化，用子程序来实现，这样便于调试及后续移植、修改等。

(2) 采用自顶向下的程序设计。程序设计时，先设计系统的主程序，从属的程序或子程序用相应的程序标志代替。当主程序编好后，再将标志替换为子程序。

(3) 充分考虑软件运行时的状态，避免未处理的运行状态，否则程序运行时易出错，不受控制。

(4) 尽量选择使用C语言来进行设计，避免使用汇编语言，除非有特殊要求。这样可以使程序易懂，便于交流和后期维护。

(5) 系统的软件设计应充分考虑软件的抗干扰措施。如数字滤波、防止程序跑飞的软件陷阱、软件看门狗及软件容错设计等。

(6) 程序中要尽量添加注释，提高程序的可读性。

1.6.4 仿真调试

系统的仿真调试分为软件仿真和硬件仿真两种。

1. 软件仿真

软件仿真是使用计算机软件来模拟运行。用户不需要搭建硬件电路就可以对程序进行验证，特别适合于偏重算法的程序。软件仿真的缺点是无法完全仿真与硬件相关的部分，最终还要通过硬件仿真来完成最终的设计。用户在进行程序设计时,需要选择一个好的编译仿真环境,例如 Keil 公司的 μVision 系列、英国 Labcenter electronics 公司的 Proteus 等。

2. 硬件仿真

硬件仿真是使用附加的硬件,即硬件仿真器来替代应用系统的单片机,以完成单片机全部或大部分的功能。可以选择一款和单片机型号匹配的硬件仿真器。硬件仿真器一般支持在线仿真调试,可以实时观察程序中的各个变量,还可以通过单步、全速、查看资源断点等方式对程序的运行进行控制,这样可以对单片机运行过程中的状态有一个详细了解。

在实际设计过程中,需要经常对各个功能部件进行仿真测试,这样可以及时发现问题,确保模块的正确性。对于整个系统的设计,仿真测试则可以模拟实际的程序运行,观察整个时序及运行状态是否合理。当发现问题时,需要返回程序设计阶段修改设计,进而重新仿真测试,直到程序运行通过为止。

1.6.5 硬件测试

当程序设计通过后,便可以将其下载到单片机中,结合整个硬件电路来测试。在实际硬件电路测试阶段中,主要看单片机程序和外部硬件接口是否正常,单片机的驱动能力是否够用,以及整个硬件电路的逻辑时序配合是否正确等。如果发现问题,则要返回设计阶段,逐个解决问题。硬件测试通过后,便可以投入使用或生产。

习　　题

1. 将下列各进制数转换成十进制数。

10110110.11B　11001111.01B　137.26Q　147.25Q　6FDA.EAH　8E9B.5CH

2. 将下列十进制数分别转换成二进制数、八进制数和十六进制数(保留两位小数)。

278.93　268.43　5501.28

3. 已知 X=11011001B,Y=10110011B,用算术运算规则求:

X+Y　X−Y　X·Y　X/Y

4. 已知 X=11011001B,Y=10110011B,用逻辑运算规则求:

$X \vee Y$　$X \wedge Y$　$X \oplus Y$　$\overline{X}$　$\overline{Y}$

5. 设机器字长为 8 位,求下列数值的二进制数及十六进制数的原码、反码和补码。

+0　+1　+100　+127　−0　−1　−127

6. 将下列 8421BCD 码数分别转换成二进制数、八进制数和十六进制数。

100110000111　10000101.0001

7. 将下列字符串用十进制的 ASCII 码表示。

Microcontroller　X+Z>=(3−x)/y

8. 什么叫单片机?它有哪些特点?

9. 单片机主要应用在哪些方面?

10. MCS-51 单片机如何进行分类?各类有哪些主要特性?

第2章　单片机的硬件结构及原理

2.1　MCS-51系列单片机的内部结构

MCS-51是美国Intel公司生产的一个单片机系列名称，也是我国目前应用最为广泛的一种单片机系列。8051/80C51是整个MCS-51系列单片机的核心，该系列其他型号的单片机都是在这一内核的基础上发展起来的。

该系列单片机的生产工艺有两种：一是早期的HMOS工艺，即高密度短沟道MOS工艺；二是现在的CHMOS工艺，即互补金属氧化物HMOS工艺。CHMOS工艺既保持了HMOS工艺的高速度和高密度的特点，又具有低功耗的特点。单片机型号带有字母“C”的，表示该单片机采用的是CHMOS工艺，没带字母“C”的，为HMOS工艺。HMOS芯片的电平只与TTL电平兼容，而CHMOS芯片的电平既与TTL电平兼容，又与CMOS电平兼容。所以，现在的单片机应用系统大都采用CHMOS工艺芯片，即80C51系列单片机。

80C51系列单片机在功能上分为基本型和增强型两大类，通常以芯片型号的末位数字加以标识。末位数字为“1”的为基本型，如80C31、80C51、87C51、89C51等；末位数字为“2”的为增强型，如80C32、80C52、87C52、89C52等。

典型的80C51系列单片机产品资源配置如表2-1所示。它们的内部结构虽然相同，但不同型号产品的资源配置有差别。主要差别在于存储器配置不同：80C31片内没有程序存储器；80C51片内含有4KB的掩膜ROM程序存储器；87C51片内含有4KB的EPROM程序存储器；89C51片内含有4KB的Flash ROM程序存储器。增强型的程序存储器容量是基本型的2倍。

表2-1　80C51系列单片机典型产品资源配置表

分　类	芯片型号	存储器类型及数量		I/O口		定时器	中断源
		ROM	RAM	并行口	串行口		
基本型	80C31	无	128B	4个	1个	2个	5个
	80C51	4KB掩膜ROM	128B	4个	1个	2个	5个
	87C51	4KB EPROM	128B	4个	1个	2个	5个
	89C51	4KB Flash ROM	128B	4个	1个	2个	5个
增强型	80C32	无	256B	4个	1个	3个	6个
	80C52	8KB掩膜ROM	256B	4个	1个	3个	6个
	87C52	8KB EPROM	256B	4个	1个	3个	6个
	89C52	8KB Flash ROM	256B	4个	1个	3个	6个

8051/80C51是MCS-51系列单片机最典型的单片机，下面以80C51为主线，介绍MCS-51系列单片机的内部结构。

图 2-1 所示为 80C51 单片机的结构框图,可以看出,在一块芯片上集成了一个微型计算机的主要部件,它包括以下几部分。

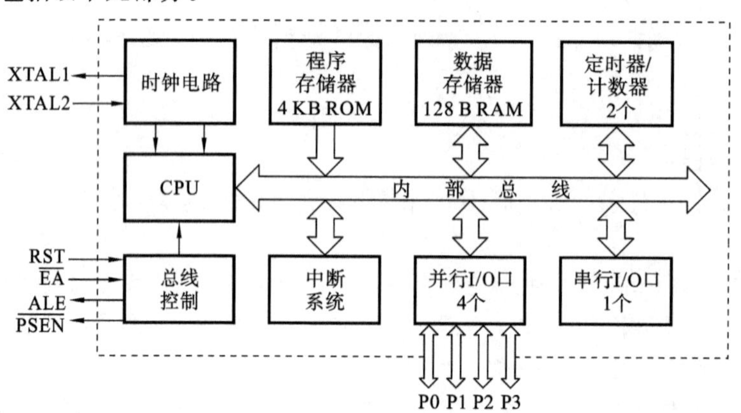

图 2-1　80C51 **单片机内部结构框图**

(1) 8 位中央处理器(CPU)。

(2) 时钟电路。

(3) 64KB 扩展总线控制电路。

(4) 4KB 程序存储器。

(5) 128B 数据存储器。

(6) 2 个 16 位定时/计数器。

(7) 4 个并行 I/O 口。

(8) 1 个全双工串行 I/O 口。

(9) 中断系统,包括 5 个中断源,2 个优先级别。

以上各部分电路通过内部总线相连接。

2.2　MCS-51 系列单片机的引脚功能

MCS-51 系列单片机的封装形式有两种:一种是双列直插式(DIP)封装,另一种是方形封装。8051 单片机采用 40 引脚的 DIP 封装,而 80C51 单片机除采用 DIP 封装外,还采用方形封装形式。图 2-2 所示为 80C51 单片机引脚图(DIP 封装),由于受到引脚数目的限制,部分引脚具有第二功能。

80C51 的 40 个引脚可分为:电源引脚 2 个,时钟引脚 2 个,控制引脚 4 个和 I/O 引脚 32 个。这些引脚的功能分别介绍如下。

2.2.1　电源引脚

(1) V_{CC}(40 脚)　电源接入引脚,接+5 V 电源。

(2) V_{SS}(20 脚)　接地引脚。

2.2.2　时钟引脚

(1) XTAL1(19 脚)　接外部晶振和微调电容的一端。对 CHMOS 型单片机,在使用外部时钟时,此引脚应接外部时钟的输入端。

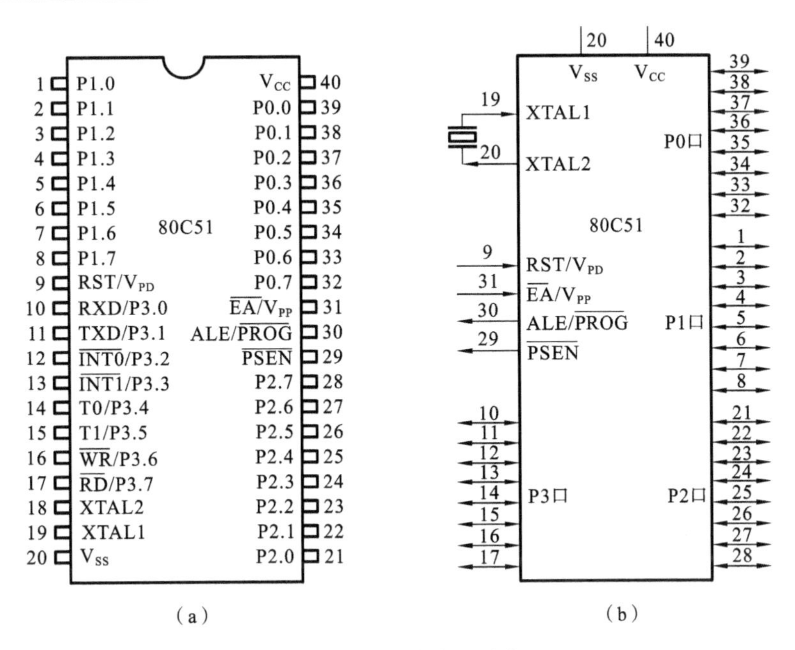

图 2-2　80C51 单片机引脚图

(a) DIP 引脚图　(b) 逻辑符号

(2) XTAL2(18 脚)　接外部晶振和微调电容的另一端。对 CHMOS 型单片机,在使用外部时钟时,此引脚悬空。

2.2.3　控制引脚

(1) RST/V_{PD}(9 脚)　复位信号/备用电源输入引脚。

当 RST 引脚保持两个机器周期的高电平后,就可以使单片机复位。

该引脚的第二功能是 V_{PD},即备用电源的输入端,具有掉电保护功能。若在该引脚接+5 V备用电源,在使用中主电源 V_{CC}掉电,则可保护片内 RAM 中的信息不丢失。

(2) ALE/$\overline{PROG}$(30 脚)　地址锁存允许信号输出/编程脉冲输入引脚。

当单片机上电正常工作后, ALE 端不断输出正脉冲信号,此信号频率为振荡器频率的1/6。当 CPU 访问片外存储器时,ALE 输出控制信号锁存 P0 口输出的低 8 位地址,从而实现 P0 口数据与低位地址的分时复用。

该引脚的第二功能是$\overline{PROG}$,当对 87C51 内部 4KB EPROM 编程写入时,该引脚为编程脉冲输入端。

(3) $\overline{EA}$/V_{PP}(31 脚)　内外 ROM 选择/编程电压输入引脚。

当$\overline{EA}$接高电平时,CPU 执行片内 ROM 指令,但当 PC 值超过 0FFFH 时,将自动转去执行片外 ROM 指令;当$\overline{EA}$接低电平时,CPU 只执行片外 ROM 指令。对于 80C31,由于其无片内 ROM,故其$\overline{EA}$必须接低电平。

该引脚的第二功能是 V_{PP},当对 87C51 片内 EPROM、89C51 片内 Flash ROM 编程写入时,该引脚为编程电压的输入引脚。

(4) $\overline{PSEN}$(29 脚)　片外 ROM 读选通信号输出引脚。

在读片外 ROM 时,$\overline{PSEN}$有效,为低电平,以实现对片外 ROM 的读操作。

2.2.4　I/O 引脚

(1) P0.0～P0.7(39～32 脚)　P0 口的 8 位双向 I/O 口引脚。

P0 口即可作为地址/数据总线使用,又可作为通用的 I/O 口使用。当 CPU 访问片外存储器时,P0 口分时先作为低 8 位地址总线,后作为双向数据总线,此时 P0 口就不能再作 I/O 口使用。

(2) P1.0～P1.7(1～8 脚)　P1 口的 8 位准双向 I/O 口引脚。

P1 口作为通用的 I/O 口使用。

(3) P2.0～P2.7(21～28 脚)　P2 口的 8 位准双向 I/O 口引脚。

P2 口即可作为通用的 I/O 口使用,也可作为片外存储器的高 8 位地址总线,与 P0 口配合,组成 16 位片外存储器单元地址。

(4) P3.0～P3.7(10～17 脚)　P3 口的 8 位准双向 I/O 口引脚。

P3 口除了作为通用的 I/O 口使用之外,每个引脚都具有第二功能,在实际工作中,大多数情况下都使用 P3 口的第二功能,具体参见 2.5 节中的表 2-6。

2.3　中央处理器

MCS-51 系列单片机由中央处理器 CPU、存储器和 I/O 口组成,其内部结构如图 2-3 所示。以下先介绍 CPU 的组成,其余各部分将在后续章节介绍。

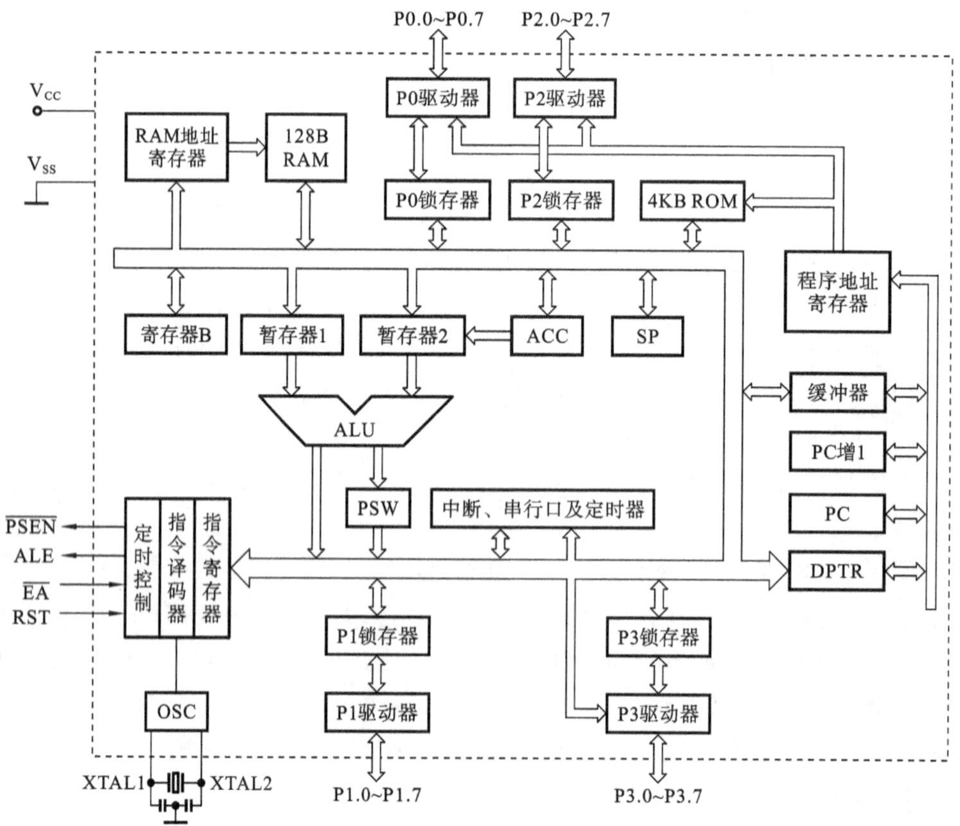

图 2-3　80C51 单片机内部结构图

CPU 是单片机的核心部件，它的作用是读入和分析每条指令，根据每条指令的功能，控制每个部件执行相应的操作。MCS-51 系列单片机内部有一个 8 位 CPU，它由运算器和控制器两部分组成。

2.3.1　运算器

运算器主要包括算术逻辑单元 ALU、累加器 ACC、寄存器 B、暂存器、程序状态字寄存器 PSW。

运算器的主要任务是完成算术运算、逻辑运算、位运算和数据传送等操作。

1. 累加器 ACC

累加器 ACC 简称累加器 A，是 8 位寄存器，是 CPU 中工作最繁忙的寄存器，专门存放操作数或运算结果。在进行算术或逻辑运算时，通常两个操作数中的一个放在累加器 A 中，运算完成后，运算结果也存放于累加器 A 中。

2. 寄存器 B

寄存器 B 是专门为乘法和除法运算设置的 8 位寄存器，用于配合累加器 A 完成乘除运算。

3. 暂存器

暂存器用来暂时存放数据总线或其他寄存器送来的操作数。它作为 ALU 的数据输入源，向 ALU 提供操作数。

4. 程序状态字寄存器 PSW

程序状态字寄存器 PSW 用于存放指令执行后的状态，作为程序查询或判别的条件。其各标志位定义如表 2-2 所示。其中，PSW.1 是保留位，未使用。

表 2-2　PSW 各标志位定义

位序	PSW.7	PSW.6	PSW.5	PSW.4	PSW.3	PSW.2	PSW.1	PSW.0
位标志	CY	AC	F0	RS1	RS0	OV	—	P

CY：进位、借位标志位。在进行加法、减法运算时，若有进位、借位，则 CY＝1，否则 CY＝0。在进行位操作时，CY 作为位累加器 C 使用。

AC：辅助进位、借位标志位。在进行加法、减法运算时，若低半字节向高半字节有进位、借位，则 AC＝1，否则 AC＝0。AC 位常用于调整 BCD 码运算结果。

F0：用户标志位。用户可自己定义。

RS1、RS0：当前工作寄存器组选择位。当 RS1、RS0 为 00、01、10、11 时，则选择第 0、1、2、3 组寄存器为当前工作寄存器，具体参见 2.4 节中的表 2-3。

OV：溢出标志位。当有溢出时，OV＝1，否则 OV＝0。

P：奇偶标志位。当累加器 ACC 中 1 的个数为奇数时，P＝1，否则 P＝0。

2.3.2　控制器

控制器单元包括程序计数器 PC、PC 增 1 寄存器、指令寄存器 IR、指令译码器 ID、数据指针 DPTR、堆栈指针 SP、缓冲器及定时控制等电路。

控制器是统一指挥和控制计算机工作的部件。它的功能是从程序存储器中提取指令，送到指令寄存器，再进入指令译码器进行译码，并通过定时控制电路，在规定的时刻向其他部件发出各种操作控制信号，协调单片机各部件正常工作，完成指令规定的各种操作。

1. 程序计数器 PC

程序计数器PC为16位计数器,它总是存放CPU下一条要执行指令的16位存储单元地址。CPU总是把PC的内容作为地址,从内存中取出指令码。每取完一个字节后,PC内容自动加1,为取下一个字节做好准备。只有在执行转移、子程序调用指令及中断响应时例外,那时PC内容不再加1,而是被自动置入新的地址。当单片机复位时,PC自动装入地址0000H,使程序从0000H地址开始执行。

2. 数据指针 DPTR

数据指针DPTR为16位寄存器,它由2个独立的8位寄存器DPH和DPL组成,用来存放16位地址。它可作为间接寻址寄存器,对64KB的外部数据存储器和I/O口寻址。

3. 堆栈指针 SP

堆栈指针SP为8位寄存器,它总是指向堆栈顶部。MCS-51系列单片机的堆栈常设在内部RAM的30H～7FH地址空间,用于响应中断或调用子程序时保护断点地址,也可通过栈操作指令(PUSH和POP)保护现场和恢复现场。堆栈操作遵循"先进后出,后进先出"的原则。入栈操作时,SP先加1,数据再压入SP指向单元;出栈操作时,先将SP指向单元的数据弹出,SP再减1。当单片机复位后,SP指向07H单元。用户可根据应用系统的需要,通过指令来设置SP。

2.4 存储器结构

80C51的存储器在物理结构上分为4个存储空间:片内数据存储器、片内程序存储器、片外数据存储器和片外程序存储器。80C51片内有128B的数据存储器和4KB的程序存储器。除此之外,还可在片外扩展64KB的程序存储器和64KB的数据存储器。

80C51存储器结构如图2-4所示。在64KB的程序存储器中,低4KB地址对于片内和片外程序存储器是公共的,为0000H～0FFFH;高60KB地址为片外程序存储器地址,为1000H～FFFFH。片内128B的数据存储器地址为00H～7FH,片外可扩展64KB的数据存储器地址为0000H～FFFFH。

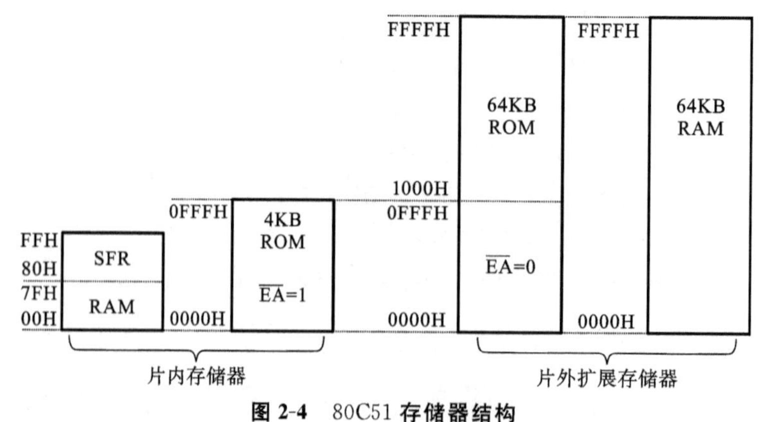

图2-4 80C51存储器结构

2.4.1 程序存储器ROM

程序存储器ROM用来存放程序、常数或表格等。如前所述,在80C51内部有4KB ROM,片外最多可扩展至64KB ROM,片内外ROM统一编址。

80C51 利用$\overline{EA}$引脚来区分内部 ROM 和外部 ROM 的公共低 4KB 地址区 0000H～0FFFH：当$\overline{EA}$接高电平时，单片机从片内 4KB ROM 中获取指令，当指令地址超过 0FFFH 后，自动转向片外 ROM 获取指令。当$\overline{EA}$接低电平时，片内 ROM 不起作用，单片机只从片外 ROM 中获取指令，片外 ROM 的地址为 0000H～FFFFH。

在程序存储器中，以下 6 个单元具有特殊功能。

(1) 0000H　单片机复位后的程序入口地址。

(2) 0003H　外部中断 0 的中断服务程序入口地址。

(3) 000BH　定时器 0 的中断服务程序入口地址。

(4) 0013H　外部中断 1 的中断服务程序入口地址。

(5) 001BH　定时器 1 的中断服务程序入口地址。

(6) 0023H　串行口的中断服务程序入口地址。

使用时，通常在这些入口地址处存放一条无条件转移指令，使程序跳转到用户安排的中断程序起始地址，或者从 0000H 起始地址跳转到用户设计的初始程序上。

2.4.2 数据存储器 RAM

数据存储器 RAM 主要用来存放运算的中间结果和数据等，可分为片内 RAM 和片外 RAM 两大部分。片内 RAM 为 128B，地址范围为 00H～7FH；片外 RAM 共 64KB，地址范围为 0000H～FFFFH。

1. 片内 RAM

片内 RAM 共 128B，分成工作寄存器区、位寻址区、通用 RAM 区三个部分，如图 2-5 所示。

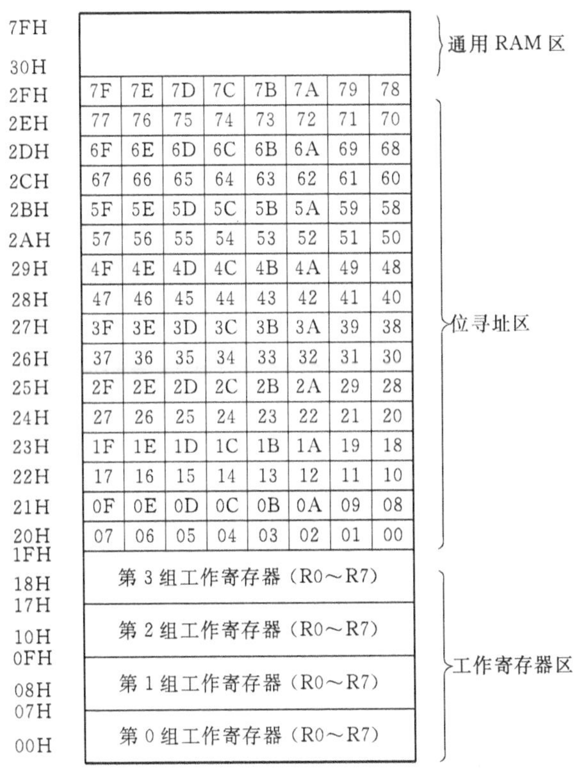

图 2-5　片内 RAM 地址空间

1) 工作寄存器区

片内 RAM 低 32 个单元(00H～1FH),分为 4 个工作寄存器组,每组由 8 个通用寄存器(R0～R7)组成,组号依次为 0、1、2 和 3。通过对 PSW 中 RS1、RS0 的设置,可以决定选用哪一组为当前工作寄存器,没有选中的工作寄存器可作为一般 RAM 使用。系统复位后,默认选中第 0 组寄存器为当前工作寄存器。工作寄存器地址如表 2-3 所示。

表 2-3　工作寄存器地址表

组　号	RS1 RS0	R0	R1	R2	R3	R4	R5	R6	R7
0	0　0	00H	01H	02H	03H	04H	05H	06H	07H
1	0　1	08H	09H	0AH	0BH	0CH	0DH	0EH	0FH
2	1　0	10H	11H	12H	13H	14H	15H	16H	17H
3	1　1	18H	19H	1AH	1BH	1CH	1DH	1EH	1FH

2) 位寻址区

片内 RAM 20H～2FH 的 16 个单元具有双重功能,它们既可以作为一般的 RAM 单元按字节存取,也可对每个单元中的任意一位按位操作,因此又称为位寻址区,位地址为 00H～7FH。

3) 通用 RAM 区

内部 RAM 30H～7FH 共 80 个字节为通用 RAM 区,这是真正给用户使用的一般 RAM 区,用于存放用户数据或作堆栈使用。

2. 片外 RAM

由于片外 RAM 和片内 RAM 的低地址空间(0000H～00FFH)是重叠的,所以需要采用不同的寻址方式加以区分。访问片外 RAM 时,使用 MOVX 指令;访问片内 RAM 时,使用 MOV 指令。

2.4.3　特殊功能寄存器 SFR

80C51 单片机片内有 18 个特殊功能寄存器,占 21 个字节,离散地分布在 80H～FFH 的 RAM 空间,如表 2-4 所示。

表 2-4　80C51 单片机特殊功能寄存器表

符　　号	名　　称	字 节 地 址
* ACC	累加器	E0H
* B	B 寄存器	F0H
* PSW	程序状态字	D0H
SP	堆栈指针	81H
DPTR	数据指针(包括高 8 位 DPH 和低 8 位 DPL)	83H,82H
* P0	P0 口锁存寄存器	80H
* P1	P1 口锁存寄存器	90H
* P2	P2 口锁存寄存器	A0H
* P3	P3 口锁存寄存器	B0H
* IP	中断优先级控制寄存器	B8H

续表

符　　号	名　　称	字节地址
* IE	中断允许控制寄存器	A8H
TMOD	定时器/计数器方式寄存器	89H
* TCON	定时器/计数器控制寄存器	88H
TH0	定时器/计数器 0(高字节)	8CH
TL0	定时器/计数器 0(低字节)	8AH
TH1	定时器/计数器 1(高字节)	8DH
TL1	定时器/计数器 1(低字节)	8BH
* SCON	串行口控制寄存器	98H
SBUF	串行数据缓冲寄存器	99H
PCON	电源控制寄存器	87H

在这 18 个 SFR 中,带“ * ”号的 11 个 SFR 还具有位寻址能力,它们的字节地址正好能被 8 整除(即十六进制的地址码尾数为 0 或 8),其中位地址的分布如表 2-5 所示。

表 2-5　SFR 中位地址分布表

SFR	MSB	位地址/位定义					LSB	字节地址
B	F7	F6	F5	F4	F3	F2	F1	F0	F0H
ACC	E7	E6	E5	E4	E3	E2	E1	E0	E0H
PSW	D7	D6	D5	D4	D3	D2	D1	D0	D0H
	CY	AC	F0	RS1	RS0	OV	—	P	
IP	BF	BE	BD	BC	BB	BA	B9	B8	B8H
	—	—	—	PS	PT1	PX1	PT0	PX0	
P3	B7	B6	B5	B4	B3	B2	B1	B0	B0H
	P3.7	P3.6	P3.5	P3.4	P3.3	P3.2	P3.1	P3.0	
IE	AF	AE	AD	AC	AB	AA	A9	A8	A8H
	EA	—	—	ES	ET1	EX1	ET0	EX0	
P2	A7	A6	A5	A4	A3	A2	A1	A0	A0H
	P2.7	P2.6	P2.5	P2.4	P2.3	P2.2	P2.1	P2.0	
SCON	9F	9E	9D	9C	9B	9A	99	98	98H
	SM0	SM1	SM2	REN	TB8	RB8	TI	RI	
P1	97	96	95	94	93	92	91	90	90H
	P1.7	P1.6	P1.5	P1.4	P1.3	P1.2	P1.1	P1.0	
TCON	8F	8E	8D	8C	8B	8A	89	88	88H
	TF1	TR1	TF0	TR0	IE1	IT1	IE0	IT0	
P0	87	86	85	84	83	82	81	80	80H
	P0.7	P0.6	P0.5	P0.4	P0.3	P0.2	P0.1	P0.0	

2.5　单片机的并行输入/输出口

80C51 单片机有 4 个 8 位并行 I/O 口，即 P0、P1、P2 和 P3，每个口都有 8 条 I/O 口线，每条 I/O 口线都能独立地用作输入或输出。

在无片外扩展储存器的系统中，这 4 个 I/O 口都可以作为通用 I/O 口使用。在具有片外扩展存储器的系统中，P2 口送出高 8 位地址，P0 口分时送出低 8 位地址和 8 位数据。

虽然各口的功能不同，且结构上也有差异，但是每个口的 8 位的位结构是相同的，所以，口结构的介绍均以其位结构进行说明。

2.5.1　P0 口的结构

P0 口有两个功能，一是作为普通 I/O 口使用，二是作为地址/数据总线使用。当作为第二功能使用时，P0 口分时送出低 8 位地址和 8 位数据，称为地址/数据总线。以下分别介绍。

图 2-6 所示为 P0 口某一位的结构。由图 2-6 可见，它由一个输出锁存器、两个三态输入缓冲器、一个输出驱动电路(T1 和 T2)、一个转换开关 MUX 和一个与门及一个非门组成。

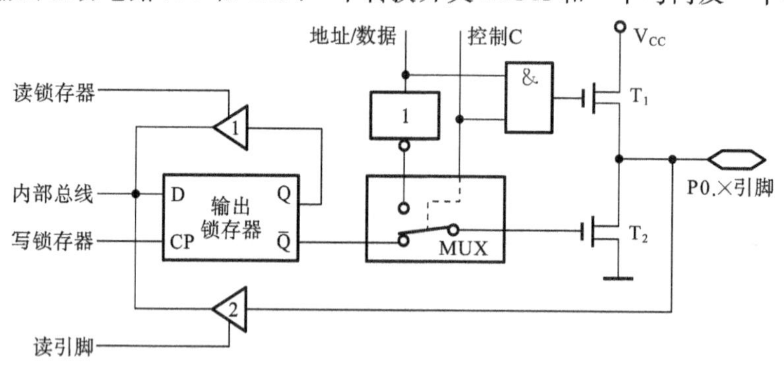

图 2-6　P0 口位结构

图中的控制信号 C 决定了转换开关 MUX 的位置：当 C=0 时，MUX 拨向下方，P0 口为通用 I/O 口；当控制信号 C=1 时，MUX 拨向上方，P0 口分时作为地址/数据总线使用。在实际应用中，P0 口通常作为地址/数据复用总线。

1. P0 口用作通用 I/O 口 (C=0)

当 C=0 时，MUX 与锁存器的 $\overline{Q}$ 端接通，与门输出为“0”，T_1 截止，输出驱动级就工作在需外接上拉电阻的漏极开路上。这时，P0 口可作一般 I/O 口使用。

1) P0 口用作输出口

CPU 在执行输出指令时，内部总线的数据在“写锁存器”信号的作用下，由 D 端进入锁存器，取反后出现在 $\overline{Q}$ 端，再经过 T_2 反向，则 P0.×引脚数据就是内部总线的数据。注意，由于 T_2 为漏极开路输出，故此时必须外接上拉电阻。

2) P0 口用作输入口

P0 口用作输入口时，可从锁存器读数，也可从引脚读数，这要看输入操作执行的是“读锁存器”指令还是“读引脚”指令。

(1) 方式 1　读锁存器。CPU 在执行“读→改→写”类输入指令时(如：ANL P0, A)，内部产生的操作信号是“读锁存器”，锁存器中的数据经过缓冲器 1 送到内部总线，然后与 A 的内容进行逻辑“与”，结果送回 P0 口锁存器并出现在引脚。除了 MOV 类指令外，其他读口操作指令都属于这种情况。

(2) 方式 2　读引脚。CPU 在执行“MOV”类输入指令时(如：MOV A，P0)，内部产生的操作信号是“读引脚”，P0.×引脚数据经过缓冲器 2 读入到内部总线。注意，在读引脚时，必须先向电路中的锁存器写入“1”，使 T_2 截止，P0.×引脚处于悬浮状态，可作为高阻抗输入。

2. P0 口用作地址/数据总线(C=1)

当 C=1 时，MUX 将地址/数据总线与 T_2 接通，同时与门输出有效。

当执行输出指令时，低 8 位地址信息和数据信息分时出现在地址/数据总线上。若地址/数据总线为“1”，则 T_1 导通，T_2 截止，P0.×引脚为“1”；反之 T_1 截止，T_2 导通，P0.×引脚为“0”。可见 P0.×引脚状态正好与地址/数据总线的信息相同。

当执行输入指令时，当数据从 P0.×输入时，读引脚使三态缓冲器 2 打开，P0.×引脚数据经缓冲器 2 送到内部总线。

2.5.2　P1 口的结构

P1 口某一位的结构如图 2-7 所示。由图 2-7 可见，它由一个输出锁存器、两个三态输入缓冲器和一个输出驱动电路组成。输出驱动电路与 P0 口不同，内部有上拉电阻。

P1 口是唯一的单功能口，只能作为通用 I/O 口使用。由于在其输出端有上拉电阻，故可以直接输出而无须外接上拉电阻。同 P0 口一样，当做输入口时，必须先向锁存器写“1”，使场效应管 T 截止。

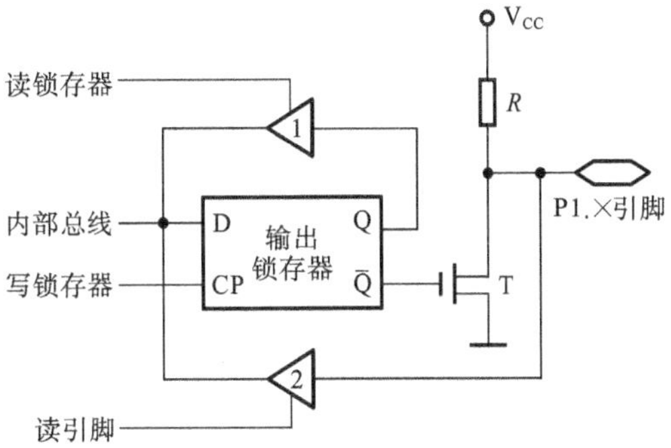

图 2-7　P1 口位结构

2.5.3　P2 口的结构

P2 口某一位的结构如图 2-8 所示。由图 2-8 可见，它由一个输出锁存器、两个三态输入缓冲器、一个转换开关 MUX、一个输出驱动电路和一个非门组成。

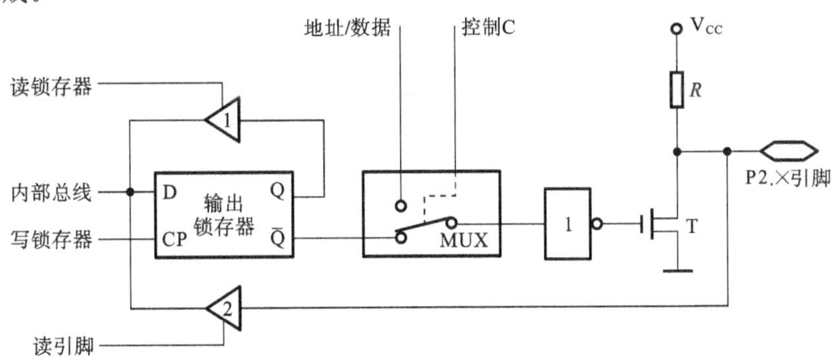

图 2-8　P2 口位结构

图 2-8 中的控制信号 C 决定了转换开关 MUX 的位置：当 C=0 时，MUX 拨向下方，P0 口为通用 I/O 口；当控制信号 C=1 时，MUX 拨向上方，P0 口作为地址总线使用。在实际应用中，P2 口通常作为高 8 位地址总线使用。

1. P2 口用作通用 I/O 口 (C=0)

当没有在单片机芯片外部扩展 ROM 和 RAM,或者扩展片外 RAM 只有 256B 时,访问片外 RAM 就可以利用"MOVX @Ri"类指令来实现。这时,只用到地址线的低 8 位,P2 口不受该类指令的影响,仍可用作通用 I/O 口。

2. P2 口用作地址总线 (C=1)

当在单片机芯片外部扩展 ROM 或者 RAM 容量超过 256B 时,读片外 ROM 采用 MOVC 指令(此时$\overline{EA}$=0),读/写片外 RAM 采用"MOVX @DPTR"类指令。在这种情况下,单片机内的硬件自动使 C=1,MUX 接地址总线,P2.×引脚的状态就输出到地址总线。

2.5.4 P3 口的结构

P3 口某一位的结构如图 2-9 所示。由图 2-9 可见,它由一个输出锁存器、三个输入缓冲器、一个输出驱动电路和一个与门组成。

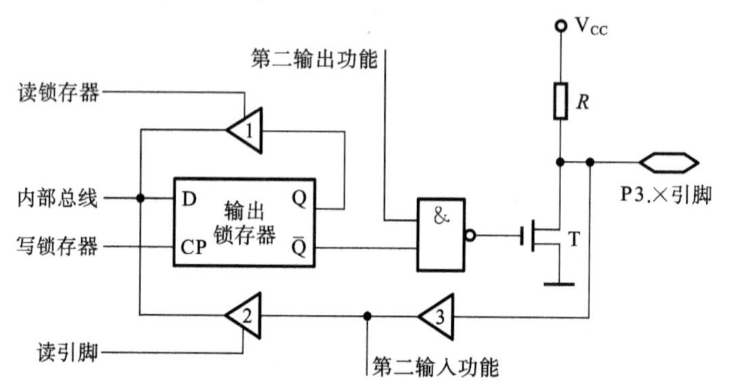

图 2-9　P3 口位结构

1. P3 口用作通用 I/O 口

此时,第二输出功能信号为"1",P3 口的每一位都可定义为输入或输出,其工作原理同 P1 口类似。

2. P3 口用作第二功能

在实际应用电路中,P3 口的第二功能更为重要,P3 口各引脚的第二功能如表 2-6 所示。

表 2-6　P3 口的第二功能

引　脚	第 二 功 能	功 能 说 明
P3.0	RXD	串行口输入
P3.1	TXD	串行口输出
P3.2	$\overline{INT0}$	外部中断 0 输入
P3.3	$\overline{INT1}$	外部中断 1 输入
P3.4	T0	定时器/计数器 0 计数输入
P3.5	T1	定时器/计数器 1 计数输入
P3.6	$\overline{WR}$	片外 RAM 写选通输出信号
P3.7	$\overline{RD}$	片外 RAM 读选通输出信号

对于输出而言,由于锁存器已自动置"1",与非门对第二功能输出是畅通的,即引脚状态与第二功能输出端相同。

对于输入而言，由于锁存器和第二输出功能端都已置"1"，使 T 截止，该口引脚处于高阻输入状态，引脚信号经缓冲器 3 进入第二功能输入引脚。

2.6 单片机的时钟与时序

时序是指 CPU 在执行指令时各控制信号在时间上的先后顺序。在执行指令时，CPU 首先到 ROM 中取出需要执行指令的指令码，然后对指令码译码，并通过时序电路产生一系列控制信号去完成指令的执行。这些控制信号在时间上的先后顺序就是 CPU 时序。

2.6.1 时钟产生方式

80C51 单片机的时钟信号通常由两种方式产生：一是内部时钟方式，二是外部时钟方式。

1. 内部时钟方式

内部时钟方式如图 2-10(a)所示。只要在单片机的 XTAL1 和 XTAL2 引脚两端跨接石英晶振，即可构成稳定的自激振荡电路。电容 C_1 和 C_2 可稳定频率，并对振荡频率有微调作用，通常取 5～30 pF，典型值为 30 pF。晶振的振荡频率要小于 12 MHz，典型值为 6 MHz、12 MHz或 11.059 2 MHz。

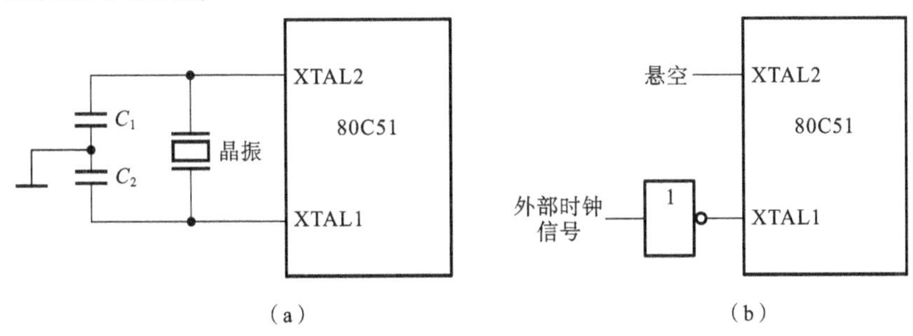

图 2-10 80C51 **单片机时钟方式**

(a) 内部时钟方式 (b) 外部时钟方式

2. 外部时钟方式

外部时钟方式是把外部已有的时钟信号引入单片机内。对 80C51 而言，外部时钟信号由 XTAL1 引脚输入，XTAL2 引脚悬空。此方式常用于多片 80C51 系统，便于同步工作。

2.6.2 80C51 的时钟信号

1. 振荡周期

振荡周期是指晶体振荡周期或外部输入时钟信号周期，是最小的周期单位。

2. 状态周期

状态周期(或状态 S)是振荡周期的两倍，它分为 P1 拍和 P2 拍，CPU 就以 P1 和 P2 为基本节拍，指挥单片机各个部件协调工作。通常在 P1 拍完成算术逻辑操作，在 P2 拍完成内部寄存器之间的传送操作。

3. 机器周期

把一条指令的执行过程分为几个基本操作，将完成一个基本操作所需的时间称为机器周期。一个机器周期包括 6 个 S 状态(S1～S6)，每个状态又分为 P1 拍和 P2 拍。因此，一个机器周期的 12 个振荡周期表示为:S1P1,S1P2,S2P1,S2P2,…,S6P1,S6P2。

4. 指令周期

执行一条指令所需的时间称为指令周期。因为指令不同,一个指令周期通常包含 1～4 个机器周期。

振荡周期、状态周期、机器周期和指令周期均是单片机的时序单位。当晶振频率为 12 MHz,则机器周期为 1 μs,指令周期为 1～4 μs。当晶振频率为 6 MHz,则机器周期为 2 μs,指令周期为 2～8 μs。

在调试单片机应用系统时,首先应保证单片机的时钟系统正常工作。当时钟电路、复位电路和电源电路正常工作时,在单片机的 ALE 引脚可观察到稳定的脉冲信号,频率为晶振频率的 1/6。

2.6.3　80C51 的典型时序

80C51 单片机指令按照指令字节数和机器周期数可分为 6 类,即单字节单周期指令、单字节双周期指令、单字节四周期指令、双字节单周期指令、双字节双周期指令和三字节双周期指令。

图 2-11 所示的是几种典型的单机器周期和双机器周期指令的时序。由图 2-11 可知,在每个机器周期内,地址锁存信号 ALE 两次有效,一次在 S1P2 与 S2P1 期间,另一次在 S4P2 和 S5P1 期间。

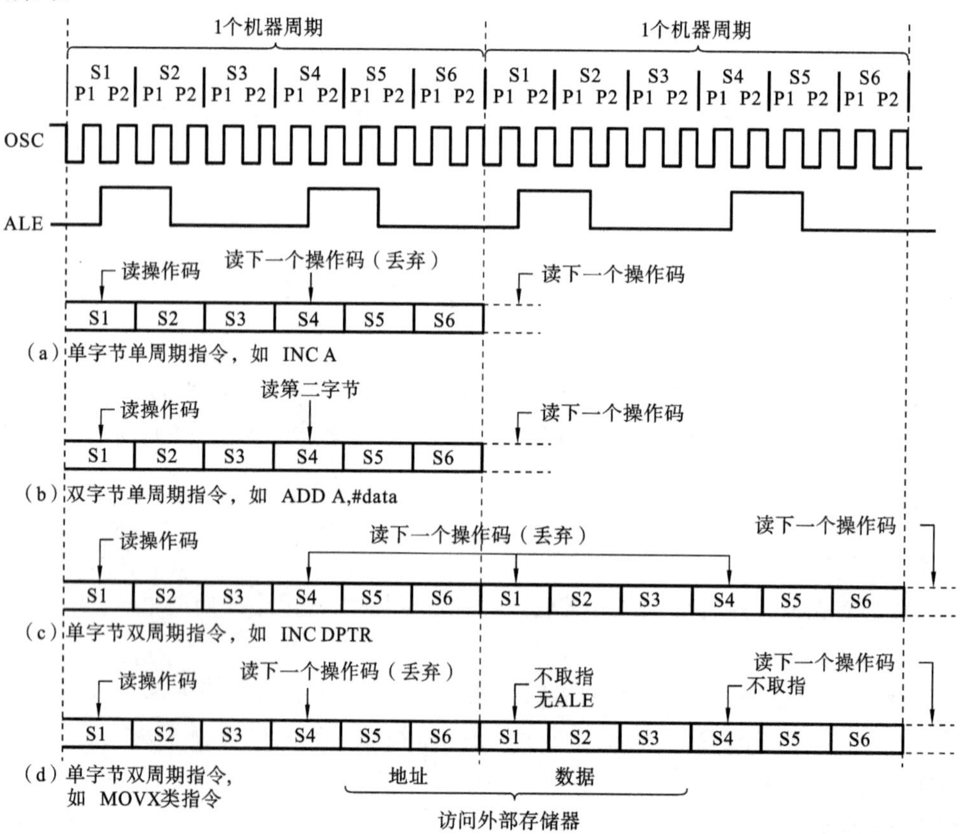

图 2-11　典型指令的取指、执行时序

单字节单周期指令(例如 INC A)只需进行一次读指令操作。当第 2 个 ALE 有效时,由于 CPU 封锁 PC 加 1,所以读出的还是原指令,故第二次读操作无效。

双字节单周期指令(例如 ADD A,#data)对应于 ALE 的两次读操作都是有效的,第 1 次读指令操作码,第 2 次读指令的第 2 个字节(本例中为 data)。

单字节双周期指令(例如 INC DPTR)的两个机器周期共进行 4 次读操作,由于是单字节指令,故后面 3 次读操作是无效的。

MOVX 类单字节双周期指令时序的情况有所不同。执行 MOVX 指令时,先在 ROM 中读取指令,然后对外部 RAM 进行读写操作。CPU 在第一个机器周期 S5 开始送出片外 RAM 的地址后,进行读/写数据操作,在此期间并无 ALE 信号,故第二周期不产生取指操作。

应注意,当对外部 RAM 进行读/写时,ALE 信号不是周期性的。在其他情况下,ALE 信号是一种周期信号,频率为晶振频率的 1/6,可以用作其他外部设备的时钟信号。

2.7　单片机的复位

2.7.1　复位功能

复位是使单片机进入初始化操作,其功能是把 PC 初始化为 0000H,使 CPU 从 0000H 单元开始执行程序。除了进入系统的正常初始化状态之外,当由于程序运行出错或操作错误使系统处于死锁状态时,为摆脱困境,也需要将单片机复位。

当单片机复位后,对 PC 和部分特殊功能寄存器有影响,具体如表 2-7 所示, 表中符号×为随机状态。需要注意的是,单片机复位后,内部 RAM 的数据是不变的。

表 2-7　部分特殊功能寄存器的复位状态

寄　存　器	复位状态	寄　存　器	复位状态
PC	0000H	ACC	00H
B	00H	PSW	00H
SP	07H	DPTR	0000H
P0～P3	0FFH	IP	×××00000B
IE	0××00000B	TMOD	00H
TCON	00H	TL0,TL1	00H
TH0,TH1	00H	SCON	00H
SBUF	不定	PCON	0×××0000B

(1) PC 为 0000H,表明复位后,程序从 0000H 地址单元开始执行。

(2) P0～P3 为 FFH,表明各口锁存器已写入"1",故各口既可用于输出又可用于输入。

(3) SP 为 07H,表明堆栈指针指向片内 RAM 07H 单元。

(4) IP、IE 和 PCON 的有效位为"0",各中断源设为低优先级且被关闭中断,串行通信波特率不加倍。

(5) PSW 为 00H,表明当前工作寄存器为第 0 组。

(6) A 为 00H,表明累加器被清零。

2.7.2 复位电路

当单片机复位引脚 RST 出现 2 个机器周期以上的高电平时,单片机就执行复位操作。复位信号变为低电平后,单片机开始执行程序。

常见的复位操作有上电自动复位和按键手动复位两种方式,电路如图 2-12 所示。

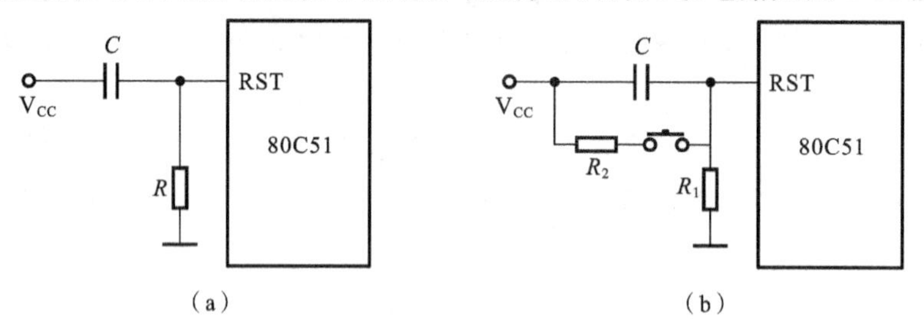

图 2-12 单片机复位电路

(a) 上电自动复位 (b) 按键手动复位

1. 上电自动复位电路

如图 2-12(a)所示,上电瞬间 RST 引脚获得高电平,随着电容的充电,RST 引脚的高电平将逐渐下降。RST 引脚的高电平只要能够保持 2 个机器周期的时间,单片机就可以复位。

2. 按键手动复位电路

在单片机运行期间,可利用按键完成复位,电路如图 2-12(b)所示,它兼具上电复位功能。

电路典型参数为:晶振为 12 MHz,C 为 10 μF,R_1 为 8.2 kΩ,R_2 为 200 Ω。若晶振为 6 MHz,则 C 为 22 μF,R_1 为 1 kΩ,R_2 为 200 Ω。这些参数能可靠保证上电复位和按键复位。

2.8 MCS-51 系列单片机的最小系统

单片机最小系统是指用最少元件组成的单片机工作系统。对 MCS-51 系列单片机来说,其内部已经包含了一定数量的程序存储器和数据存储器,在外部只要增加时钟电路和复位电路即可构成单片机最小系统。图 2-13 所示为 MCS-51 系列单片机最小系统电路,系统由 89C51 单片机芯片和典型的时钟电路和复位电路构成。

典型的时钟电路大多采用内部时钟方式,晶振一般在 1.2～12 MHz 之间,甚至可达到 24 MHz或更高,频率越高,单片机处理速度越快,但功耗也就越大,一般采用 11.0592 MHz 的石英晶振。与晶振并联的两个电容 C_1、C_2 通常为 30 pF 左右,对频率有微调作用。需要注意的是,在设计单片机系统的印刷电路板(PCB)时,晶振和电容应尽可能与单片机芯片靠近,以减少引线的寄生电容,保证振荡器可靠工作。

典型的复位电路大多采用上电自动复位和按键手动复位组合电路,电容 C_3 的大小直接影响单片机的复位时间,电容值越大,复位时间越短,一般 C_3 为 10～30 μF。

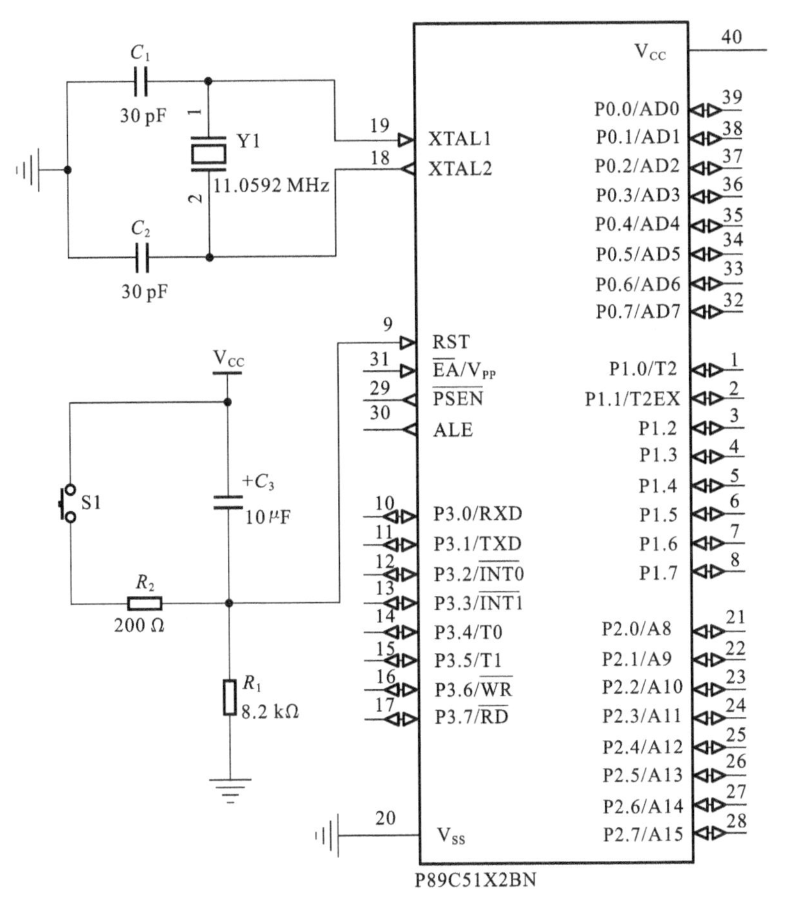

图 2-13　单片机最小系统构成

习　　题

1. MCS-51 系列单片机由哪几部分组成？

2. MCS-51 系列单片机存储器的地址空间是如何划分的？各地址空间的地址范围和容量如何？

3. MCS-51 系列单片机的 P0～P3 口在结构上有何不同？使用时要注意什么？

4. 何谓程序状态字寄存器？它的符号是什么？它各位的含义是什么？

5. 当 MCS-51 系列单片机的晶振频率分别为 6 MHz、12 MHz 时，机器周期分别为多少？

6. MCS-51 系列单片机的当前工作寄存器组如何选择？

7. $\overline{\text{EA}}$引脚有何功能？在使用 80C51 时，$\overline{\text{EA}}$应如何连接？

8. MCS-51 系列单片机复位后的状态如何？复位的方法有几种？

第3章　指令系统与汇编语言程序设计

3.1　Keil C51 开发工具简介

单片机的程序设计需要在特定的开发环境中进行。使用汇编语言或 C 语言编程后需通过编译器对程序进行编译、连接等工作，并最终生成可执行文件。Keil μVision 是一个窗口化的软件开发平台，支持众多不同公司基于 MCS-51 内核的芯片，集编辑、编译、仿真等于一体，在调试程序、软件仿真方面也有很强大的功能。

3.1.1　Keil μVision4 简介

Keil μVision 系列是 Keil Soft 公司推出的 MCS-51 系列兼容单片机集成开发环境(integrated development environment, IDE)。Keil μVision4 提供基于 Windows 可视化操作界面，配置了丰富的库函数和各种编译工具，能够对 MCS-51 系列单片机及 MCS-51 系列兼容单片机进行设计，它支持汇编语言及 C51 语言的程序设计。

目前 Keil 公司已经被 ARM 公司收购，Keil μVision 已成为 ARM 公司旗下的产品，Keil μVision 系列的集成开发环境最高版本是 μVision4。其主要特点如下。

(1) 支持汇编语言和 C51 语言等单片机设计语言。

(2) 具有可视化的文件管理。

(3) 支持丰富的产品，除了 MCS-51 及其兼容内核的单片机外，新增加了对 ARM 内核产品的支持。

(4) 具有完善的编译和连接的工具。

(5) 内嵌 RTX-51 实时多任务操作系统。

(6) 支持在一个工作空间进行多项目的程序设计。

(7) 支持多级代码优化。

3.1.2　Keil μVision4 安装

Keil μVision4 集成开发环境可以单独安装，也可以在 ARM 公司设计的 ARM RealView MDK 中获得。本书以 Keil μVision4 V9.05 为例来介绍其安装及使用。

1. 系统要求

为达到较好的运行效果，μVision4 对计算机的硬件和软件配置要求如下。

(1) 操作系统为 Windows XP SP2，Windows Vista 或 Windows 7。

(2) 200MB 的硬盘剩余空间。

(3) 1GB 的内存 (推荐内存 2GB)。

2. 安装步骤

μVision4 安装操作步骤如下。

步骤 1　双击 μVision4 的安装文件，弹出 μVision4 的安装界面，如图 3-1 所示。

步骤 2　单击“Next”按钮，弹出“License Agreement”对话框，如图 3-2 所示。

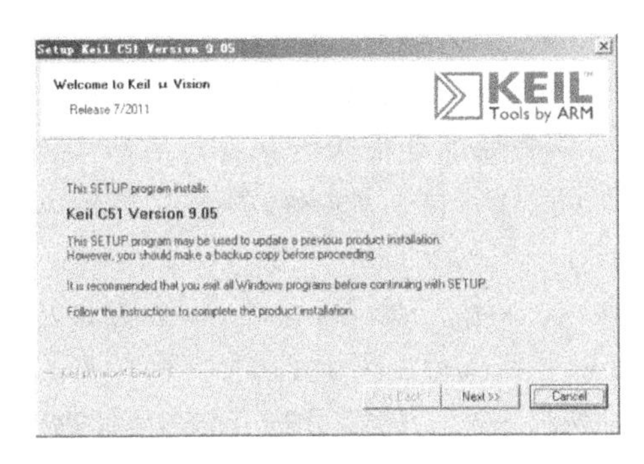

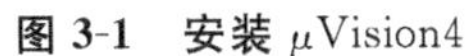
图 3-1　安装 μVision4

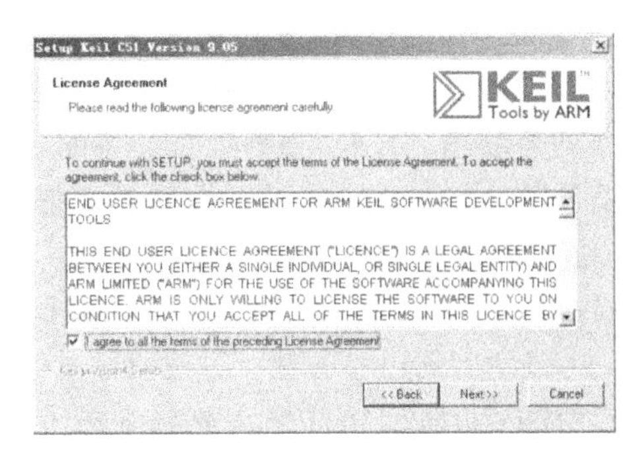

图 3-2　“License Agreement”对话框

步骤 3　选择接受协议，然后单击“Next”按钮，进入“Folder Selection” 对话框，如图 3-3 所示。

步骤 4　在输入框中输入或单击“Browse”按钮选择安装目录，然后单击“Next”按钮，进入用户信息输入对话框，如图 3-4 所示。

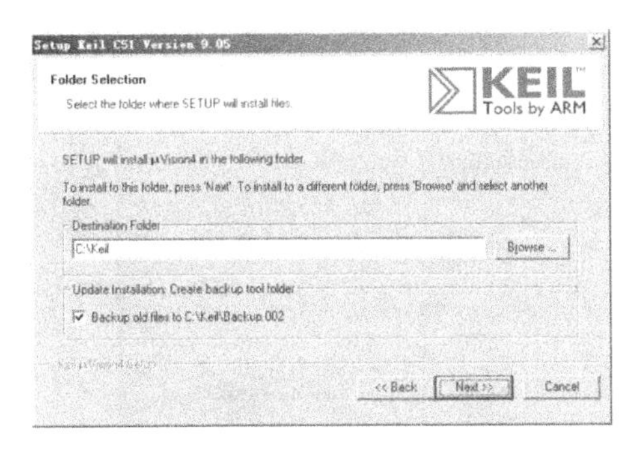

图 3-3　“Folder Selection”对话框

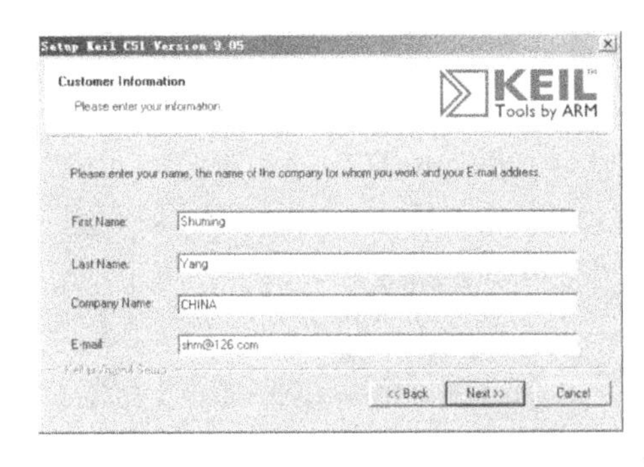

图 3-4　用户信息输入对话框

步骤 5　填写完用户信息，然后单击“Next”按钮，开始安装。最后弹出“Keil μVision4 Setup Completed” 对话框，单击“Finish” 按钮，完成 μVision4 的安装。

安装完成后的软件为评估版，可执行程序代码限制在 2KB 以内。

3.1.3　Keil μVision4 集成开发环境

按 3.1.2 节的安装步骤安装完 Keil μVision4 后并启动，然后打开一个项目工程，即可进入集成开发环境，如图 3-5 所示。它主要由菜单栏、工具栏、工作区窗口、项目管理窗口及信息显示窗口组成。

菜单栏主要提供了项目操作、文件编辑操作、编译调试、窗口选择和处理及帮助等各种操作。菜单栏由 File、Edit、View、Project、Flash、Debug、Peripherals、Tools、SVCS、Window 和 Help 共 11 个主菜单组成，每个主菜单又由多个菜单项和子菜单组成。菜单项提供的功能几乎可以完成 Keil μVision4 的所有功能，菜单及其功能如附录 A 所示。同其他 Windows 应用程序的开发环境一样，Keil μVision4 除了在菜单栏有丰富的操作命令外，也提供了完善的工具栏，便于用户进行快速操作。源代码窗口用于编辑程序的源代码。

1. 项目管理窗口

在 Keil μVision4 集成开发环境中，把实现程序设计功能的一组相互关联的源程序文件、寄存器状态表及帮助文件标签页集合成一个工程项目。项目是 Keil μVision4 开发程序的基本单位，一个工程项目至少包含一个项目文件，项目文件的扩展名为.uvproj。项目文件保存了项目中所用到的工作区和其他关联文件的信息，同时还保存了项目的编译设置及目标文件等信息。另外，根据项目类型的不同，编译后生成的其他关联文件也有所不同。

项目窗口默认位置位于主界面的左侧，包含 Project(项目)、Books(参考书)、Functions(函数)及 Templates(模板)4 个标签页。

(1) Project 标签页用于管理工程项目所有文件，包括增加、删除、移动、重命名和复制文件等。并显示所创建的项目。展开项目文件层后可以看到项目中所包含的文件，单击文件类型左边的“+”可看到项目中该种类型的所有文件，双击一个文件即可打开该文件，如图 3-5 所示。

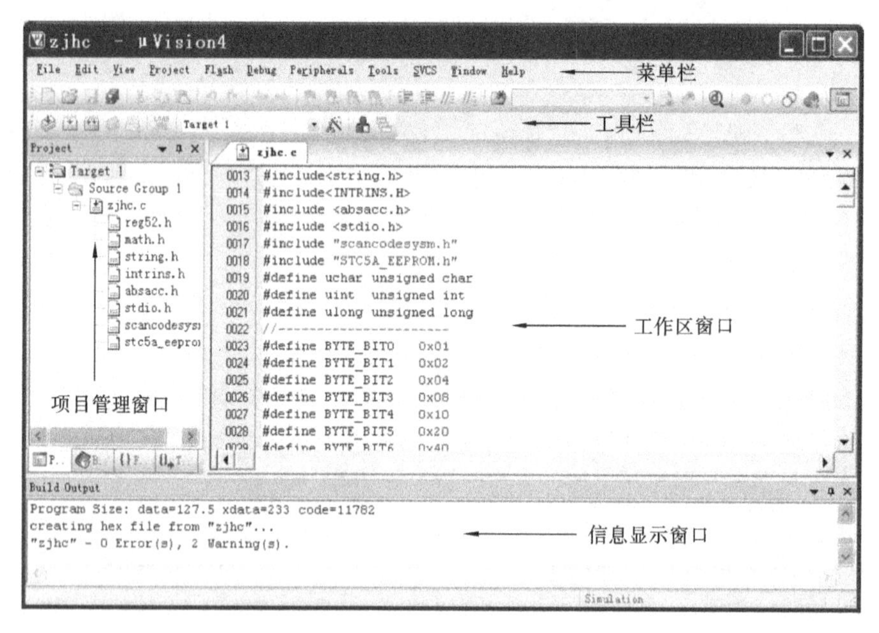

图 3-5　Keil μVision4 界面

(2) Books 标签页用于管理软件包附带的各种在线参考书及有关帮助信息。包含 3 个文件夹：μVision4 文件夹的内容是关于 μVision4 用户指南；Tools User's Guide 文件夹是关于各种开发调试工具的用法；Device Data Books 文件夹是包含各种器件的数据手册及指令集。展开各文件层后可以看到项目中所包含的文件。

(3) Functions 标签页用于管理工作区窗口所打开源程序文件的所有函数原型，双击一个函数名即可在工作区显示该函数内容。

(4) Templates 标签页用于管理编程时的常用模板。

2. 信息显示窗口

信息显示窗口默认位置在主界面的下方，用于显示对当前打开项目或文件编译和连接的提示信息。在调试状态下输入各种调试命令及观察命令执行结果。

3. 项目开发流程

在 Keil μVision4 集成开发环境中进行项目开发流程和其他软件开发项目的流程相似，主要步骤如下。

步骤 1　创建一个项目，从器件库中选择目标器件，配置工具设置。

步骤2　用C语言或汇编语言创建源程序。

步骤3　用项目管理器生成你的应用。

步骤4　修改源程序中的错误。

步骤5　测试连接应用。

3.2　MCS-51系列单片机指令系统

计算机的指令系统是表征计算机性能的重要指标，每种类型的计算机都有自己的指令系统。MCS-51单片机的指令系统是一个可具有255种代码的集合。绝大多数指令包含两个基本部分：操作码和操作数。操作码表明指令要执行的操作性质；操作数说明参与操作的数据或数据所存放的地址。

MCS-51指令系统中所有指令若以机器语言形式表示，可分为单字节、双字节、三字节三种格式。但用二进制数表示的机器语言指令由于阅读困难，写起来费力，且难以记忆，因此通常采用汇编语言指令来编写程序。本章介绍的MCS-51指令系统就是以汇编语言形式来描述的。

MCS-51汇编语言指令格式与其他微机的指令格式一样。均由以下几个部分组成。

［标号］：操作码　［操作数］　［；注释］

(1) 标号　标号又称为指令地址符号或标志符，是用户定义的符号，它代表该条指令的符号地址，一般由英文字母开头，后面可跟字母、数字和下划线，以冒号结尾。注意：标号不能使用系统的保留字，一个程序中不允许重复定义标号。

(2) 操作码　操作码是由助记符表示的字符串，它规定了指令的操作功能，是汇编语言中每一行不可缺少的部分。操作码助记符由2～5个字母组成的字符串，属于系统的保留字，操作码与操作数之间要用若干空格分开。

(3) 操作数　操作数是指参加操作的数据或数据的地址。操作数可以有一个、两个、三个或没有，如果多于一个操作数，它们之间必须用逗号分开。

(4) 注释　注释为该条指令或程序段作的解释说明，以便于程序的阅读。注释必须以分号“;”开头。

在MCS-51汇编语言指令格式中，由方括号括起来的组成部分，根据需要添加。

3.2.1　寻址方式

寻址方式是指寻找操作数地址的方式，在用汇编语言编程时，数据的存放、传送、运算都要通过指令来完成。编程者必须十分清楚操作数的位置，以及如何将它们传送到适当的寄存器去参与运算。每一种计算机都具有多种寻址方式，在MCS-51单片机指令系统中，有以下7种寻址方式。

1. 立即寻址

立即寻址方式所要找的操作数是一个常数，出现在指令中，用“#”作前缀，这个常数也称立即数。如

```
MOV   A, #data   ; A←将数值data
```

特点：指令操作码后面的一个字节就是操作数本身，立即数是放在程序存储器中的一个常数；#为立即数的前缀符号，data可为16位，也可为8位。

2. 直接寻址

直接寻址方式在指令中直接给出操作数的地址，如

MOV A，70H；A←RAM 区 70H 单元的内容

特点：指令操作码后面的一个字节就是实际操作数的 8 位地址，此地址在指令中常用direct表示。

在 MCS-51 单片机指令系统中，直接寻址方式中可以访问以下三种存储器空间。

(1) 内部数据存储器 00H～7FH 地址空间共 128 个字节。

(2) 特殊功能寄存器，即 SFR 区域（直接寻址是访问 SFR 的唯一寻址方式）。

(3) 内部 RAM 及 SFR 中，可进行位寻址的位地址空间共 213 位(内部 RAM 中有 128 位(20H～2FH)，SFR 中有 85 位)。

3. 寄存器寻址

寄存器寻址方式的操作数存放在工作寄存器 R0～R7 中，或寄存器 A、B、DPTR 和 C 中。如

MOV A，Rn ；A ← (Rn)，n=0～7

特点：Rn 的内容就是操作数本身；寻址范围在被选中的工作寄存器组中的 8 个工作寄存器 R0～R7 及 A、B 和进位标志 CY(C)中。

4. 寄存器相对寻址

在寄存器相对寻址方式中，指令中寄存器的内容作为操作数存放的地址，又简称间接寻址或间址寻址方式，在指令中间接寻址寄存器前用“@”表示前缀。如

MOV A，@ R0；A ← R0 所指向存储单元的内容

特点：寄存器中的内容不是操作数本身，而是其所在存储单元的地址值，即 R0 指示了操作数所在存储单元的地址值；可用作间址寻址方式的寄存器有工作寄存器 R0、R1 和数据指针寄存器 DPTR。

5. 基址寄存器加变址寄存器的间接寻址

这种寻址方式用于访问程序存储器中的某个字节。以 DPYR 或 PC 作为基址寄存器，累加器 A 作为变址寄存器，两者的内容之和为操作数的地址。这种寻址方式常用于查表操作。即操作数地址 ＝ 变地址 ＋ 基地址，其中基地址寄存器使用 DPTR 或 PC，变址寄存器使用 A。该种寻址方式又称变址寻址，指令只有以下两种形式。

MOVC　A，@ A+PC ；A ← 将(A+PC)所在存储单元的内容。

MOVC　A，@ A+DPTR；A←将(A+DPTR)所在存储单元的内容。

特点：

(1) 这是 MCS-51 系列单片机特有的一种寻址方式，它以地址指针 DPTR 或程序计数器 PC(当前值)为基地址寄存器，以累加器 A 作为变址寄存器，这二者的内容之和才是实际操作数地址；

(2) 累加器 A 中是个无符号 8 位数；

(3) 寻址的范围是片内、外共 68KB 字节的程序存储器 EPROM。

该寻址方式常用于访问程序存储器和查表。两条指令的区别为：前者查表的范围是相对 PC 当前值以后的 255B 地址空间，而后者查表范围可达所有程序存储器的地址空间。

6. 相对寻址

相对寻址是指将程序计数器 PC 中的当前内容与指令第二字节所给出的数相加，其和为

跳转指令的转移地址的寻址。转移地址也称为转移目的地址。PC 中的当前值称为基地址，指令第二字节的数据称为偏移量。偏移量为带符号的数，其值为－128～＋127，故指令的跳转范围相对 PC 的当前值在－128～＋127 之间跳转。此种寻址方式一般用于相对跳转指令。如 JC rel；若 PSW 中 CY＝1，则程序转移的目的地为 $PC=PC_{当前值}+rel$；若 PSW 中 CY＝0，则 PC 不变，程序不转移。

7. 位寻址

位寻址是指对片内 RAM 的寻址区（20H～2FH）和可以位寻址的特殊功能寄存器进行位操作时的寻址。在进行位操作时，只能借助于进位 CY 作为操作累加器，指令中以 C 表示。操作数直接给出该位的地址值，然后根据操作码的性质对其进行位操作。位寻址的位地址与直接寻址的字节地址形式完全一样，主要由操作码来区分，使用时需予以注意。如

MOV 20H，C；20H 是位寻址的位地址

MOV A，20H；20H 是直接寻址的字节地址

3.2.2　指令系统

MCS-51 系列单片机共有 111 条指令，用 42 个助记符表示了 33 种指令功能，同一种指令所对应的操作码可多达八种，指令按其功能可分为五大类：数据传送类，算术运算类，逻辑运算类，控制转移类，位操作类指令。

在后面的指令系统中，指令中操作数的含义描述如下。

Rn 为工作寄存器 R0～R7。

Ri 为间接寻址寄存器 R0、R1。

direct 为直接地址，包括内部 128B RAM 单元地址和 21 个 SFR 地址。

＃data 为 8 位常数。

＃data16 为 16 位常数。

addr16 为 16 位目的地址。

addr11 为 11 位目的地址。

rel 为 8 位带符号的偏移地址。

DPTR 为 16 位外部数据指针寄存器。

bit 为可直接位寻址的位。

DST 为目的操作数。

SRC 为源操作数。

C 为进位标志或进位位。

@为间接寻址寄存器或基地址寄存器的前缀。

/为位操作数的前缀，表示对该位进行取反操作。

1. 数据传送类指令

数据传送类指令有 29 条，是指令系统中数量最多、使用也最多的指令。它可分为：以累加器 A 为目的操作数（DST）的传送类指令（4 条），以工作寄存器 Rn 为目的操作数的传送类指令（3 条），以直接地址 direct 为目的操作数的传送类指令（5 条），以间接地址为目的操作数的传送类指令（3 条），片外数据传送类指令（5 条），ROM 传送类指令（2 条），交换指令（5 条），堆栈指令（2 条）。

数据类指令的功能是把源操作数传送到目的操作数，指令执行后，源操作数不变，将目的

操作数内容修改为源操作数。这类指令一般不影响标志位，只有堆栈操作可以改接修改程序状态寄存器 PSW。另外，以累加器 A 为目的操作数的指令将影响奇偶标志 P 位。下面我们把 29 条传送指令按存储器的空间划分来进行分类(分为 5 类)，如表 3-1 所示。

表 3-1　MCS-51 数据传送类指令表

类　型	目的操作数	助　记　符	功　　能	字节数	振荡周期
片内RAM传送类指令	A	MOV A, Rn	A←Rn	1	12
		MOV A, @Ri	A←(Ri)	1	12
		MOV A, #data	A←data	2	12
		MOV A, direct	A←(direct)	2	12
	Rn	MOV Rn, A	Rn←A	1	12
		MOV Rn, direct	Rn ←(direct)	2	24
		MOV Rn, #data	Rn←data	2	12
	Direct	MOV direct, A	(direct)←A	2	12
		MOV direct, Rn	(direct)←Rn	2	24
		MOV direct, direct	(direct)←(direct)	3	24
		MOV direct, @Ri	(direct)←(Ri)	2	24
		MOV direct, #data	(direct)←data	3	24
	@Ri	MOV @Ri, A	@Ri←A	1	12
		MOV @Ri, direct	@Ri ←(direct)	2	24
		MOV @Ri, #data	@Ri ←data	2	12
	DPTR	MOV DPTR, #data16	DPTR ←data16	3	24
片外RAM传送类指令	A	MOVX A, @Ri	A←(Ri)	1	12
		MOVX A, @DPTR	A←(DPTR)	1	24
	@Ri @DPTR	MOVX @Ri, A	(Ri)←A	1	24
		MOVX @DPTR, A	(DPTR)←A	1	24
ROM传送类指令	A	MOVC A, @A+PC	A←((A)+PC)	1	24
		MOVC A, @A+DPTR	A←((A)+ DPTR)	1	24
交换指令		XCH A, Rn	A↔Rn	1	12
		XCH A, @Ri	A↔(Ri)	1	12
		XCH A, direct	A↔(direct)	2	12
		XCHD A, @Ri	A0～A3↔(Ri)0～(Ri)3	1	12
		SWAP A	A7～A4↔A0～A3	1	12
堆栈指令		PUSH direct	SP←SP+1 (SP)←(direct)	2	24
		POP direct	(direct)←(SP) SP←SP−1	2	24

1) 用于片内数据传送的指令

(1) 以累加器 A 为目的操作数的指令(4 条)。

MOV A, Rn　　　　;A←Rn

MOV A, #data　　　;A←data

MOV A, @ Ri　　　　;A←(Ri)

MOV A, direct　　　　;A←(direct)

例 3-1　将 R5 的内容传送至 A。

MOV A, R5

例 3-2　将 R0 指示的内存单元 30H 的内容传送至 A。

MOV R0, #30H

MOV A, @R0

例 3-3　将 52 H 单元的内容传送至 A。

MOV A, 52H

例 3-4　将立即数 90H 传送至 A。

MOV A, #90H

(2) 以工作寄存器 Rn 为目的操作数的指令(3 条)。

MOV Rn,A　　　　; Rn←A

MOV Rn,direct　　　　; Rn←(direct)

MOV Rn,# data　　　　; R←data

例 3-5　将累加器 A 的内容传送至 R5;40H 单元的内容传送至 R2;立即数 20H 传送至 R3,用如下指令完成。

MOV R5, A　　　; R5←A

MOV R2, 40H　　; R2←(40H)

MOV R3, #20H　; R3←20H

(3) 以直接地址为目的操作数的指令(5 条)。

MOV direct, A

MOV direct, Rn

MOV direct, direct

MOV direct, @Ri

MOV direct, # data

例 3-6　将累加器 A 的内容传送至 50H 单元;R4 的内容传送至 40H 单元;立即数 0AFH 传送至 60H 单元;10H 单元内容传送至 70H 单元,用以下指令完成。

MOV 50H,A　　　　;(50H)←A

MOV 40H,R4　　　　;(40H)←R4

MOV 60H,#0AFH　　　;(60H)←0AFH

MOV 70H,10H　　　　;(70H)←(10H)

(4) 以间接地址为目的操作数的指令(3 条)。

MOV @Ri, A

MOV @Ri, direct

MOV @Ri, # data

这组指令的功能是把源操作数所指定的内容传送至以 R0 或 R1 为地址指针的片内 RAM 单元中。源操作数有寄存器寻址、直接寻址和立即寻址三种方式;目的操作数为寄存器间接寻址。

例 3-7　将 40H 开始的 15 个单元全部清“0”。

```
      MOV A， #00H        ;A←00H
      MOV R1，#40H        ;R1←40H,以 R1 作地址指针
      MOV R5，#0FH        ;R5 计数
LL：  MOV @R1，A          ;将 R1 指示的单元清“0”
      INC  R1
      DJNZ R5,LL          ;R5 不为 0 则重复
```

(5) 用于 16 位数据传送的指令(1 条)。

MOV DPTR，#data16

这是唯一的 16 位立即数传送指令,其功能是把 16 位立即数传送至 16 位数据指针寄存器 DPTR。当要访问片外 RAM 或 I/O 端口时,一般用于给 DPTR 赋初值。

例 3-8 读入外部 RAM 08FFH 单元的内容至累加器 A 中。

```
MOV DPTR，#08FFH    ;DPTR←08FFH
MOVX A，  @DPTR     ;A←(08FFH)
```

2) 用于片外数据存储器传送的指令(4 条)

```
MOVX A，  @Ri
MOVX A，  @DPTR
MOVX      @Ri，    A
MOVX      @DPTR，A
```

累加器 A 与片外数据存储器数据传送是通过 P0 口和 P2 口进行的。片外数据存储器的低 8 位地址由 P0 口送出,高 8 位地址由 P2 口送出,数据总线也是通过 P0 口与低 8 位地址总线分时传送。

MCS-51 单片机 CPU 对片外 RAM 的访问只能用寄存器间接寻址的方式,且仅有上述 4 条指令。以 DPTR 间址时,寻址的范围可达 64KB;以 Ri 间址时,仅能寻址 256B 的范围。而片外 RAM 的数据只能和累加器 A 进行传送,不能与其他寄存器和片内 RAM 单元直接进行传送。

MCS-51 指令系统中没有设置访问外设的专用 I/O 指令,且片外扩展的 I/O 口与片外 RAM 是统一编址的,因此对片外 I/O 口的访问均可使用此 4 条指令。

例 3-9 现有一输入设备地址为 0EFFFH,这个口中已有数据 20H,欲将此值存入片内 40H 单元中,则可用以下指令完成。

```
MOV DPTR，#0EFFFH    ;DPTR←0EFFFH
MOVX A，  @DPTR      ;A←(0EFFFH)
MOV 40H，A;(40H)←A
```

指令执行后 40H 单元的内容为 20H。

例 3-10 把片外 RAM3040H 单元中的数取出,传送到 8000H 单元中去。用如下指令完成。

```
MOV   DPTR，#3040H    ;DPTR←3040H
MOVX A，    @DPTR     ;A←(3040H)
MOV   DPTR，#8000H    ;DPTR←8000H
MOVX @DPTR，A         ;(8000H)←A
```

例 3-11 试编写一程序段,实现将片外 RAM 的 0FAH 单元中的内容传送到片外 RAM

的 04FFH 单元中。

解

```
MOV P2, #00H
MOV DPTR, #04FFH
MOV R0, #0FAH
MOVX A, @R0
MOVX @DPTR, A
```

3) 用于程序存储器数据传送的指令(2 条)

```
MOVC  A, @ A+PC ;A ← 将(A+PC)所在存储单元的内容。
MOVC  A, @ A+DPTR;A←将(A+DPTR)所在存储单元的内容。
```

在 MCS-51 指令系统中,这两条是极有用途的查表指令,其数据表格可以放在程序存储器。这两条指令的具体使用方法见后面程序应用章节。

4) 交换指令(5 条)

```
XCH A, Rn
XCH A, @Ri
XCH A, direct
XCHD A, @Ri
SWAP A
```

这组指令的前三条指令为全字节交换指令,其功能是将累加器 A 的内容与源操作数所指出的数据互换。后两条指令为半字节交换指令,其中 XCHID A,@Ri 是将累加器 A 内容的低 4 位与 Ri 所指片内 RAM 单元中的低 4 位数据互相交换,各自的高 4 位不变。SWAP A 指令是将累加器 A 中内容的高、低 4 位数据互相交换。

例 3-12　将 40H 单元的内容与累加器 A 中的内容互换,然后将累加器 A 的高 4 位存入 Ri 指示的 RAM 单元中的低 4 位,A 的低 4 位存入该单元的高 4 位。

```
XCH A,40H      ;A↔(40H)
SWAP A         ;A7~A4↔A3~A0
MOV @Ri,A      ;(Ri)← A
```

5) 堆栈指令(2 条)

```
PUSH direct
POP direct
```

PUSH 指令是入栈(或称压栈或进栈)指令,其功能是先将栈指针 SP 的内容加"1",然后将直接寻址单元中的数压入到 SP 所指示的单元中。POP 是出栈(或称弹出)指令,其功能是先将栈指针 SP 所指示的单元内容弹出送到直接寻址单元中,然后将 SP 的内容减"1",仍指向栈顶。

使用堆栈时,一般需重新设定 SP 的初始值。系统复位或上电时 SP 的值为 07H,程序中需使用堆栈时,先应给 SP 设置初值,但应注意不超出堆栈的深度。一般 SP 的值设置在用户 RAM 区为佳。

例 3-13　将片外 8000H 单元中的内容压入堆栈,设当前 SP 的值为 30H。用如下指令完成。

```
MOV DPTR, #8000H
MOVX A, @DPTR        ;A←(8000H)
MOV SP, #30H         ;SP←30H
```

PUSH ACC　　　　;20H←A

2. 算术运算类指令

算术操作类指令有 24 条,可进一步细分为加法指令、减法指令、加 1 指令、减 1 指令与其他算术操作(含乘、除)指令等 6 类,它们一般对 PSW 的 CY、AC、OV 和 P 各位均有影响,但 INC 与 DEC 指令不影响 PSW 的内容。具体指令如表 3-2 所示。

表 3-2　算术运算类指令

类　型	助 记 符	功　能	对 PSW 的影响	字节数	振荡周期
不带进位加指令	ADD A, Rn	A←A+Rn	CY OV AC	1	12
	ADD A, @Ri	A←A+(Ri)	CY OV AC	1	12
	ADD A, direct	A←A+(direct)	CY OV AC	2	12
	ADD A, #data	A←A+data	CY OV AC	2	12
带进位加指令	ADDC A, Rn	A←A+Rn+CY	CY OV AC	1	12
	ADDC A, @Ri	A←A+(Ri)+CY	CY OV AC	1	12
	ADDC A, direct	A←A+(direct)+CY	CY OV AC	2	12
	ADDC A, #data	A←A+data+CY	CY OV AC	2	12
带进位减指令	SUBB A, Rn	A←A−Rn−CY	CY OV AC	1	12
	SUBB A, @Ri	A←A−(Ri)−CY	CY OV AC	1	12
	SUBB A, direct	A←A−(direct)−CY	CY OV AC	2	12
	SUBB A, #data	A←A−data−CY	CY OV AC	2	12
加 1 指令	INC A	A←A+1	P	1	12
	INC Rn	Rn←Rn+1	无影响	1	12
	INC @Ri	(Ri)←(Ri)+1	无影响	1	12
	INC direct	(direct)←(direct)+1	无影响	2	12
	INC DPTR	DPTR←DPTR+1	无影响	1	24
减 1 指令	DEC A	A←A−1	P	1	12
	DEC Rn	Rn←Rn−1	无影响	1	12
	DEC @Ri	(Ri)←(Ri)−1	无影响	1	12
	DEC direct	(direct)←(direct)−1	无影响	2	12
乘法指令	MUL AB	AB←A×B	0 OV P	1	48
除法指令	DIV AB	A←A/B(商),B←余数	0 OV P	1	48
调整指令	DA　A		CY AC	1	12

1) 加法指令(8 条)

ADD A, Rn

ADD A, @Ri

ADD A, direct

ADD A, #data

ADDC A, Rn

ADDC A, @Ri

ADDC A, direct

ADDC A, #data

上述 8 条加法指令均以累加器 A 的内容作为相加的一方,加后的和都送回累加器 A 中。

其中前 4 条指令只是两个操作数相加，后 4 条指令是两个操作数带进位位相加。遇多字节数的加法，除最低字节外，应采用带进位位相加的加法指令。

例 3-14　请看以下程序执行结果及对程序状态字 PSW 的影响。

```
MOV 30H, #43H        ;(30H)←43H
MOV A, #7AH          ;(A)←7AH
MOV R0, #30H         ;(R0)←30H
ADD A, @R0           ;(A)←(30H)+7AH =0BDH
                        01111010        (7AH)
                     +  01000011        (43H)
                     ------------------------
                        10111101        (BDH)
```

对 PSW 的影响：执行程序以后，据以上结果知 PSW 中有

$$CY=D7_{CY}=0$$

$$AC=D3_{CY}=0$$

$$P=0$$

$$OV=D7_{CY}\oplus D6_{CY}=0\oplus 1=1$$

上述结果对无符号数而言正确，但对有符号数而言就不正确了(因为两个正数相加得到一个负数，所以一定是发生了溢出，结果不正确，不能直接使用，需要校正)。

2) 减法指令(4 条)

```
SUBB  A, Rn
SUBB  A, @Ri
SUBB  A, direct
SUBB  A, #data
```

上述 4 条减法指令均以累加器 A 的内容作为被减数，减后的差都送回累加器 A 中。它们都是两个操作数带进位位(对减法实际上是进位)相减，故可用于多字节数的减法。

例 3-15　设进位位 C=1，请看执行以下程序片断后 A 寄存器的结果及对 PSW 的影响。

```
MOV  A, #0C4H        ;(A)←0C4H
SUBB A, #55H         ;A←(A)- 55H-(C)
                        11000100        (C4H)
                        00000001        (C)=1
                     -  01010101        (55H)
                     ------------------------
                        01101110        (6EH)
```

对 PSW 的影响：减法指令的执行过程有

$$A=6EH$$

$$CY=D7_{CY}=0$$

$$AC=D3_{CY}=1$$

$$P=1$$

$$OV=D7_{CY}\oplus D6_{CY}=0\oplus 1=1$$

以上结果对于无符号数而言为正确，OV=1 无意义；对于符号数，则 OV=1 表示结果有溢出，负数减正数结果应为负数，而 6EH 为正数，原因是因为符号数 C4H 真值为－3CH，所以 C4H－55H－1=－3CH－56H=－92H，而－92H=－146 已超出 8 位二进制数所能表示的最大负数(－128)，所以结果发生了溢出。

3）加 1 指令(5 条)

```
INC A
INC Rn
INC @Ri
INC direct
INC DPTR
```

这一组 5 条指令的功能都是先将操作数所指定的单元或寄存器的内容加“1”，然后再将结果送回原操作数单元中。加 1 指令执行后不影响标志位，但 INC A 指令会影响 P 标志。

4）减 1 指令(4 条)

```
DEC A
DEC Rn
DEC @Ri
DEC direct
```

这一组 4 条指令的功能都是先将操作数所指定的单元或寄存器的内容减“1”，然后再将结果送回原操作数单元中。减 1 指令执行后同样不影响标志位，但 DEC A 指令会影响 P 标志。注意：减 1 指令没有对数据指针寄存器 DPTR 减“1”的功能。

例 3-16　分析执行以下程序段的结果。

```
MOV R0，#7EH        ;(R0)←7EH
MOV 7EH，#0FFH      ;(7EH)←0FFH
MOV 7FH，#38H       ;(7FH)←38H
MOV DPL，#0FEH      ;(DPL)←0FEH
MOV DPH，#10H       ;(DPH)←10H
INC   @R0           ;(7EH)为(7EH)+1=0FFH+1=00H
INC   R0            ;(R0)为 7FH
INC   @R0           ;(7FH)为(7FH)+1=38H+1=39H
INC   DPTR          ;(DPTR)为 10FEH+1=10FFH
INC   DPTR          ;(DPTR)为 10FFH+1=1100H
```

5）乘、除法指令(2 条)

```
MUL AB
DIV   AB
```

当执行乘法指令时，要求两个操作数必须分别存于 A、B 两个寄存器中，指令执行后，乘积的低 8 位存放在 A 寄存器中，高 8 位存放在 B 寄存器中，且进位标志 CY=0。当乘积小于等于 255 时溢出标志 OV=0，当乘积大于 255 时溢出标志 OV=1。

当执行除法指令时，被除数与除数必须分别存于 A、B 两个寄存器中，指令执行后，二者整除的商存放在 A 寄存器中，而余数则存放在 B 寄存器中，且进位标志 CY=0。当 OV=1 表示除数为 0，A、B 中的内容均不定，其他情况下均有 OV=0。

6）十进制调整指令(1 条)

```
DA   A
```

十进制调整指令用来实现对 BCD 码的加法运算结果自动进行修正，修正的原理为：若 PSW 中的 AC=1 或 A 寄存器中低 4 位值大于 9 时，则对 A 寄存器中低 4 位内容进行加“6”处理；若当 PSW 中的 CY=1 或 A 寄存器中高 4 位值大于 9 时，则对 A 寄存器中高 4 位内容进行加“6”处理。这样处理后的数据就变成了 BCD 码的加法运算的正确结果。

注意：十进制调整指令必须紧跟在加法指令之后使用。

例 3-17　设累加器 A 中内容为 89 的 BCD 码，即 10001001，R0 中的内容为 28 的 BCD 码，即 00101000，请看执行下面程序后，A 中结果及正确的 BCD 码值。

```
ADD  A, R0    ;A←(A)+(R0)，即(A)=B1H，即非十进制正确结果，也非十六进制
              正确结果
DA   A        ;(A)为 17H ，这里，因为(C)=1，所以正确答案为 117。
```

在执行 DA　A 指令时，首先由于(AC)=$D3_{CY}$=1，所以对 A 中低 4 位内容进行加“6”调节，使累加器 A 的低 4 位变为 0111，然后又由于累加器 A 中高 4 位内容大于 9，所以对累加器 A 中高 4 位内容再进行加“6”调整，使其变为 0001，同时使进位位(CY)=1，则最终得到结果为 117。

3. 逻辑运算类指令

逻辑运算类指令共 24 条，包括与、或、异或、求反、清零及循环移位指令。此类指令除 RLC 和 RRC 指令外，均不影响 PSW 中除 P 以外的其他位，而 RLC 和 RRC 也只影响 P 与 CY 位。具体指令如表 3-3 所示。

表 3-3　逻辑运算类指令

类　型	助 记 符	功　能	字节数	振荡周期
与指令	ANL A, Rn	A←A∧Rn	1	12
	ANL A, @Ri	A←A∧(Ri)	1	12
	ANL A, #data	A←A∧data	2	12
	ANL A, direct	A←A∧(direct)	2	12
	ANL direct, A	(direct)←(direct)∧A	2	12
	ANL direct, #data	(direct)←(direct)∧data	3	24
或指令	ORL A, Rn	A←A∨Rn	1	12
	ORL A, @Ri	A←A∨(Ri)	1	12
	ORL A, #data	A←A∨data	2	12
	ORL A, direct	A←A∨(direct)	2	12
	ORL direct, A	(direct)←(direct)∨A	2	12
	ORL direct, #data	(direct)←(direct)∨data	3	24
异或指令	XRL A, Rn	A←A ⊕ Rn	1	12
	XRL A, @Ri	A←A ⊕(Ri)	1	12
	XRL A, #data	A←A ⊕ data	2	12
	XRL A, direct	A←A ⊕(direct)	2	12
	XRL direct, A	(direct)←(direct)⊕ A	2	12
	XRL direct, #dat	(direct)←(direct)⊕ data	3	24
求反指令	CPL A	A←$\overline{A}$	1	12
清零指令	CLR A	A←0	1	12
循环移位指令	RL A	A 左循环移一位	1	12
	RLC A	A 带进位左循环移一位	1	12
	RR A	A 右循环移一位	1	12
	RRC A	A 带进位右循环移一位	1	12

1）逻辑“与”运算指令(6条)

```
ANL A，Rn
ANL A，@Ri
ANL A，#data
ANL A，direct
ANL direct，A
ANL direct，#data
```

逻辑“与”运算指令共6条，前4条是指累加器A的内容与操作数所指出的内容进行按位“与”逻辑操作，结果送累加器A，指令执行后影响奇偶标志位P。后两条指令是将直接地址单元中的内容和源操作数所指出的内容按位进行逻辑“与”，结果送入直接地址单元中。当直接地址的内容与立即数操作时，可以对内部RAM的任何一个单元或特殊功能寄存器以及端口的指定位进行清“0”或“屏蔽”操作，因为操作数中的任一位和“0”相与结果为“0”；和“1”相与，其值保持不变。

2）逻辑“或”运算指令(6条)

```
ORL A，Rn
ORL A，@Ri
ORL A，#data
ORL A，direct
ORL direct，A
ORL direct，#data
```

逻辑“或”运算指令共6条，前4条指令是指A的内容与操作数所指出的内容进行按位“或”逻辑操作，结果送累加器A，指令执行后影响奇偶标志位P。后两条指令是将直接地址单元中的内容和源操作数所指出的内容按位进行逻辑“或”，结果送入直接地址单元中。当直接地址的内容与立即数操作时，可以对内部RAM的任何一个单元或特殊功能寄存器以及端口的指定位进行“置位”操作，因为操作数中的任一位和“1”相或结果为“1”；和“0”相或，其值保持不变。

例3-18　请看下列两段程序执行的结果。

```
MOV A，#0F0H        ;A←0F0H
ANL P1，#00H        ;P1为00H
ORL P1，#55H        ;P1为55H
ORL P1，A           ;P1为0F5H
ANL P1，A           ;P1为0F0H
```

例3-19　要求编程把累加器A中的低3位传送到P1口，传送时不影响P1口的高5位。

解

```
ANL  A，#07H        ;屏蔽A中高5位
ANL P1，#0F8H       ;去掉P1中的低3位
ORL P1，A           ; P1中的2～0←A中的2～0
```

3）逻辑“异或”运算指令(6条)

```
XRL A，Rn
XRL A，@Ri
XRL A，#data
XRL A，direct
```

XRL direct，A

XRL direct，#data

逻辑“异或”运算指令共 6 条，前 4 条指令是指 A 的内容与操作数所指出的内容进行按位“异或”逻辑操作，结果送累加器 A，指令执行后影响奇偶标志位 P。后两条指令是将直接地址单元中的内容和源操作数所指出的内容按位进行逻辑“异或”，结果送入直接地址单元中。当直接地址的内容与立即数操作时，可以对内部 RAM 的任何一个单元或特殊功能寄存器以及端口的指定位进行“取反”操作，因为操作数中的任一位和“1”相异或结果为“0”；和“0”相异或，其值保持不变。

例 3-20　请看以下程序执行结果。

```
MOV  A，#42H         01000010
XRL  A，#52H     ⊕  01010010
                    ————————
                     00010000
```

执行结果：(A)= 40H，P=1

4）“求反”运算指令(1 条)

CPL A

本指令先将累加器 A 中内容的各位按位变反，再将结果送回累加器 A 中。

5）清零运算指令(1 条)

CLR A

本指令将累加器 A 中内容的各位全部清“0”，再将结果送回累加器 A 中。

6）循环移位指令(4 条)

RL A

RR A

RLC A

RRC A

前两条指令是将累加器 A 的内容循环左、右移一位，执行后不影响 PSW 的各位；后两条指令是将累加器 A 的内容带进位位 CY 的左、右循环移位，执行后影响 CY 位的值。

逻辑循环左移指令 RL 的特点是：在操作数最高位为“0”的条件下，操作数每被左循环移位一次，其内容相当于被乘上“2”。

逻辑循环右移指令 RR 的特点是：在操作数最高位为“0”的条件下，操作数每被左循环移位一次，其内容相当于被除以“2”。

例 3-21　请看以下程序执行的结果。

```
MOV A，#08H      ;A←08H
RL A             ;左移一位,(A)为 10H
RL A             ;左移一位,(A)为 20H
RL A             ;左移一位,(A)为 40H
RR A             ;右移一位,(A)为 20H
RR A             ;右移一位,(A)为 10H
```

例 3-22　请看以下程序执行的结果。

```
CLR C            ;CY=0
MOV A，#99H      ;A←99H
RL A             ;左移一位,A 为 33H
```

```
MOV A, #99H      ;A←99H
RRC A            ;带进位位右循环一位,A 为 4CH,C=1
```

例 3-23 已知片内 RAM 的 DAT 单元存放着一个小于 20 的无符号数,分析以下程序实现的功能。

```
MOV R0, #DAT
MOV A, @R0
RL A
MOV R1, A
RL A
RL A
ADD A, R1
MOV @R0, A
```

解 本程序段的功能为:将 DAT 单元的内容乘以 10,结果仍然存回 DAT 单元。

注意:例 3-22 给出 DAT 单元数的最大值为 20=1EH(即 00011110B),所以每次操作数每被左循环移位一次,其内容都相当于被乘上"2"。

4. 控制程序转移类指令

控制程序转移类指令共有 17 条,主要功能是控制程序转移到新的 PC 地址上。其中有 64KB 存储空间的间接转移指令、长转移和长调用指令,有 2KB 范围的绝对转移和绝对调用指令,有短转移指令和条件转移指令。这类指令中除 CJNE 指令外,其余指令对 PSW 中各位均无影响。具体指令见表 3-4。

表 3-4 控制程序转移类指令

类 型	助 记 符	功 能	字节	振荡周期
无条件转移指令	LJMP addr16	PC←add16	3	24
	AJMP addr11	PC←add11	2	24
	SJMP rel	PC←PC+2+rel	2	24
间接转移指令	JMP @A+DPTR	PC←A+DPTR	1	24
无条件调用及返回指令	LCALL addr16	端点入栈,PC←addr16	3	24
	ACALL addr11	端点入栈,PC←addr11	2	24
	RET	子程序返回	1	24
	RETI	中断返回	1	24
条件转移指令	JZ rel	A 为 0 转 PC←PC+2+rel	2	24
	JNZ rel	A 不为 0 转,同上	2	24
	CJNE A, #data, rel	A 不等于 data 转	3	24
	CJNE A, direct, rel		3	24
	CJNE Rn, #data, rel		3	24
	CJNE @Ri, #data, rel		3	24
	DJNZ Rn, rel		2	24
	DJNZ direct, rel		3	24
空操作指令	NOP	PC←PC+1	1	12

1）无条件转移指令（3 条）

LJMP addr16

AJMP addr11

SJMP rel

当程序执行到无条件转移指令时，无条件转移到指令所提供的地址上去，指令执行后均不影响标志位。

第一条指令称为长转移指令，执行该条指令时，将 16 位目标地址 addr16 装入 PC，程序无条件转向目标地址，转移的目标地址可在 64KB 程序存储器地址空间的任何地方。

第二条指令称为绝对转移指令，执行该条指令时，转移的目标地址是在下一条指令开始的 2KB 程序存储器的地址空间内，它把 PC 的高 5 位与指令第一字节中的 7～5 位和指令的第二字节中的 8 位合并在一起构成 16 位的转移地址。使用本条指令需要注意的是，目标地址与 AJMP 后面第一条指令的第一个字节必须在同一个 2KB 区域的程序存储器空间内。

第三条指令称为短跳转指令或无条件相对转移指令，指令中的相对地址 rel 是一个带符号的 8 位偏移量，其范围为－128～＋127，负数表示向后转移，正数表示向前转移。执行该条指令后程序转移到当前 PC 与 rel 之和所指示的单元。

2）间接转移指令（1 条）

JMP　@A＋DPTR

间接转移指令又称散转指令，转移地址由数据指针寄存器 DPTR 和累加器 A 的内容之和形成。相加之后不修改累加器 A 的内容，也不修改 DPTR 的内容，而是把二者相加的结果直接送 PC 寄存器，指令执行后不影响标志位。

3）子程序调用及返回指令（4 条）

LCALL　addr16

ACALL　addr11

RET

RETI

子程序调用及返回指令的执行均不影响标志位。

第一条指令是长调用指令，允许用户子程序放在 64KB 空间的任何地方。

第二条指令是绝对调用指令，子程序的允许调用范围为 2KB 的空间范围。11 位调用地址的形成与 AJMP 指令相同。

第三条指令是子程序返回指令，第四条指令是中断返回指令。两条指令的功能基本相同：只是 RETI 指令除把栈顶的断点弹出送 PC 外，同时释放中断逻辑使之能接受同级的另一个中断请求。PSW 并不自动地恢复到中断前的状态，如果在执行 RETI 指令的时候，有一个较低级的或同级的中断已挂起，则 CPU 要在至少执行了中断返回指令之后的下一条指令才能去响应被挂起的中断。

例 3-24　下面有一段程序：

MOV R1，＃2FH

MOV R0，＃4AH

MOV A，@R0

XCH A，@R1

INC R0

INC R1

当执行到 MOV A,@R0 指令处转入中断服务程序,当执行到中断服务程序的最后一条 RETI 指令时,若有同级的中断请求已被挂起,则返回到调用处,接着执行 MOV A,@R0 后面的一条指令 XCH A,@Rl 之后才又进入新的中断服务程序。MCS-51 系列单片机的中断结构正是利用这一特点来实现单步操作的。

4) 条件转移指令(8 条)

(1) 依据累加器 A 的内容转移的指令(2 条)。

```
JZ     rel          ;A 为 0 转 PC←(PC)+2+rel
JNZ  rel          ;A 为 0 转 PC←(PC)+2+rel
```

条件转移指令是依据累加器 A 的内容是否为“0”的条件转移指令。条件满足时转移(相当于一条相对转移指令),条件不满足时则顺序执行下面一条指令。转移的目标地址在以下一条指令的起始地址为中心的 256 个字节范围之内(−128～+127)。当条件满足时,PC←(PC)+N+rel,其中(PC)为该条件转移指令的第一个字节的地址,N 为该转移指令的字节数(长度),本转移指令 N=2。

(2) 比较不等转移指令(4 条)。

```
CJNE A, #data, rel
CJNE A, direct, rel
CJNE Rn, #data, rel
CJNE @Ri, #data, rel
```

这组指令的功能是:比较前面两个操作数的大小,如果它们的值不相等则转移。转移地址的计算方法与上述两条指令相同。如果第一个操作数(无符号整数)小于第二个操作数,则进位标志 CY 置“1”,否则清“0”,但不影响任何操作数的内容。

(3) 减 1 不为 0 转移指令(2 条)。

```
DJNZ   Rn, rel
DJNZ   direct, rel
```

这两条指令把源操作数减“1”,结果回送到源操作数中去,如果结果不为“0”则转移(转移地址的计算方法同前)。

例 3-25 分析以下程序走向。

```
MOV R0, #01H
MOV R1, #02H
MOV R2, #03H
DJNZ R0, LABLE0
DJNZ R1, LABLE1
```

解 第一条转移指令:(R0)←(R0−1)=0,故程序顺序执行步转移;

第二条转移指令:(R1)←(R1−1)=1≠0,故程序转至 LABLE1 处。

5) 空操作指令(1 条)

NOP

空操作指令是对 CPU 的控制指令,并没有使程序转移的功能。执行该条指令时 CPU 不进行任何操作,但占用一个机器周期的时间,不影响任何标志,故称为空操作指令。但由于执行一次该指令需要一个机器周期,所以常在程序中加上几条 NOP 指令用于设计延时程序,拼凑精确延时时间或产生程序等待等。

5. 位操作类指令

位操作又称为布尔变量操作，它是以位(bit)作为单位来进行运算和操作的。MCS-51 系列单片机内设置了一个位处理器(布尔处理机)，它有自己的累加器(借用进位标志(CY))，自己的存储器(即位寻址区中的各位)，也有完成位操作的运算器等。与之对应，软件上也有一个专门进行位处理的位操作指令集，共 17 条，具体指令见表 3-5。它们可以完成以位为对象的传送、运算、转移控制等操作。这一组指令的操作对象是内部 RAM 中的位寻址区，即 20H～2FH 中连续的 128 位(位地址 00H～7FH)，以及特殊功能寄存器 SFR 中可进行位寻址的各位。在指令中，位地址的表示方法主要有以下四种。

(1) 直接位地址表示方式　如 40H。

(2) 点操作符表示(说明是什么寄存器的什么位)方式　如 B. 5，说明是 B 寄存器的第 5 位。

(3) 位名称表示方法　如 PT0。

(4) 用户定义名表示方式　如用户定义用 FLAG 这一名称(位符号地址)来代替 40H，则在指令中允许用 FLAG 表示 40H。

表 3-5　位操作类指令表

类　型	助　记　符	功　能	字　节	振荡周期
位数据传送指令	MOV C, bit	C←bit	2	12
	MOV bit, C	bit←C	2	12
位变量修改指令	CLR C	C←0	1	12
	CLR bit	bit←0	2	12
	CPL C	C←$\overline{A}$	1	12
	CPL bit	bit←bit	2	12
	SETB C	C←1	1	12
	SETB bit	bit←1	2	12
位变量逻辑指令	ANL C, bit	C←C∧bit	2	24
	ANL C, /bit	C←C∧$\overline{\text{bit}}$	2	24
	ORL C, bit	C←C∨bit	2	24
	ORL C, /bit	C←C∨$\overline{\text{bit}}$	2	24
位变量条件转移指令	JC　rel	C=1 转	2	24
	JNC　rel	C=0 转	2	24
	JB　bit, rel	bit=1 转	3	24
	JNB　bit, rel	bit=0 转	3	24
	JBC　bit, rel	bit=1 转 bit←0	3	24

1) 位数据传送指令(2 条)

MOV C, bit

MOV bit, C

这两条指令主要用于直接寻址位与位累加器 C 之间的数据传送。直接寻址位为片内 20H～2FH 单元的 128 个位及 80H ～ FFH 中的可进行位寻址的特殊功能寄存器中的各位。假如直接寻址位为 P0～P3 端口中的某一位，则指令执行时，先读入端口的全部内容(8 位)，然后把 C 的内容传送到指定位,再把 8 位内容传送到端口的锁存器。所以它也是一种“读→修改→写入”指令。

2) 位变量修改指令(6 条)

```
CLR C
CLR bit
CPL C
CPL bit
SETB C
SETB bit
```

该类指令的功能是清“0”、取反、置进位标志位和直接寻址位,指令执行后不影响其他标志。当直接寻址位为 P0～P3 端口的某一位时,具有“读→修改→写”操作功能。

3) 位变量逻辑指令(4 条)

```
ANL C, bit
ANL C, /bit
ORL C, bit
ORL C, /bit
```

这类指令的功能是把位累加器 C 的内容与直接寻址位进行逻辑与、逻辑或的操作,操作的结果送至位累加器 C 中,式中的斜杠“/”表示对该位取反后再参与运算,但不改变原来的内容。

4) 位变量条件转移指令(5 条)

```
JC rel
JNC rel
JB bit, rel
JNB bit, rel
JBC bit, rel
```

第 1、2 条指令是判断进位位 CY 是否为“1”或为“0”转,当条件满足时转移,否则继续执行程序;第 3～5 条指令是判断直接寻址位是否为“1”或“0”转,条件满足时转移,否则继续执行程序;最后一条指令当条件满足时转移,指令执行后,同时还应将该寻址位清零。这类指令也具有“读→修改→写”的功能。

例 3-26 编程:比较内部 RAM 中 20H 和 60H 中的两个无符号数的大小,将大数存入 50H,小数存入 51H 单元中,若两数相等,使片内 RAM 的位 7FH 位置“1”。

解

```
      MOV A, 20H
      CJNE A, 60H, T1
      SETB 7FH
      RET
T1:   JC T2
      MOV 50H, A
      MOV 51H, 60H
      RET
T2:   MOV 50H, 60H
```

```
MOV 51H, A
RET
```

例 3-27　编程：在 P1.7 输出一个周期为 6 个机器周期的方波。

解

```
CLR    P1.7
NOP
NOP
SETB   P1.7
NOP
NOP
CLR    P1.7
```

例 3-28　P1 口中 P1.6 与 P1.0～P1.5 位之间的关系如图 3-6 所示，试编程完成这一功能。

解

```
MOV C, P1.1
ORL C, P1.2
ANL C, P1.0
MOV 0F0H, C
MOV C, P1.3
ORL C, /P1.4
ANL C, 0F0H
ANL C, /P1.5
MOV P1.6, C
```

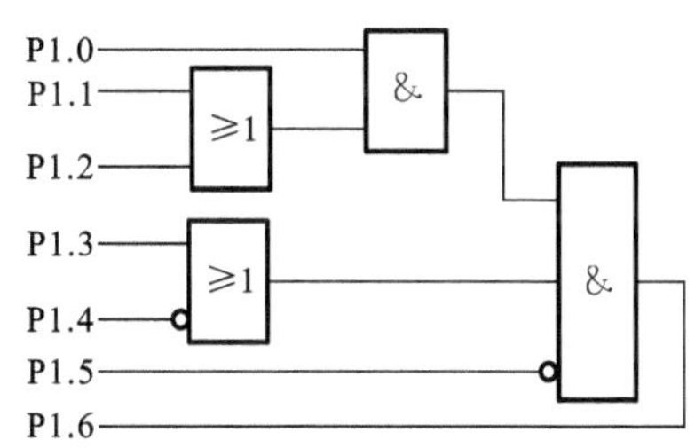

图 3-6　P1.6 与 P1.0～P1.5 的逻辑关系

至此，MCS-51 指令系统的全部指令都已介绍完毕，下面将介绍 MCS-51 的常用伪指令和程序设计举例。

3.3　汇编语言程序设计

3.2 节介绍了 MCS-51 系列单片机的指令系统，每一条指令都是用意义明确的助记符来表示的。这种由指令的助记符、符号地址、标号等书写的程序称为汇编语言程序。汇编语言程序设计是开发单片机应用系统的基本功。汇编语言程序设计与高级语言程序设计相似，本节仅简单地介绍程序设计的基本思路和方法，熟悉常规的程序结构。为了掌握用汇编语言进行程序设计，有必要先学习汇编语言的伪指令。

3.3.1　伪指令

伪指令是指仅为编译器服务而并非真正让单片机执行的指令。之所以要引入伪指令，是因为当编译器对汇编源程序进行汇编时，还要知道一些关于程序的额外信息，比如代码段从什么地址开始存放，数据存放在何处等。这些额外信息就由伪指令来提供。伪指令本身不产生目标代码，所以称为伪指令。

常用的伪指令如下。

1. 汇编起始地址伪指令 ORG(origin)

指令格式：

ORG nn

该指令的作用是指明后面的程序或数据块的起始地址,它总是出现在每段源程序或数据块的开始,用于指明此语句后面的指令序列的第一条指令或数据块第一个数据的存放地址,此后的源程序或数据块依次连续存放,直到遇到另一个 ORG 指令为止。nn 为绝对地址或标号。如

```
ORG 2000H
MOV A, #16H
ANL A, #0FH
SWAP A
```

以上经汇编得到的目标代码将在程序存储器中从起始地址 2000H 开始存放。

2. 汇编程序结束伪指令 END(end of assembly)

指令格式:

END

该伪指令标志着全部汇编源程序的结束,在一个源程序中只允许出现一个 END 语句且必须放在整个程序的最后。

3. 数据字节赋值伪指令 EQU(equate)

指令格式:

字符名称 EQU n

如

```
NUMBER EQU 16H
MOV A, #NUMBER
```

这里用字符 NUMBER 来代替 16H,每当编译器在代码中看 NUMBER 这个字符,就会用数字 16H 来代换。指令 MOV A, #NUMBER 实际上是将一个 8 位立即数 16H 送入累加器 A 中。适当地使用数据赋值伪指令可以提高程序的可读性。

4. 字节定义伪指令 DB(define byte)

指令格式:

标号: DB d1,d2,…,di,…,dn

其中标号可有可无,di(i=1~n)是单字节数或由 EQU 伪指令定义的字符,也可以是用引号括起来的 ASCII 码。此伪指令的功能是把 di 存入由该指令地址起始的单元中,且每个数占用 1 字节的空间。如

```
ORG   2000H
BUF1: DB   16H, 32H, 66H, 54H
BUF2: DB   96H, 'A'
```

以上伪指令经汇编后,将对 2000H 开始的若干内存单元赋值,其中的内容如表 3-6 所示。

表 3-6 内存单元与内容

内存单元	内 容	内存单元	内 容
2000H	16H	2003H	54H
2001H	32H	2004H	96H
2002H	66H	2005H	'A'=41H

5. 字定义伪指令 DW(define word)

指令格式：

标号:DW　d1,d2,…,di,…,dn

DW 的功能与 DB 的功能类似，只不过这里的 di 要占用两字节的存储单元，高 8 位数据先存入低地址字节，低 8 位数据后存入高地址字节。

6. 定义空间伪指令 DS(define storage)

指令格式：

标号：　DS　表达式

定义空间伪指令 DS 是从标号指定的地址单元开始，保留若干个存储单元作为备用的空间。其中，保留的数量由指定的表达式指定。如

```
      ORG 2000H
BUF：DS 08H
```

该段伪指令经汇编以后，从地址 2000H 开始保留 8 个内存单元，然后从 1008H 开始才可以进行其他操作。注意：DB、DW、DS 伪指令只能对程序存储器进行定义，不能对数据存储器进行操作。

7. 定义位地址伪指令 BIT

指令格式：

位名称　BIT　位地址

该语句的功能是把 BIT 右边的位地址赋给它左边的“位名称”。如

```
LEDRED      BIT P1.0
LEDGREEN    BIT P1.1
```

该段伪指令经汇编后，将位地址 P1.0 和 P1.1 分别赋给 LEDRED 和 LEDGREEN，此后便可以将 LEDRED 和 LEDGREEN 当作位地址来代替 P1.0 和 P1.1。

3.3.2　汇编语言程序设计

尽管可以用汇编语言设计出千变万化的程序，但程序的基本结构只有三种：顺序结构、分支结构和循环结构。

1. 顺序结构

顺序结构是最简单的程序结构，其显著的特点是程序中的语句由前向后顺序执行，直到最后一条指令，程序中没有任何条件判断语句。它是一种最简单、最基本的程序结构，所以有时也称为简单程序结构。顺序结构的程序通常只能完成一些简单的操作。

例 3-29　两个 16 位二进制无符号数相加。

每个 16 位二进制无符号数在内存中占两个字节的存储单元，假设被加数存放于内部 RAM 的 50H(高位字节)、51H(低位字节)，加数存放于 60H(高位字节)、61H(低位字节)，和存入 50H 和 51H 单元中。

程序如下。

```
        ORG    0000H
        AJMP   START
        ORG    0100H
START:CLR   C                   ；将 CY 清“0”
```

```
        MOV   R0，#51H        ；将被加数地址送数据指针 R0
        MOV   R1，#61H        ；将加数地址送数据指针 R1
AD1：   MOV   A，@R0          ；被加数低字节的内容送入累加器 A
ADD   A，@R1                  ；两个低字节相加
MOV @R0，A                    ；低字节的和存入被加数低字节中
        DEC   R0              ；指向被加数高位字节
        DEC   R1              ；指向加数高位字节
        MOV   A，@R0          ；被加数高位字节送入累加器 A
        ADDC  A，@R1          ；两个高位字节带 CY 相加
        MOV   @R0，A          ；高位字节的和送入被加数高位字节
        SJMP $                ；原地踏步
        END
```

在程序的末尾如果不用 END 结束，而用返回指令 RET 结束，则可以看作是完成某些特定功能的程序段，相当于子程序。

2. 分支结构

相对而言，分支结构比顺序结构要复杂一些。在实际应用中，程序不可能始终按顺序执行，通常要求单片机能够作出一些判断，这就是分支结构程序。分支结构程序是通过转移指令完成的，通常又有单分支和多分支两种结构。两种分支结构的形式分别如图 3-7(a)、图 3-7(b)所示。

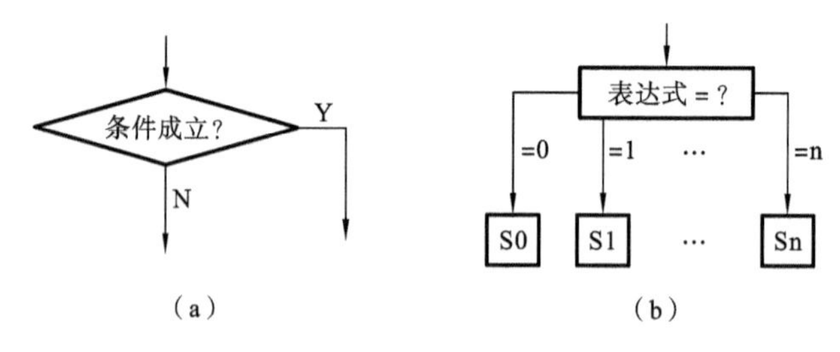

图 3-7 分支结构流程

(a) 单分支流程 (b) 多分支流程

1) 单分支结构程序

单分支结构程序是使用条件转移指令实现的程序，当给定的条件成立时，执行分支程序，否则按顺序执行。常用单分支结构的指令有：JZ，JNZ，JC，JB，JNB，JNC 及 CJNE 等。

例 3-30 求符号函数 Y=SGN(X)。设 X 存入 R1，Y 存入 R2。

$$SGN(X)=\begin{cases}+1 & (X>0)\\ 0 & (X=0)\\ -1 & (X<0)\end{cases}$$

```
        ORG   0000H
        AJMP START
        ORG   0100H
START：MOV   A，R1              ；取 X
        JZ    STORE             ；X=0 跳，Y=X
        JB    ACC.7，MINUS      ；X<0(A.7=1 跳)
```

```
        MOV   A,# 01H      ;X>0,Y=+1
        SJMP  STOR
MINUS:  MOV   A,#0FFH      ;X<0,Y=-1
STORE:  MOV   R2,A         ;保存 Y
        SJMP  $            ;原地踏步
END
```

求符号函数 Y=SGN(X)的流程如图 3-8 所示。

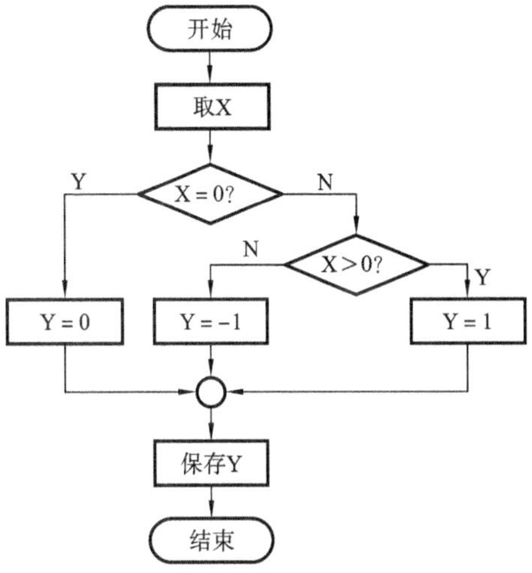

2) 多分支结构程序

多分支结构程序是根据运算的结果在多个分支中选择一个执行的程序。在实际实用中，往往需要多分支跳转，又称为散转。多分支结构常用 JMP @A+DPTR 来实现转移功能。其中，数据指针 DPTR 为存放转移指令串的首地址，由累加器的内容动态选择对应的转移指令。这样最多可以产生 256 个分支。

图 3-8　求符号函数流程

例 3-31　要求不同功能键执行不同程序段。

设每个功能键对应一个键值 X(0≤X≤FH)。设 X 已存入片内 RAM 的 R0 单元中。

若 X=0，则执行程序段 FUNC0；

若 X=1，则执行程序段 FUNC1；

⋮

部分程序代码如下。

```
KEYFUN:  MOV   DPTR, #KTAB     ;取表头地址
         MOV   A, R0           ;取键值
         ADD   A, A            ;取键值乘以 2
         JMP   @A+DPTR         ;跳至散转表中的相应位置
KTAB:    AJMP  FUNC0           ;键值为 0 时，跳转至 FUNC0
         AJMP  FUNC1
               ⋮
FUNC0:         ⋮               ;键值为 0 时，应执行的操作

FUNC1:         ⋮               ;键值为 1 时，应执行的操作
```

在程序中，由于 AJMP 为双字节绝对转移指令，跳转距离应为键值的 2 倍，因此，在跳转前将累加器 A 的内容加倍。如果程序中使用长跳转指令 LJMP，则跳转距离应为键值的 3 倍，跳转前累加器 A 的内容应乘以 3。

3. 循环结构

在程序设计中，经常遇到要反复执行同一个操作。解决这种问题最好采用循环结构的程序来完成，以缩短程序长度。从本质上来讲，循环结构程序是分支结构程序的一种特殊形式。

1) 循环程序组成

循环程序一般由以下四部分组成。

(1) 初始化部分　设置循环初始参数,如规定循环次数,有关工作单元清零,设置有关变量,地址指针预置初值等。

(2) 处理部分　为反复执行的程序段,通常称为循环体,是整个循环程序的核心。

(3) 循环控件部分　修改循环变量和控制变量,并判断循环是否结束,直到符合结束条件时,跳出循环为止。

(4) 结束部分　当循环体执行完毕后,在此处对结果进行处理和存储。

2) 循环程序用到的主要指令

在循环程序中,若循环次数已知,常用减"1"不为零指令 DJNZ 来控制循环。若循环次数未知,则应按条件转移指令来控制。

3) 循环程序举例

(1) 单重循环。

例 3-32　片内 RAM 工作单元清零。

将片内 RAM 中 16 个工作单元 30H～3FH 中的内容清零。程序如下。

```
CLEAR:
        CLR  A              ;累加器 A 中内容清零
        MOV  R0, #30H       ; 工作单元首地址送指针
        MOV  R2, 16         ; 置循环次数
CLR:    MOV  @R0, A         ; 工作单元清零
        INC  R0             ; 修改指针
        DJNZ R2, CLR        ; 控制循环
        RET
```

例 3-33　连续单元数据求和。

向外部 RAM 的 2000H 单元开始的连续 16 个单元分别赋值 0,1,2,…,15,试编写一个求和程序,并将和存入外部 RAM 的 2010H 单元(设和不超过 8 位)。

```
        ORG   0000H
        AJMP  START
        ORG   0100H
START:  MOV   DPTR, #2000H   ;外部 RAM 首地址送指针
        MOV   R2, #16        ;循环次数
        MOV   A, #0          ;第 1 个数据送至累加器
LOOP1:  MOVX  @DPTR, A       ;赋值
        INC   DPTR           ;修改指针
        INC   A              ;修改存储数据
        DJNE  R2, LOOP1      ;控制循环
        MOV   DPTR, #2000H   ;外部 RAM 首地址送指针
        MOV   R2,#16         ;循环次数
        MOV   R3, #0         ;R3 清零,准备存和
LOOP2:  MOVX  A, @DPTR       ;读取数据
        ADD   A, R3          ;相加
        MOV   R3, A          ;R3 用来暂存和
```

```
        INC     DPTR            ;修改指针
        DJNZ    R2, LOOP2       ;控制循环
SAVE:   MOVX    @DPTR, A        ;保存结果
OVER:   SJMP    $
        END
```

程序执行过程及结果如图 3-9 所示。

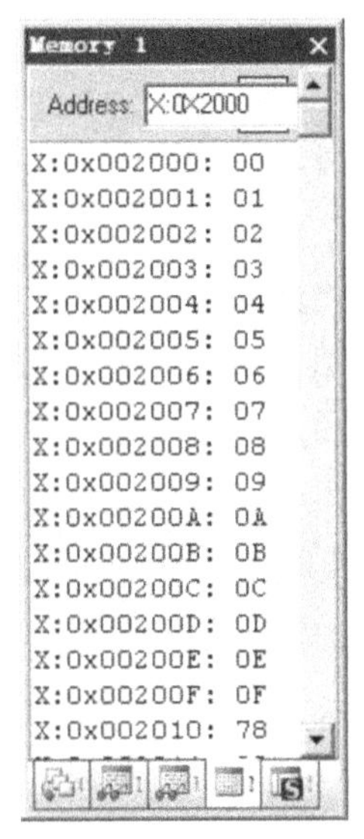

图 3-9　例 3-33 图

(2) 多重循环。

在实际编程时,有时会遇到循环次数多于 256 的情况,这时必须采用多重循环来实现,即在一个循环中又包含另一个或多个循环,亦称循环嵌套。这类循环必须层次分明,不允许产生内外层循环交叉。

例 3-34　1 s 延时程序。

如果使用 12 MHz 晶振,一个机器周期为 1 μs,指令 MOV Rn,#data,RET 及 DJNZ Rn,rel 均为双机器周期指令,则 1 s 延时程序如下。

```
DL1S:MOV R7, #10
DL1:MOV R6, #200
DL2:MOV R5, #248
DL3:DJNZ R5, DL3
    DJNZ R6, DL2
    DJNZ R7, DL1
    RET
```

DL2～DL3：$2+248\times2$

DL1～DJNZ R6：$2+[(2+248\times2)+2]\times200$

DL1S～RET：$2+[((2+248\times2)+2)\times200+2]\times10+2=1000024\ \mu s=1.000024\ s$

例 3-34 的程序为三重循环结构,循环时间是执行此循环所花费的机器周期数目与机器周期的积。采用循环延时的方法虽然可以达到任意延时的要求,但为了保证准确性,在延时期间 CPU 不应执行其他任务。延时也可以通过单片机内部资源定时器来实现,这将在后面的章节介绍。

4. 子程序结构

1) 子程序结构

子程序用于解决一个程序中有许多相同的运算或相同操作的问题,编写子程序须注意的问题如下。

(1) 子程序的第一条指令的地址称为子程序的入口地址,该指令前必须有标号,标号即是子程序入口的符号地址,也可看成是子程序的名称。

(2) 正确设置子程序的入口参数。入口参数是指子程序需要的原始参数,由调用它的主程序通过工作寄存器 R0～R7、内存单元或累加器 A 等传递给子程序使用。

(3) 确定子程序的出口参数。出口参数是指子程序根据入口参数执行后得到的结果参数,同样可通过工作寄存器 R0～R7、内存单元或累加器 A 等传递给主程序使用。

(4) 子程序必须以返回指令 RET 来结束子程序。

2) 子程序的调用与返回

调用指令格式:ACALL

LCALL

执行调用指令时,先将程序地址指针 PC 改变(执行 ACALL 加 2,执行 LCALL 加 3),然后将 PC 值压入堆栈,用新的地址值代替。

返回指令格式:RET

执行返回指令时,将堆栈中存放的返回地址(即断点地址)值弹出堆栈,送回到 PC 中,使程序返回到主程序的断点处继续向下执行。

3) 子程序举例

例 3-35 调用例 3-34 中 1 s 延时子程序。

编程设计一计数器,每过 1 s 计数器的值加 1。令 R2 作为计数器,且初始值为 0。计数范围为 0～255。

```
        ORG     0000H
        AJMP    START
        ORG     0100H
START:MOV       SP, #60H        ;设置堆栈指针
        MOV     R2, #0          ;计数
DELAY:ACALL     DL1S            ;调用延时 1 s 子程序
        INC     R2              ;修改指针
        AJMP    DELAY
DL1S:   MOV     R7, #10         ;延时 1 s 子程序
DL1:    MOV     R6, #200
DL2:    MOV     R5, #248
DL3:    DJNZ    R5, DL3
        DJNZ    R6, DL2
        DJNZ    R7, DL1
        RET                     ;子程序返回
        END
```

5. 查表程序设计

在实际应用中,对于一些复杂的运算,其汇编程序和执行时间都较长,另外,对于非线性函数关系式的运算,用汇编语言几乎无法处理,此时就要考虑用查表法处理。

查表法:预先根据变量与应变量之间的关系,将某些自变量所对应的函数值计算出来,并把这些计算结果按一定顺序排列成表格,存放在单片机的程序存储器中,这时自变量值为单元地址,相应的函数值为该地址单元中的内容。查表,就是根据变量 x 在表格中查找对应的函数值 y,使 $y=f(x)$。

查表程序是一种常用程序,它广泛使用于 LED 显示控制、打印机打印控制、数据补偿、数值计算、转换等功能程序中,这类程序具有简单、执行速度快等特点。

在 MCS-51 指令系统中,有两条查表指令,即

```
MOVC  A, @A+PC
MOVC  A, @A+DPTR
```

第一条指令中 PC 为当前程序计数器指针，A 为无符号的偏移量，因此，表格必须设置在该指令之后，且长度不超过 256 字节。一般在 MOVC　A，@A+PC 指令的前面加一条加法指令 ADD A，# data，其中，data 的值是指 MOVC　A，@A+PC 取出后的 PC 值至表格首地址之间的字节数。

第二条指令中的数据指针 DPTR 为 16 位的寄存器，因此，表格可在 64KB 范围之内的任何地址。

例 3-36　利用 MOVC　A，@A + PC 指令编写一查平方表程序。

编程求 1～10 的平方，待求数据放入 R3 中，并将结果存入片内 30H ～ 39H 中。

程序如下。

```
        ORG     0000H
        AJMP    START
        ORG     0100H
START:  MOV     SP，#60H          ;设置堆栈指针
        MOV     R3，#1            ;待求数据初值
        MOV     R2，#10           ;循环变量置初值
        MOV     R0，#30H          ;保存结果的起始地址
SQ:     MOV     A，R3;
        LCALL   SQRT              ;调用子程序，查表求出数字的平方
        MOV     @R0，A            ;保存结果
        INC     R0                ;调整指针
        INC     R3
        DJNZ    R2，SQ
        SJMP    $                 ;用查表法求平方的子程序 SQRT
SQRT:   ADD     A，#1             ;计算偏移量
        MOVC    A，@A + PC        ;查表，求出平方
        RET
STAB:   DB      0，1，4，9，16，25，36，49，64，81，100，121，144;平方数值表
        END
```

程序中，查表指令 MOVC　A，@A + PC 到表格首地址 STAB 之间有 1 条指令，即 RET 指令，该指令占 1 个字节存储空间，因此程序中的偏移量调整为(A)+1。

6. 运算类程序设计

在单片机应用系统中，数值运算是经常要进行的一种计算，最基本的数值计算是算术运算。数值运算可分为符号数运算和无符号数运算，定点数运算和浮点数运算。定点数运算程序简单，运行速度快，应用较多。由于 MCS-51 系列单片机的指令系统中，只提供了单字节和无符号数的算术运算指令，对于多字节的运算则需要自己编写程序。下面介绍一些多字节定点数运算程序，这些程序往往编制成子程序的形式，方便用户调用。

1) 加、减法程序设计

单字节的加减法运算在前面章节已介绍过，下面主要介绍多字节的加减法运算。

例 3-37　多字节无符号加法子程序。

入口参数:被加数低字节地址在 R0,加数低字节地址在 R1,字节数在 R2。

出口参数:和的低字节地址在 R0,字节数在 R3。

子程序如下。

```
        ORG     1000H
MADD:   PUSH    PSW           ;保护程序状态字寄存器内容
        CLR     C             ;进位位清零
        MOV     R3, #00H
ADD10:  MOV     A, @R0        ;取加数
        ADDC    A, @R1        ;相加
        MOV     @R0, A        ;保存结果
        INC     R0            ;调整地址指针
        INC     R1
        INC     R3            ;和的字节数加 1
        DJNZ    R2, ADD10     ;加完否? 未加完继续,加完则向下执行
        JNC     ADD20         ;最高字节相加无进位转 ADD20
        MOV     @R0, #01H     ;和的最高字节内容为 1
        INC     R3            ;和的字节数增 1
ADD20:  POP     PSW           ;恢复程序状态字寄存器内容
        RET
```

例 3-37 中的程序在相加运算时,按从低字节到高字节的顺序依次进行,在编程时要考虑低字节相加时可能有进位的情况,所以使用 ADDC 指令。当最后两个字节相加后,就应退出循环。但还应考虑是否有进位,若有进位,则向和的最高位字节地址中写入 1,此时,和所占的地址数将比加数多出一个字节。

例 3-38　多字节无符号减法子程序。

多字节无符号减法子程序与例 3-37 类似,用 SUBB 指令替换 ADDC 指令后,再稍做修改即可得相应子程序。

入口参数:被减数低字节地址在 R0,减数低字节地址在 R1,字节数在 R2。

出口参数:差的低字节地址在 R0,字节数在 R3。

　　　　01H 单元为符号位,“0”为正,“1”为负。

子程序如下。

```
        ORG     1000H
MSUB:   PUSH    PSW           ;保护程序状态字寄存器内容
        CLR     C             ;进位位清零
        CLR     01H           ;符号位清零
        MOV     R3, #00H      ;差字节计数器清零
SUB10:  MOV     A, @R0        ;取被减数
        SUBB    A,@R1         ;相加
```

```
        MOV     @R0,A       ；保存结果
        INC     R0          ；调整地址指针
        INC     R1
        INC     R3          ；差的字节数加 1
        DJNZ    R2,SUB10    ；减完否？未减完继续，减完则向下执行
        JNCS    UB20        ；最高字节相减无借位转 SUB20
        SETB    01H         ；差为负，置位标志位 01H
SUB20：  POP     PSW         ；恢复程序状态字寄存器内容
        RET
```

例 3-39　多字节十进制 BCD 码加法子程序。

入口参数：多字节压缩 BCD 码被加数高字节地址在 R0，加数高字节地址在 R1，字节数在 R7。

出口参数：压缩 BCD 码和的高字节地址在 R0，字节数在 R7。

子程序如下。

```
MBCDA：MOV     A, R7
       MOV     R2, A
       PUSH    PSW         ；保护程序状态字寄存器内容
       MOV     A, R0
       ADD     A, R2
       DEC     A
       MOV     R0, A       ；初始化数据指针
       MOV     A, R1
       ADD     A, R2
       DEC     A
       MOV     R1, A
       CLR     C
BCD1：  MOV     A, @R0
       ADDC    A,@R1       ；按字节相加
       DA      A           ；十进制调整
       MOV     @R0, A      ；保存结果
       DEC     R0          ；调整数据指针
       DEC     R1
       DJNZ    R2, BCD1    ；判断是否结束
       JNC     OVER        ；判断最高位相加时是否有进位
       INC     R7          ；最高位相加有进位，更新字节数 R7
OVER：  POP     PSW         ；恢复程序状态字寄存器内容
       RET
```

例 3-39 程序中的多字节 BCD 码在保存时，高位在前，低位在后。而在进行加法运算时，

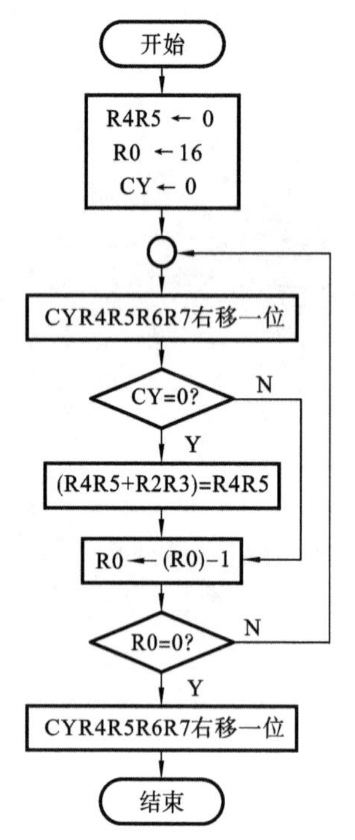

图 3-10　无符号双字节数乘法流程

应先加低位，再加高位，所以要先调整指针 R0 和 R1，使其指向低位。

2) 乘法运算程序

对于多字节乘法，可利用连续加或移位相加的算法来实现。连续加是指把被乘数自加，相加次数就是乘数的值，相加的结果就是乘积。移位相加算法与手工列竖式进行乘法运算相似，移位次数等于乘数的二进制位数，而相加次数则为乘数中“1”的个数。若两个操作数长度相同，则乘积位数不会超过该长度的两倍。因此，这种算法比连续加的算法运算效率要高。下面通过例题来说明。

例 3-40　双字节无符号数乘法子程序。

将 R2R3 和 R6R7 中双字节无符号数相乘，结果存入 R4R5R6R7 中，采用部分积右移来实现，其流程如图 3-10 所示。

入口参数：被乘数在 R2R3，乘数在 R6R7。

出口参数：乘积在 R4R5R6R7。

子程序如下。

```
NMUL：  PUSH   PSW          ；保护程序状态字寄存器内容
        MOV    R4，#0
        MOV    R5，#0
        CLR    C
        MOV    R0，#16      ；移位次数 16
NMUL1： MOV    A，R4        ；CYR4R5R6R7 右移一位
        RRC    A
        MOV    R4，A
        MOV    A，R5
        RRC    A
        MOV    R5，A
        MOV    A，R6
        RRC    A
        MOV    R6，A
        MOV    A，R7
        RRC    A
        MOV    R7，A
        JNC    NMUL2        ；C 为移出乘数的最低位
        MOV    A，R5        ；执行加法运算 R4R5＋R2R3→R4R5
        ADD    A，R3        ；低位相加
        MOV    R5，A
```

```
        MOV     A, R4
        ADDC    A, R2          ;高位相加,低位相加时有进位,故用 ADDC
        MOV     R4, A
NMUL2:  DJNZ    R0, NMUL1      ;循环 16 位
        MOV     A, R4          ;最后再右移一位
        RRC     A
        MOV     R4, A
        MOV     A, R5
        RRC     A
        MOV     R5, A
        MOV     A, R6
        RRC     A
        MOV     R6, A
        MOV     A, R7
        RRC     A
        MOV     R7, A
OVER:   POP     PSW            ;恢复程序状态字寄存器内容
        RET
```

对于多字节乘法运算,也可利用单字节的乘法 MUL 指令来实现。

例 3-41　双字节无符号数快速乘法子程序。

(R6R7)和(R2R3)中双字节无符号数相乘,积送 R2R3R4R5 中。

MCS-51 系列单片机中有 8 位无符号数乘法指令 MUL,用它来实现多字节乘法时,可将乘式表示为

$$(R6R7)\times(R2R3)=((R6)\times2^{8}+(R7))\times((R2)\times2^{8}+(R3))$$
$$=(R6)\times(R2)\times2^{16}+(R6)\times(R3)\times2^{8}+(R7)\times(R2)\times2^{8}+(R3)\times(R7)$$

其算法如图 3-11 所示。

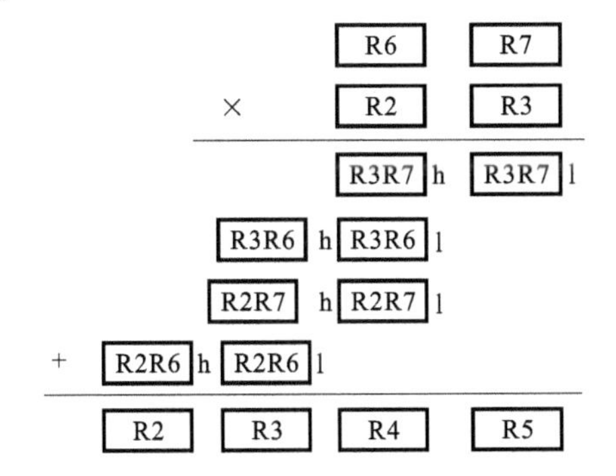

图 3-11　双字节二进制无符号数快速乘法

入口参数:被乘数在 R6R7,乘数在 R2R3。

出口参数:乘积在 R2R3R4R5。

子程序如下。

```
QMUL:PUSH   PSW          ;保护程序状态字寄存器内容
```

```
MOV   A, R3     ; 计算 R3 乘 R7
MOV   B, R7
MUL   AB
MOV   R4, B     ; 暂存部分积
MOV   R5, A
MOV   A, R3     ; 计算 R3 乘 R6
MOV   B, R6
MUL   AB
ADD   A, R4     ; 累加部分积
MOV   R4, A
CLR   A
ADDC  A, B
MOV   R3, A
MOV   A, R2     ; 计算 R2 乘 R7
MOV   B, R7
MUL   AB
ADD   A, R4     ; 累加部分积
MOV   R4, A
MOV   A, R3
ADDC  A, B
MOV   R3, A
CLR   A
RLC   A
XCH   A, R2     ; 计算 R2 乘 R6
MOV   B, R6
MUL   AB
ADD   A, R3     ; 累加部分积
MOV   R3, A
MOV   A, R2
ADDC  A, B
MOV   R2, A
POP   PSW       ; 恢复程序状态字寄存器内容
RET
```

3) 除法运算程序

除法是乘法的逆运算,可仿照乘法的算法,用左移、相减的算法来实现。二进制数除法也可以采用类似于人工手算除法的方法来实现:首先对被除数高位和除数进行比较,如果被除数高位大于除数,则商为1,并从被除数减去除数,形成一个部分余数;如果被除数高位小于除数,商为0,则不执行减法。接着把部分余数左移一位,并与除数再次进行比较。如此循环直

至被除数的所有位都处理完为止。一般商如果为 n 位，则需循环 n 次。

一般在计算机中，被除数均为双倍位，即如果除数和商均为双字节，则被除数为 4 字节，如果被除数的高两个字节的数值大于或等于除数，则商超过 16 位，大于规定字节，称为溢出。所以在除法之前先检验是否会发生溢出，如果会溢出则置溢出标志，不执行除法程序。除法的流程如图 3-12 所示。

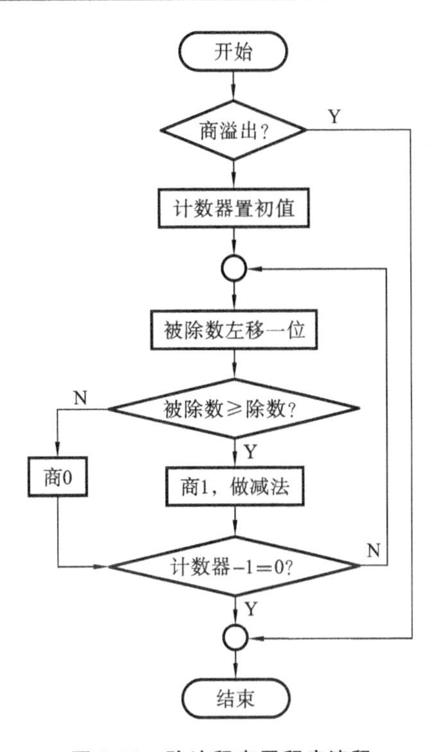

图 3-12　除法程序子程序流程

例 3-42　双字节无符号数除法子程序。

(R2R3R4R5)、(R6R7)分别是无符号被除数和除数，商送 R4R5，余数放在 R2R3 中。

入口参数：被除数在(R2R3R4R5)，除数在(R6R7)。

出口参数：商在 R4R5，余数在 R2R3。

子程序如下。

```
NDIV:  CLR   C         ；比较被除数和除数，
                         判断商是否溢出
       MOV   A，R3
       SUBB  A，R7
       MOV   A，R2
       SUBB  A，R6
       JNC   NDIV4     ；CY=0，无借位，溢出，转溢出处理
       MOV   B，#16    ；循环次数控制计数器
NDIV1：CLR   C         ；部分商和余数同时左移一位
       MOV   A，R5     ；左移 R5
       RLC   A
       MOV   R5，A
       MOV   A，R4     ；左移 R4
       RLC   A
       MOV   R4，A
       MOV   A，R3     ；左移 R3
       RLC   A
       MOV   R3，A
       XCH   A，R2
       RLC   A         ；左移 R2
       XCH   A，R2
       MOV   F0，C     ；保存溢出位
       CLR   C
       SUBB  A，R7     ；计算(R2R3－R6R7)
       MOV   R1，A
```

```
        MOV   A, R2
        SUBB  A, R6
        JB    F0, NDIV2 ; 移出最高位为1,够减
        JC    NDIV3     ; 否则,CY=0才够减
NDIV2:  MOV   R2, A     ; 够减,存放新的余数
        MOV   A, R1
        MOV   R3, A
        INC   R5        ; 商1
NDIV3:  DJNZ  B, NDIV2  ; 循环次数减1,若不为零则继续循环计算完十六位商
                        ; (R4R5)
        CLR   F0        ; 正常执行,无溢出
        RET
NDIV4:  SETB  F0        ; 溢出
        RET
```

在例3-42的程序中,在运算前,先比较(R2R3)与除数(R6R7),若前者大,则为溢出,置位F0后退出子程序。B为循环次数控制计数器,其值是除数和商的位数,例3-42中其值为16。在上商时,商1采用加1的方法,商0则不加1。比较操作采用减法来实现,只是先不回送结果,而是把结果保存在累加器A和工作寄存器R1中,在需要执行减法时,才送回结果。左移时,把移出的最高位保留到用户标志F0中,若F0为1,则被除数(部分余数,有17位)总是大于除数,此时执行商1操作。

习　　题

1. MCS-51系列单片机有哪几种寻址方式?这几种寻址方式是如何寻址的?

2. 要访问一特殊功能寄存器和片外数据存储器,应采用什么寻址方式?

3. 用于外部数据传送的指令有哪几条?有何区别?

4. 指出下列指令的本质区别?

(1) MOV　B, data　　　　(2) MOV　data1, data2
　　MOV　B, #data　　　　　　MOV　20H, #40H

5. 设R0的内容为32H,A的内容为48H,片内RAM32H单元内容为80H,40H单元内容为08H,请指出执行下列程序段后上述各单元内容的变化情况。

```
MOV   A, @R0
MOV   @R0, 40H
MOV   40H, A
MOV   R0, #35H
```

6. 片外数据存储器传送有哪几条指令?试比较下面每组中两条指令的区别。

(1) MOVX　A, @R1　　　　MOVX　A, @DPTR
(2) MOVX　@R0, A　　　　MOVX　@DPTR, A
(3) MOVX　A, @R0　　　　MOVX　@R0, A

7. DA　A指令有什么作用?如何使用?

8. 试编程将片内数据存储器 60H 中的内容传送到片内 RAM 54H 单元中。

9. 已知当前 PC 值为 4000H，请用两种方法将程序存储器 3000H 中的常数送入累加器 A 中。

10. 请用两种方法实现累加器 A 与寄存器 B 的内容交换。

11. 已知(A)=83H，(R0)=17H，(17H)=34H。请写出下列程序段执行完后 A 中的内容。

```
ANL A，#17H
ORL 17H，A
XRL A，@R0
CPL A
```

12. 已知 SP=25H，PC=2345H，(24H)=12H，(25H)=34H，(26H)=56H。问此时执行 RET 指令以后，SP=？PC=？

13. 试编程将片外 RAM 中的 30H 和 31H 单元中的内容相乘，结果存在 32H 和 33H 单元中，高位存在 33H 单元中。

14. 试用三种方法将累加器 A 中的无符号数乘以 2。

15. 指令 LJMP addr16 和 AJMP addr11 的区别是什么？

16. 试说明指令 CJNE @R1，#7AH，10H 的作用。若本指令地址为 2000H，则其转移地址是多少？

17. 编程完成下述操作。

(1) 将片内 RAM30H 单元的高 2 位变反，低 2 位清“0”，其余位保持不变。

(2) 将片外 RAM30H 单元的高 2 位变反，低 2 位清“0”，其余位保持不变。

(3) 将片外 RAM 3000H 单元中的所有位取反。

18. 用位操作指令实现下面表达式的功能。

(1) P1.7=ACC.0×(B.0+P2.1)+P3.2

(2) P2.3=P1.5×B.4+ACC.7×P1.0

第4章　定时器/计数器

本章主要介绍MCS-51系列单片机中定时器/计数器的结构、工作原理、工作方式及使用方法。重点掌握定时器/计数器的各种工作方式,以及对定时器/计数器的编程和具体应用。

MCS-51系列单片机内部有两个定时器/计数器,即T0(P3.4)和T1(P3.5)。它们都是16位的加法计数器,可用于定时控制和对外部事件的计数。当用定时器模式时,实际上就是通过计数器对单片机内部时钟电路产生的固定周期脉冲信号进行加法计数;当用计数模式时,实际上就是对外部事件产生的脉冲信号进行加法计数。可见,不管是定时操作还是计数操作,都要由加法计数器完成。这两个定时器/计数器(T0和T1)都可以工作在定时器或计数器模式。

1. 计数器工作方式

计数功能是对外部脉冲进行计数。MCS-51系列单片机P3.4和P3.5这两个引脚分别作为两个计数器的计数输入端。每当输入引脚的脉冲发生负跳变时,计数器加1。

2. 定时器工作方式

定时功能也是通过计数器的计数来实现的,不同的是,此方式的计数脉冲来自单片机内部,即每个机器周期产生1个计数脉冲,也就是每经过1个机器周期的时间,计数器加1。

除了以上两种工作模式,MCS-51系列单片机的定时器/计数器还具有四种工作方式(方式0、方式1、方式2和方式3),它们可以通过相应特殊功能寄存器进行编程设置。用户可以根据系统应用需求方便地选择定时器/计数器的两种工作模式和四种工作方式。

下面详细介绍MCS-51系列单片机定时器/计数器的结构、工作原理、工作方式及控制寄存器与特殊功能寄存器和具体编程方法。

4.1　定时器/计数器的结构及工作原理

4.1.1　定时器/计数器的结构

MCS-51系列单片机的定时器/计数器逻辑结构如图4-1所示。每个定时器/计数器有两个8位的寄存器。定时器/计数器T0由特殊功能寄存器TH0、TL0构成,定时器/计数器T1由特殊功能寄存器TH1、TL1构成,其中TH0、TL0、TH1和TL1都是8位寄存器,在编程时

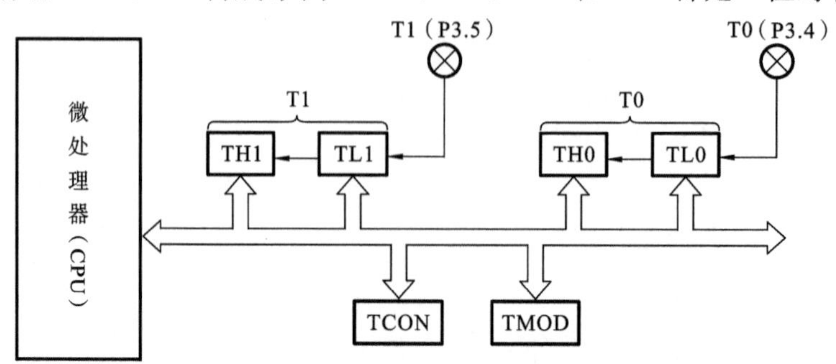

图4-1　MCS-51系列单片机的定时器/计数器逻辑结构

需要分别操作。

在逻辑结构图中，定时器/计数器寄存器工作模式寄存器 TMOD 用于选择定时器/计数器 T0、T1 的工作模式和工作方式。定时器/计数器控制寄存器 TCON 用于控制 T0、T1 的启动和停止计数，同时用于存储 T0、T1 的溢出标志。TMOD、TCON 这两个特殊功能寄存器的内容由软件设置。单片机复位时，这两个寄存器的所有位被清“0”。

4.1.2　定时器/计数器的工作原理

MCS-51 系列单片机内部的两个 16 位可编程的定时器/计数器 T0、T1 均有计数和定时功能。它们的工作方式、定时时间和启动方式等均可通过对相应的寄存器 TMOD、TCON 进行编程来实现，计数数值也是由指令对计数寄存器(TH0、TL0 或 TH1、TL1)来设置。T0、T1 在选择计数器模式时，P3.4 和 P3.5 这两个引脚分别作为两个计数器的计数输入端。每当输入引脚的脉冲发生“1”→“0”跳变时，计数器加“1”。T0、T1 选择定时器模式时，计数器对内部机器周期进行计数。不管工作在哪种模式，计数产生了溢出之后，就会将相应的溢出标志置位；在中断允许的情况下，溢出后会产生中断。

4.2　定时器/计数器工作方式和控制寄存器

MCS-51 系列单片机的定时器/计数器有四种工作方式：方式 0、方式 1、方式 2 和方式 3。定时器/计数器具体的工作模式和方式主要是由 TMOD、TCON 控制寄存器来设置的，下面重点介绍 8 位寄存器 TMOD 和 TCON。

4.2.1　TMOD 控制寄存器

TMOD 寄存器用于选择定时器/计数器的工作模式和工作方式，它的字节地址为 89H，不能进行位寻址，其具体定义如图 4-2 所示：整个 8 位分为 2 组，高 4 位控制 T1，低 4 位控制 T0。具体定义如表 4-1 所示。

D7	D6	D5	D4	D3	D2	D1	D0
GATE	C/$\overline{T}$	M1	M0	GATE	C/$\overline{T}$	M1	M0

图 4-2　TMOD 寄存器各位定义

表 4-1　TMOD 寄存器各位功能说明

名　称	功能说明
GATE	门控位 GATE=0，用运行控制位 TRi(i=0、1)启动定时器 GATE=1，用外中断请求信号输入端 INTi(i=0、1)和 TRi(i=0、1)共同启动定时器
C/$\overline{T}$	定时方式或计数模式选择位 C/$\overline{T}$=0，定时工作模式 C/$\overline{T}$=1，计数工作模式
M1 M0	工作方式选择位 M1M0=00 方式 0，13 位定时器/计数器 M1M0=01 方式 1，16 位定时器/计数器 M1M0=10 方式 2，自动再装入的 8 位定时器/计数器 M1M0=11 方式 3，仅适用于 T0 分成 2 个 8 位计数器，T1 停止计数

4.2.2 TCON 控制寄存器

TCON 寄存器的字节地址为 88H,可进行位寻址,位地址为 88H～8FH,其具体定义如图 4-3 所示。

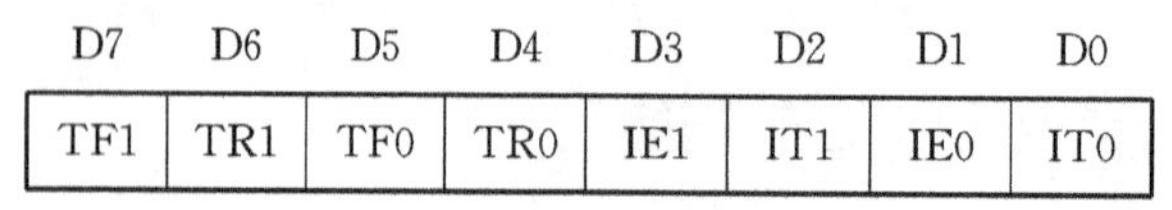

图 4-3　TCON 寄存器各位定义

TCON 寄存器低 4 位与外部中断有关,在前面相关章节已经介绍。TCON 寄存器高 4 位的功能如表 4-2 所示。

表 4-2　TCON 寄存器高 4 位功能说明

名　　称	功 能 说 明
TF1	T1 计数溢出标志位。计数/计时溢出时,该位置“1”。在中断方式时,此位作中断标志位,在转向中断服务程序时由硬件自动清“0”。在查询方式时,也可以由程序查询和清“0”
TR1	定时器/计数器 T1 运行控制位 TR1＝0,停止定时器/计数器 1 工作 TR1＝1,启动定时器/计数器 1 工作 该位由软件置位和复位
TF0	T0 计数溢出标志位。计数/溢出时,该位置“1”。在中断方式时,此位作中断标志位,在转向中断服务程序时由硬件自动清“0”。在查询方式时,也可以由程序查询和清“0”
TR0	定时器/计数器 T0 运行控制位 TR0＝0,停止定时器/计数器 0 工作 TR0＝1,启动定时器/计数器 0 工作 该位由软件置位和复位

4.3　定时器/计数器工作方式

4.3.1　定时器/计数器初值计算

使用定时器/计数器时必须计算初值。定时器/计数器通过设置 TMOD 的 M1M0 来选择四种不同的工作方式,每种工作方式对应的最大计数值如表 4-3 所示。

表 4-3　最大计数值选择表

M1	M0	工作方式	最大计数值
0	0	方式 0	$2^{13}=8192$
0	1	方式 1	$2^{16}=65536$
1	0	方式 2	$2^{8}=256$
1	1	方式 3	$2^{8}=256$

MCS-51 系列单片机的两个定时器/计数器均有定时/计数两种功能,编程时可以通过设置 TMOD 的 C/$\overline{T}$ 来选择定时或计数功能。

1. 定时功能的初值计算

选择定时功能时，单片机内部提供计数脉冲，并对机器周期进行计数。假设 T 表示定时时间，初值用 X 表示，所用计数器的位数为 N，设系统时钟频率为 f_{osc}，则它们应满足

$$\frac{(2^N-X)\times 12}{f_{osc}}=T$$

$$X=2^N-\frac{f_{osc}}{12}T$$

2. 计数功能的初值计算

选择计数功能时，计数脉冲由外部 T0 或 T1 端引入，并对外部脉冲进行计数，因此计数值应根据要求确定。N 是所用计数器的位数，它由 TMOD 中 M1M0 两位确定，设 X 为计数初值，则计数值满足

$$X=2^N-\text{计数值}$$

4.3.2　工作方式 0

工作方式 0 为 13 位定时器/计数器。此时，16 位计数寄存器 TH1、TL1(或 TH0、TL0)中只使用 13 位，其中 TL1(或 TL0)只使用低 5 位，TH1(或 TH0)的 8 位全部使用。由图 4-4 可知，当 $C/\overline{T}=0$(定时方式)时，控制端将多路开关与振荡器那端连接，然后 T1 对机器周期进行计数，其定时时间 T 为

$$T=\frac{2^{13}-X}{f_{osc}}\times 12=(2^{13}-X)\times\text{机器周期}$$

式中：X 为计数初值。

当 $C/\overline{T}=1$(计数方式)时，控制端将多路开关与外部引脚 T1(或 T0)连接，外部计数脉冲由 T1(或 T0)引脚输入。当外部信号电平由高到低跳变时，计数器加"1"，这时 T1(或 T0)成为外部事件的计数器，其计数初值 $=2^{13}-$计数值。

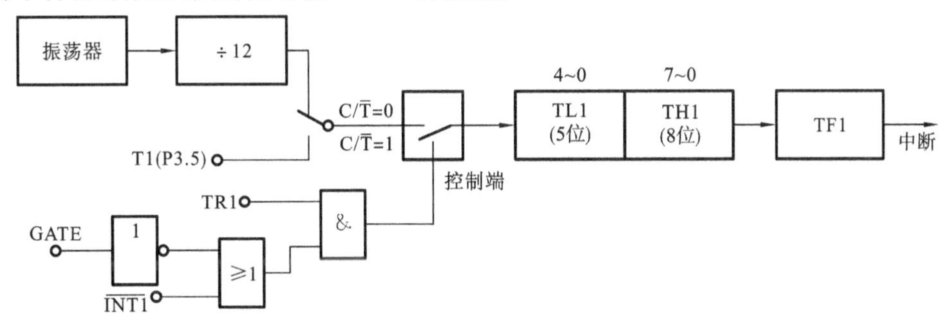

图 4-4　定时器/计数器的工作方式 0

4.3.3　工作方式 1

工作方式 1 是 16 位定时器/计数器，其结构几乎与工作方式 0 相同，唯一的区别是计数器寄存器的长度为 16 位，如图 4-5 所示。故定时功能定时时间 $T=(2^{16}-X)\times 12/f_{osc}$；计数功能计数初值 $X=2^{16}-$计数值。

4.3.4　工作方式 2

工作方式 0、工作方式 1 用于重复计数时，每次计数溢出，寄存器清零，第二次计数时还要

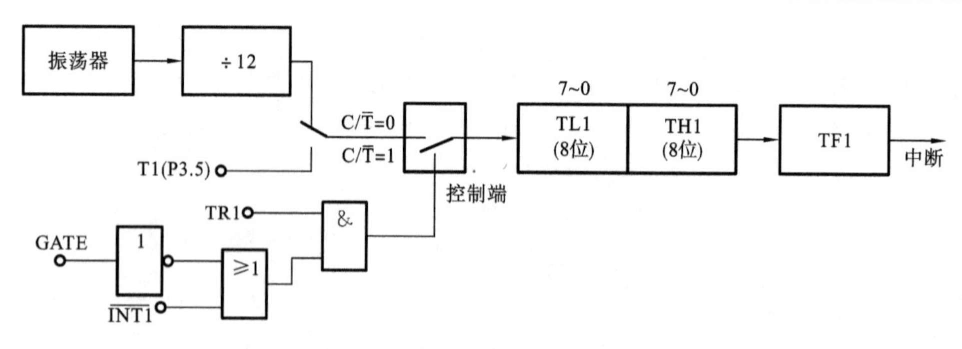

图 4-5　定时器/计数器的工作方式 1

重新装入计数初值。而工作方式 2 采用的是能自动装入计数初值的 8 位计数器。工作方式 2 中把 16 位的寄存器拆为两个 8 位计数器寄存器,低 8 位作计数器用,高 8 位用以保存计数初值,当低 8 位计数产生溢出时,TF1(或 TF0)位置 1,同时又将保存在高 8 位中的计数初值重新装入低 8 位计数器中,又继续计数。T1(或 T0)工作方式 2 的逻辑结构如图 4-6 所示。

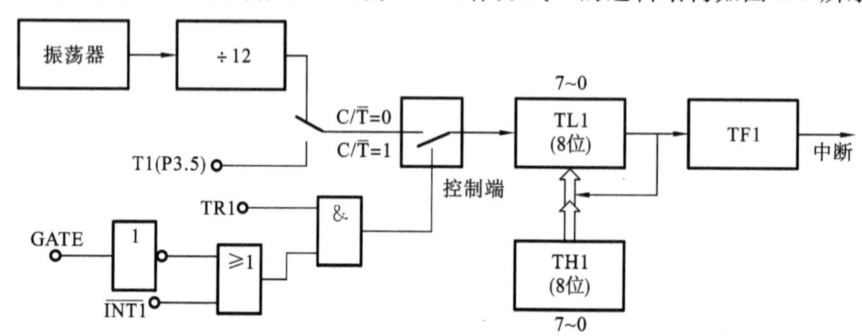

图 4-6　定时器/计数器的工作方式 2

4.3.5　工作方式 3

工作方式 3 是为了增加 1 个附加的 8 位定时器/计数器而提供的,这样使得 MCS-51 系列单片机具有 3 个定时器/计数器。但该方式对 T0 和 T1 是不一样的,T0 可以工作在工作方式 3,T1 则不能工作在工作方式 3。

当 TMOD 的低 2 位为 11 时,T0 被设置为工作方式 3,各引脚与 T0 的逻辑关系如图 4-7 所示。

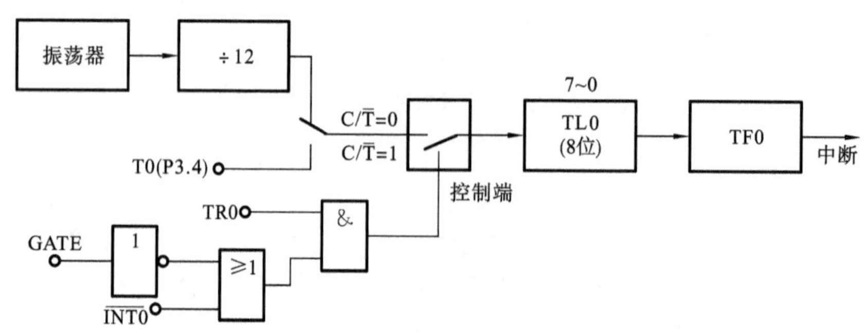

图 4-7　TL0 作 8 位定时器/计数器

定时器/计数器 T0 分为两个独立的 8 位计数器:TL0 和 TH0。TL0 使用 T0 的状态控制位 C/$\overline{T}$、GATE、TR0、INT0；而 TH0 被固定为一个 8 位定时器(不能为外部计数模式)，并使用定时器 T1 的状态控制位 TR1 和 TF1，同时占用定时器 T1 的中断请求源 TF1，具体内部逻辑如图 4-8 所示。

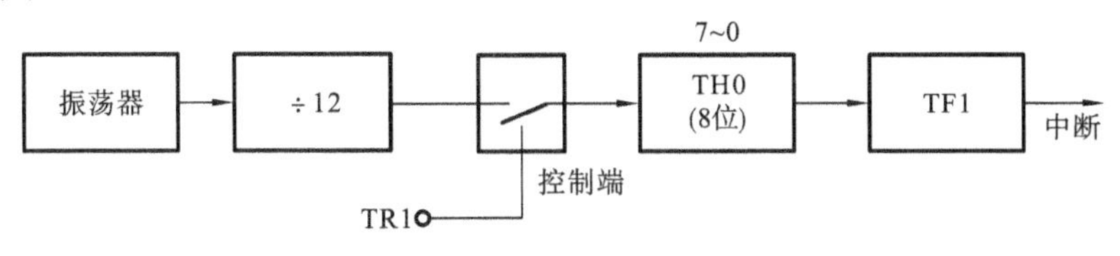

图 4-8　TH0 作 8 位定时器

4.3.6　T0 工作在工作方式 3 下的 T1 各种工作方式

一般情况下，当 T1 用做串行口的波特率发生器时，T0 才工作在工作方式 3。T0 处于工作方式 3 时，T1 可定为工作方式 0、工作方式 1 和工作方式 2，用来作为串行口的波特率发生器，或不需要中断的场合。

1. T1 工作在工作方式 0

当 T1 的控制字中 M1M0＝00 时，T1 工作在工作方式 0，其逻辑结构如图 4-9 所示。

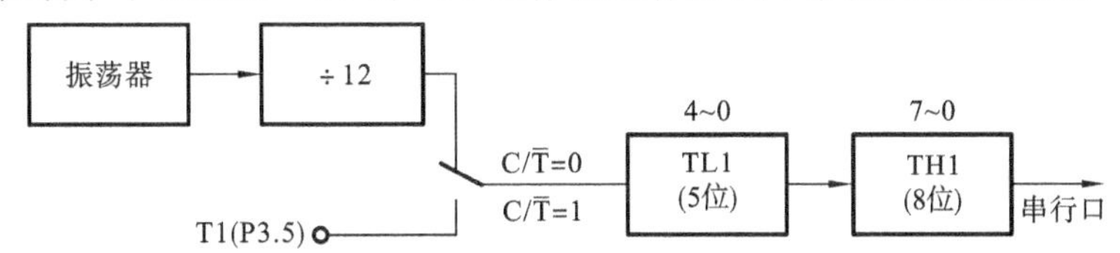

图 4-9　T0 工作在工作方式 3 时 T1 工作在工作方式 0 的逻辑结构

2. T1 工作在工作方式 1

当 T1 的控制字中 M1M0＝01 时，T1 工作在工作方式 1，其逻辑结构如图 4-10 所示。

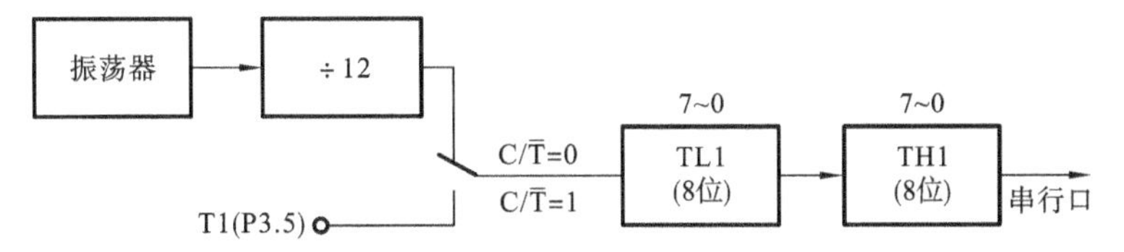

图 4-10　T0 工作在工作方式 3 时 T1 工作在工作方式 1 的逻辑结构

3. T1 工作在工作方式 2

当 T1 的控制字中 M1M0＝10 时，T1 工作在工作方式 2，其逻辑结构如图 4-11 所示。

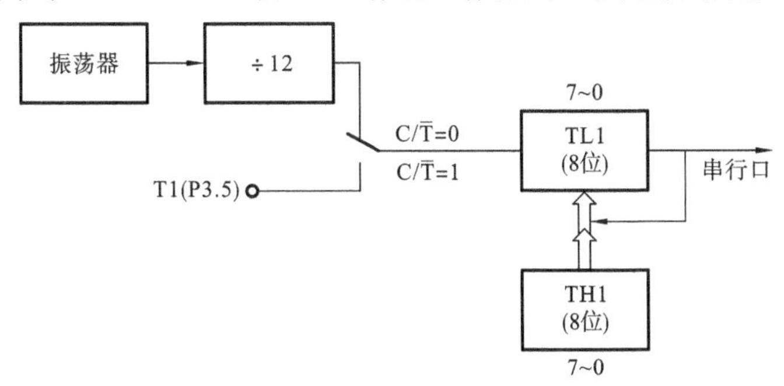

图 4-11　T0 工作在工作方式 3 时 T1 工作在工作方式 2 的逻辑结构

4. T1 **工作在工作方式** 3

当 T1 的控制字中 M1M0＝11 时，T1 停止工作。

在 T0 处于工作方式 3 时，T1 运行的控制条件只有 2 个，即 C/$\overline{\text{T}}$ 和 M1M0。C/$\overline{\text{T}}$ 选择是定时器模式还是计数器模式，M1M0 选择 T1 运行的工作方式。

4.3.7　定时器/计数器对输入信号的要求

定时器/计数器作为定时器工作时，对内部系统时钟信号计数。由于计数对象为机器周期，故定时时间最小值为 1 个机器周期，分辨率为晶振频率的 1/12。

当定时器/计数器作为计数器工作时，计数信号来自于外部输入引脚。T0 的计数脉冲来自于外部输入引脚 T0(P3.4)，T1 的计数脉冲来自于外部输入引脚 T1(P3.5)。CPU 在每个机器周期的 S5P2 期间，对外部输入引脚的输入信号采样。当在第一个机器周期中采样到 T0 或 T1 引脚上的电平为高电平，紧跟着的下一个机器周期中采样到该引脚上的电平为低电平，即该引脚上的信号发生了负跳变，计数器加“1”。由于确认一次负跳变要花两个机器周期，因此外部输入信号的计数脉冲的最高频率为系统晶振频率的 1/24，或者说输入引脚上的高低电平需至少持续一个机器周期。例如，如果单片机系统采用的晶振频率为 12 MHz，则允许输入的外部计数脉冲频率不能超过 500 kHz。

4.4　定时器/计数器编程举例

在单片机定时器/计数器的四种工作方式中，工作方式 0 是为了兼容 MCS-48 系列单片机而设定的，其初值计算比较复杂。工作方式 1 与工作方式 0 的区别仅仅在于计数位数不同，因此在实际工作中，常采用的是工作方式 1。工作方式 3 是 8 位的定时器/计数器，一般用于当 T1 作为串行口的波特率发生器，而系统中又需要两个定时器时使用。T0 工作于工作方式 3 时的控制及编程类似工作方式 1，本节不再赘述。

定时器/计数器应用编程时，必须先对其进行初始化，步骤如下。

步骤 1　设置定时器/计数器的中断入口(采用查询方式时，则省略此步骤)。

步骤 2　设置工作模式寄存器 TMOD。

步骤 3　把计算出的定时初值装入 TL×、TH×中。

步骤 4　将 ET×和 EA 置“1”，开放中断(采用查询方式时，则省略此步骤)。

步骤 5　将 TR×置“1”，以启动计数。

4.4.1　工作方式 1 的应用

例 4-1　假设系统晶体振荡器频率为 6 MHz，应用定时器 T0 产生 1 ms 定时，并使 P1.0 引脚输出周期为 2 ms 且占空比为 1∶1 的方波。

解　(1) 初值的计算　设定时器的计数初值为 X，则根据 $T=(2^{16}-X)\times 12/f_{osc}=(2^{16}-X)\times$机器周期($f_{osc}=6$ MHz，$T=1$ ms)，$X=65036=$FE0CH，TL0 保存 X 的低 8 位(0CH)，TH0 保存 X 的高 8 位(0FEH)。

(2) 参考程序如下。

```
        ORG     0000H
        AJMP    MAIN
```

```
        ORG     000BH
        LJMP    TIMER0
        ORG     0030H
MAIN:
        MOV     SP, #60H
        MOV     TMOD, #01H
        MOV     TH0, #0FEH
        MOV     TL0, #0CH
        SETB    ET0
        SETB    EA
        SETB    TR0
        SJMP    $
TIMER0:
        MOV     TH0, #0FEH
        MOV     TL0, #0CH
        CPL     P1.0
        RETI
        END
```

4.4.2　工作方式 2 的应用

当定时器/计数器工作在工作方式 0 或工作方式 1 时，每次中断之后必须重新用初始化指令将其计数寄存器恢复初值，如果在需要精确定时的场合，由于恢复初值指令运行需要一定的时间，会造成定时不准。因此在这些需要精确定时的场合，常使定时器工作在可以自动重装初值的工作方式 2。

例 4-2　假设系统晶体振荡器的频率为 12 MHz，试采用定时器 T1 工作在工作方式 2，实现 1 s 延时，程序采用查询方式。

解　(1) 思路分析　工作方式 2 为 8 位定时器/计数器，其最大的定时时间为 256×机器周期＝256 μs，无法直接实现 1 s 延时。因此可以选择单次定时时间为 250 μs 并循环 4000 次。

(2) 初值计算　定时器 1 的初值为 $X=256-250=6$，采用定时器 1，工作方式 2，TMOD＝20H。

(1) 参考程序如下。

```
DELAY1S:
        MOV     R5, #28H
        MOV     R6, #64H
        MOV     TMOD, #20H
        MOV     TH1, #06H
        MOV     TL1, #06H
        SETB    TR1
LOOP1:
```

```
        JBC     TF1, LOOP2
        SJMP    LOOP1
LOOP2:
        DJNZ    R6, LOOP1
        MOV     R6, #64H
        DJNZ    R5, LOOP1
        RET
```

4.4.3 综合举例

例 4-3 如图 4-12 所示,P1 口的 P1.0～P1.7 分别接八个发光二极管。要求编写程序模拟-时序控制装置。开机后第 1 秒 L_0、L_2 亮,第 2 秒 L_1、L_3 亮,第 3 秒 L_4、L_6 亮,第 4 秒 L_5、L_7 亮,第 5 秒 L_0、L_2、L_4、L_6 亮,第 6 秒 L_1、L_3、L_5、L_7 亮,第 7 秒八个二极管全亮,第 8 秒全灭。以后又从头开始,L_0、L_2 亮,然后 L_1、L_3 亮……一直循环下去。

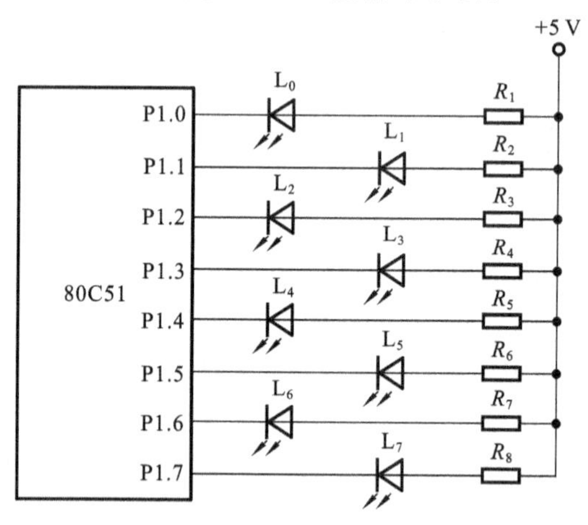

图 4-12 例 4-3 电路

参考程序如下。

```
        ORG     0000H
        AJMP    START
        ORG     001BH           ;T1 中断入口地址
        AJMP    INT_T1
        ORG     0100H
START:
        MOV     SP, #60H
        MOV     TMOD, #10H      ;置 T1 为工作方式 1
        MOV     TL1, #00H       ;延时 50 ms 的时间常数
        MOV     TH1, #4BH
        MOV     R0, #00H
        MOV     R1, #20
        SETB    TR1
```

```
        SETB    ET1
        SETB    EA                ;开中断
        SJMP    $
INT_T1:                           ;T1 中断服务子程序
        PUSH    ACC               ;保护现场
        PUSH    PSW
        PUSH    DPL
        PUSH    DPH
        CLR     TR1               ;关中断
        MOV     TL1, #00H         ;延时 50 ms 常数
        MOV     TH1 ,#4BH
        SETB    TR1               ;开中断
        DJNZ    R1, EXIT
        MOV     R1, #20           ;延时 1 s 的常数
        MOV     DPTR, #DATA1      ;置常数表基址
        MOV     A, R0             ;置常数表偏移量
        MOVC    A, @A+DPTR        ;读常数表
        MOV     P1, A             ;送 P1 口显示
        INC     R0
        ANL     00, #07H
EXIT:
        POP     DPH               ;恢复现场
        POP     DPL
        POP     PSW
        POP     ACC
        RETI
DATA1:
        DB   0FAH,0F5H,0AFH,05FH,0AAH,55H,00H,0FFH   ;LED 显示常数表
        END
```

例 4-4　系统晶振为 12 MHz，扬声器受 P1.0 口控制。在定时器的控制下，使单片机驱动扬声器演奏一首歌曲。

解　(1) 思路分析　本例中可以使单片机 I/O 口输出音频脉冲，音频脉冲经滤波放大之后，驱动扬声器发声。要产生音频脉冲，只要算出某一音频的周期，然后将此周期除以 2，即为半周期的时间。利用单片机定时这个半周期时间，每当定时到后就将输出脉冲的 I/O 口反相，然后重复定时此半周期时间再对 I/O 口反相，就可在 I/O 引脚上得到此频率的脉冲。表 4-4 中给出了 C 调各个音符的频率。图 4-13 所示为该程序流程。

如果要演奏一首歌曲，除了注意音符的音调之外，还要注意节拍，如 1 拍、1/2 拍、1/4 拍、1/8 拍，等等。不同节拍的区别在于延时时间不同。本例中每个音符使用两个字节，第一个字节数据代表音符的高低，第二个字节的数据代表音符的节拍，演奏的歌曲是《祝你平安》。

表 4-4　C 调音符频率

C 调音符(低音)	1̣	2̣	3̣	4̣	5̣	6̣	7̣
频率/Hz	262	293	329	349	392	440	494
C 调音符(中音)	1	2	3	4	5	6	7
频率/Hz	523	586	658	697	783	879	987
C 调音符(高音)	1̇	2̇	3̇	4̇	5̇	6̇	7̇
频率/Hz	1045	1171	1316	1393	1563	1755	1971

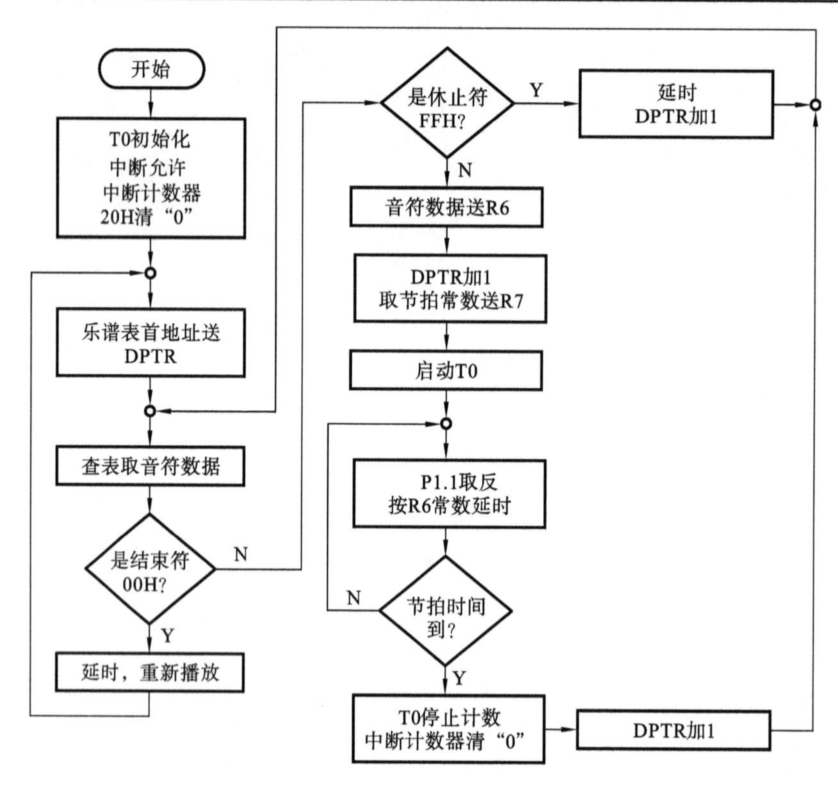

图 4-13　例 4-4 流程

(2) 参考程序如下。

```
        ORG     0000H
        LJMP    START
        ORG     000BH
        INC     20H             ；T0 的中断子程序，中断计数器加“1”，用于节拍
                                  定时
        MOV     TH0，#0D8H
        MOV     TL0，#0EFH      ;12M 晶振，形成 10 ms 中断
        RETI
START：
        MOV     SP，#60H
        MOV     TH0，#0D8H
```

```
        MOV     TL0, #0EFH
        MOV     TMOD, #01H      ;定时器初始化,T0 为工作方式 1,定时器方式
        MOV     IE, #82H        ;开中断
MUSIC0:
        MOV     DPTR, #DAT      ;乐谱数据表表首地址送 DPTR
        MOV     20H, #00H       ;中断次数计数器清“0”
        MOV     B, #00H
MUSIC1:
        CLR     A
        MOVC    A, @A+DPTR      ;查表取代码
        JZ      END0            ;是乐曲结束标志 00H,则结束
        CJNE    A, #0FFH, MUSIC5
        LJMP    MUSIC3          ;是休止符,延时
MUSIC5:
        MOV     R6, A           ;R6 保存音调代码
        INC     DPTR
        MOV     A,B
        MOVC    A, @A+DPTR      ;取节拍代码送 R7
        MOV     R7, A
        SETB    TR0             ;启动计数
MUSIC2:
        CPL     P1.0            ;音频输出端口
        MOV     A, R6 1
        MOV     R3, A 1
        LCALL   DEL 2
        MOV     A, R7 1
        CJNE    A, 20H, MUSIC2  ;中断计数器(20H)=R7 否? 不等于,则继续循环
        MOV     20H, #00H       ;等于,则取下一代码
        INC     DPTR
        LJMP    MUSIC1
MUSIC3:
        CLR     TR0             ;休止延时
        MOV     R2, #0DH
MUSIC4:
        MOV     R3, #0FFH
        LCALL   DEL
        DJNZ    R2, MUSIC4
        INC     DPTR
        LJMP    MUSIC1
END0:
```

```
        MOV     R2, #64H            ;歌曲结束,延时一段时间后继续
MUSIC6:
        MOV     R3, #00H
        LCALL   DEL
        DJNZ    R2, MUSIC6
        LJMP    MUSIC0
DEL:
        NOP                         ;延迟时间随 R3 变化
DEL3:
        MOV     R4, #02H
DEL4:
        NOP
        DJNZ    R4, DEL4
        NOP
        DJNZ    R3, DEL3
        RET
        NOP
DAT:
        DB 26H,20H,20H,20H,20H,10H,26H,20H,20H,10H,20H,80H,26H,
        20H,30H,20H
        DB 30H,20H,39H,10H,30H,10H,30H,80H,26H,20H,20H,20H,20H,
        20H,1cH,20H
        DB 20H,80H,2bH,20H,26H,20H,20H,20H,2bH,10H,26H,10H,2bH,
        80H,26H,20H
        DB 30H,20H,30H,20H,39H,10H,26H,10H,26H,60H,40H,10H,39H,
        10H,26H,20H
        DB 30H,20H,30H,20H,39H,10H,26H,10H,26H,80H,26H,20H,2bH,
        10H,2bH,10H
        DB 2bH,20H,30H,10H,39H,10H,26H,10H,2bH,10H,2bH,20H,2bH,
        40H,40H,20H
        DB 20H,10H,20H,10H,2bH,10H,26H,30H,30H,80H,18H,20H,18H,
        20H,26H,20H
        DB 20H,20H,20H,40H,26H,20H,2bH,20H,30H,20H,30H,20H,1cH,
        20H,20H,20H
        DB 20H,80H,1cH,20H,1cH,20H,1cH,20H,30H,20H,30H,60H,39H,
        10H,30H,10H
        DB 20H,20H,2bH,10H,26H,10H,2bH,10H,26H,10H,26H,10H,2bH,
        10H,2bH,80H
        DB 18H,20H,18H,20H,26H,20H,20H,20H,20H,60H,26H,10H,2bH,
        20H,30H,20H
```

```
        DB 30H,20H,1cH,20H,20H,20H,20H,80H,26H,20H,30H,10H,30H,
        10H,30H,20H
        DB 39H,20H,26H,10H,2bH,10H,2bH,20H,2bH,40H,40H,10H,40H,
        10H,20H,10H
        DB 20H,10H,2bH,10H,26H,30H,30H,80H,00H
END
```

习　题

1. 定时器/计数器作为定时器工作时，其计数脉冲是什么？作为计数器工作时，其计数脉冲是什么？

2. 在下列寄存器中，与定时器/计数器控制无关的是(　　)。

A. TCON　　B. SCON　　C. IE　　D. TMOD

3. 与定时工作方式 0 和工作方式 1 相比较，定时工作方式 2 不具备的特点是(　　)。

A. 计数溢出后能自动回复初值　　B. 增加了计数器的位数

C. 提高了定时的精度　　D. 适用于循环定时和循环计数

4. 当定时器/计数器 T0 工作于工作方式 2 时，______为 8 位计数器，______为常数寄存器。

5. 如果系统晶振频率为 6 MHz，定时器/计数器各工作在工作方式 0、工作方式 1、工作方式 2 时，其最大定时时间为多少？

6. 定时器的门控信号 GATE 设置为“1”时，定时器如何启动？

7. 定时器 T0 工作在工作方式 3 的特点是什么？定时器 1 是否可以工作在工作方式 3？

8. 定时器/计数器 T0 作为计数器使用时，其计数频率不能超过晶振频率的百分数为多少？

9. 一个定时器的定时时间有限，如何采用两个定时器的串行定时来实现较长时间的定时？

10. 已知 MCS-51 单片机的 $f_{osc}=6$ MHz，请利用 T0 和 P1.0 输出矩形波。矩形波高电平宽 50 μs，低电平宽 300 μs。

11. 已知 MCS-51 单片机的 $f_{osc}=12$ MHz，用 T1 定时。试编程由 P1.0 和 P1.1 引脚分别输出周期为 2 ms 和 500 μs 的方波。

第5章　中断系统

MCS-51系列单片机片内的中断系统主要用于实时测控，即要求单片机能及时地响应和处理单片机外部或内部事件所提出的中断请求。由于这些中断请求都是随机发出的，如果采用定时查询方式来处理这些中断请求，则单片机的工作效率低，且得不到实时处理。因此，MCS-51系列单片机要实时处理这些中断请求，就必须采用具有中断处理功能的部件——中断系统来完成。

本章介绍MCS-51系列单片机片内中断系统的工作原理及应用。

5.1　中断概述

当MCS-51系列单片机的CPU正在执行程序的时候，其内部或外部发生的某一事件（如外部设备产生的一个电平的变化，一个脉冲沿的产生或内部计数器的计数溢出等）请求CPU迅速去处理，于是，CPU暂时中止当前的工作，转到中断服务处理程序处理所发生的事件。中断服务处理程序处理完该事件后，再回到原来被中止的地方，继续原来的工作，这个过程称为中断。在这里，CPU处理事件的过程称为CPU的中断响应过程，如图5-1所示。对事件的整个处理过程称为中断处理（或中断服务）。

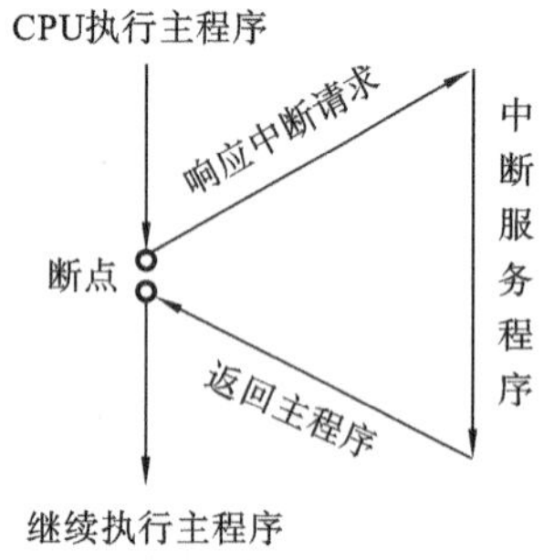

图5-1　中断响应过程

能够实现中断处理功能的部件称为中断系统；产生中断请求的来源称为中断请求源（或中断源）；中断源向CPU提出的处理请求，称为中断请求（或中断申请）。当CPU暂时中止正在执行的程序，转去执行中断服务程序时，除了硬件自动把断点地址（16位程序计数器PC的值）压入堆栈之外，用户应注意保护有关的工作寄存器、累加器、标志位等信息，这称为保护现场。在完成中断服务程序后，恢复有关的工作寄存器、累加器、标志位内容，这称为恢复现场。最后执行中断返回指令RETI，其作用是从堆栈中自动弹出断点地址到PC，继续执行被中断的程序，这称为中断返回。

如果没有中断技术，CPU的大量时间可能会浪费在原地踏步的查询操作上，或者采用定时查询，即不论有无中断请求，都要定时去查询。采用中断技术完全消除了CPU在查询方式中的等待现象，大大地提高了CPU的工作效率。

5.2　MCS-51系列单片机中断系统

MCS-51系列单片机的中断系统有5个中断请求源，具有2个中断优先级，可实现两级中断服务程序嵌套。用户可以用关中断指令“CLR　EA”来屏蔽所有的中断请求，也可以用开中断指令“SET　EA”来允许CPU接收中断请求；每一个中断源可以用软件独立地控制为允许中断或关中断状态；每一个中断源的中断级别均可用软件来设置。

MCS-51系列单片机的中断系统结构如图5-2所示。下面将从应用的角度来说明MCS-

51系列单片机的中断系统的工作原理和编程方法。

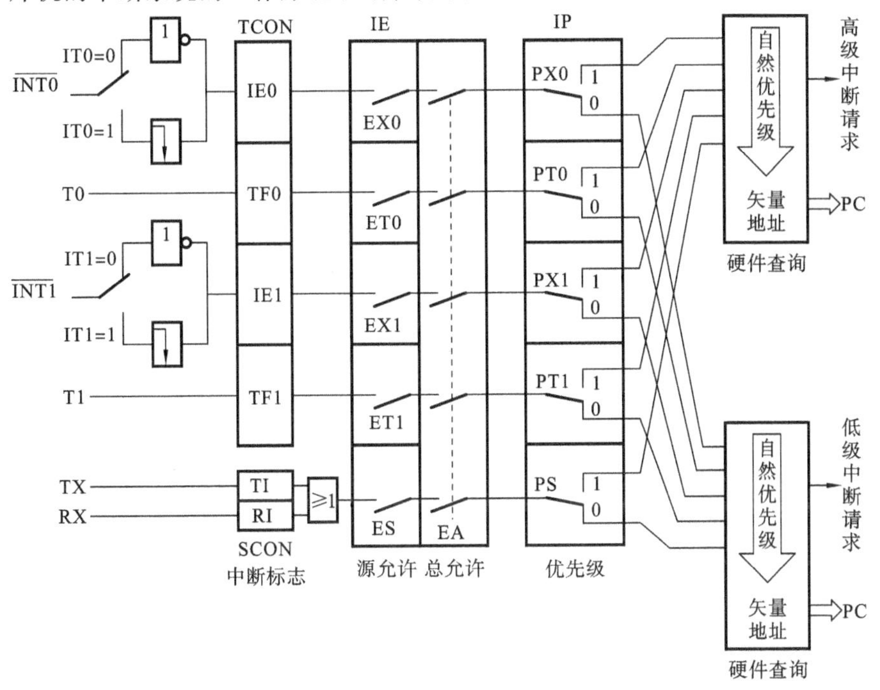

图5-2 MCS-51系列单片机的中断系统结构

5.2.1 中断请求源

MCS-51系列单片机中断系统共有5个中断请求源(见图5-2),具体如表5-1所示。

表5-1 中断请求源表

序号	中断引脚	中断请求	中断请求标志
1	$\overline{INT0}$	外部中断请求0,由$\overline{INT0}$引脚输入	IE0
2	$\overline{INT1}$	外部中断请求1,由$\overline{INT1}$引脚输入	IE1
3	T0	定时器/计数器T0溢出中断请求	TF0
4	T1	定时器/计数器T1溢出中断请求	TF1
5	TX/RX	串行口中断请求	TI/RI

这些中断请求源的中断请求标志位分别由特殊功能寄存器TCON和SCON的相应位锁存。

1. 特殊功能寄存器TCON中的标志位

TCON为定时器/计数器的控制寄存器,字节地址为88H,可位寻址。该寄存器中既有定时器/计数器T0和T1的溢出中断请求标志位TF1和TF0,也有外部中断请求标志位IE1与IE0。其格式如图5-3所示。

	D7	D6	D5	D4	D3	D2	D1	D0	
TCON	TF1	TR1	TF0	TR0	IE1	IT1	IE0	IT0	88H
位地址	8FH	—	8DH	—	8BH	8AH	89H	88H	

图5-3 TCON中的中断请求标志位

TCON 寄存器中与中断系统有关的各标志位的功能如下。

(1) IT0　选择外部中断请求 0 为边沿触发方式还是电平触发方式。

IT0=0,为电平触发方式,加到引脚$\overline{\text{INT0}}$上的外部中断请求输入信号为低电平有效。

IT0=1,为边沿触发方式,加到引脚$\overline{\text{INT1}}$上的外部中断请求输入信号电平从高到低的负跳变有效。

IT0 位可由软件置“1”或清“0”。

(2) IE0　外部中断请求 0 的中断请求标志位。

当 IT0=0,为电平触发方式,CPU 在每个机器周期的 S5P2 采样$\overline{\text{INT0}}$引脚,若$\overline{\text{INT0}}$引脚为低电平,则将 IE0 置“1”,说明有中断请求,否则将 IE0 清“0”。

当 IT0=1,即外部中断请求 0 设置为边沿触发方式时,当第一个机器周期采样到$\overline{\text{INT0}}$为低电平时,则将 IE0 置“1”(IE0=1),表示外部中断 0 正在向 CPU 请求中断。当 CPU 响应该中断,转向中断服务程序时,由硬件将 IE0 清“0”。

(3) IT1　选择外部中断请求 1 为边沿触发方式还是电平触发方式,其意义与 IT0 类似。

(4) IE1　外部中断请求 1 的中断请求标志位,其意义与 IE0 类似。

(5) TF0　MCS-51 系列单片机片内定时器 / 计数器 T0 溢出中断请求标志位。

当启动 T0 计数后,定时器 / 计数器 T0 从初值开始加“1”计数,当最高位产生溢出时,由硬件将 TF0 置“1”,向 CPU 申请中断,CPU 响应 TF0 中断时,TF0 清“0”,TF0 也可由软件清“0”。

(6) TF1　MCS-51 系列单片机片内的定时器 / 计数器 T1 的溢出中断请求标志位,功能和 TF0 类似。

TR1(D6 位)、TR0(D4 位)这两位与中断无关,仅与定时器 / 计数器 T1 和 T0 有关。它们的功能在 4.2.2 节中已经介绍。

当 MCS-51 系列单片机复位后,TCON 被清“0”,则 CPU 关中断,所有中断请求被禁止。

2. 特殊功能寄存器 SCON 中的标志位

SCON 为串行口控制寄存器,字节地址为 98H,可进行位寻址。SCON 的低两位锁存串行口的发送中断和接收中断的中断请求标志位 TI 和 RI,其格式如图 5-4 所示。

	D7	D6	D5	D4	D3	D2	D1	D0	
SCON	—	—	—	—	—	—	TI	RI	98H
位地址	—	—	—	—	—	—	99H	98H	

图 5-4　SCON **中的中断请求标志位**

SCON 中各位的功能如下。

(1) TI　串行口发送中断请求标志位。CPU 将 1B 的数据写入发送缓冲器 SBUF 时,就启动一帧串行数据的发送,每发送完一帧串行数据后,硬件自动将 TI 置“1”。CPU 响应串行口发送中断时,CPU 并不清除 TI 中断请求标志位,必须在中断服务程序中用软件对 TI 清“0”。

(2) RI　串行口接收中断请求标志位。在串行口接收完一个串行数据帧,硬件自动将 RI 置“1”。CPU 在响应串行口接收中断时,并不将 RI 清“0”,必须在中断服务程序中用软件对 RI 清“0”。

5.2.2　中断控制

1. 中断允许寄存器 IE

MCS-51 系列单片机的 CPU 对中断源的开放或屏蔽,是由片内的中断允许寄存器 IE 控制的，字节地址为A8H，可进行位寻址，其格式如图5-5所示。

	D7	D6	D5	D4	D3	D2	D1	D0	
IE	EA	—	—	ES	ET1	EX1	ET0	EX0	A8H
位地址	AFH	—	—	ACH	ABH	AAH	A9H	A8H	

图5-5 中断允许寄存器IE的格式

中断允许寄存器IE对中断的开放和关闭实现两级控制。所谓两级控制，就是有1个总的开关中断控制位EA(IE.7位)，当EA =0时，所有的中断请求被屏蔽，CPU对任何中断请求都不接受，称CPU关中断；当EA=1时，CPU开放中断。但是，5个中断源的中断请求是否允许，还要由IE中的低5位所对应的5个中断请求允许控制位的状态来决定(见图5-5)。

IE中各位的功能如下。

(1) EA　中断允许总控制位。

EA=0，CPU屏蔽所有的中断请求(CPU关中断)。

EA=1，CPU开放所有中断(CPU开中断)。

(2) ES　串行口中断允许位。

ES=0，禁止串行口中断。

ES=1，允许串行口中断。

(3) ET1　定时器/计数器T1的溢出中断允许位。

ET1=0，禁止T1溢出中断。

ET1=1，允许T1溢出中断。

(4) EX1　外部中断1中断允许位。

EX1=0，禁止外部中断1中断。

EX1=1，允许外部中断1中断。

(5) ET0　定时器/计数器T0的溢出中断允许位。

ET0=0，禁止T0溢出中断。

ET0=1，允许T0溢出中断。

(6) EX0　外部中断0中断允许位。

EX0=0，禁止外部中断0中断。

EX0=1，允许外部中断0中断。

MCS-51系列单片机复位以后，IE被清"0"，所有的中断请求被禁止。由用户程序对IE相应的位置"1"或清"0"，即可允许或禁止各中断源的中断申请。若某一个中断源被允许中断，除了IE相应的位被置"1"外，还必须使EA=1，即CPU开放中断。改变IE的内容，可由位操作指令来实现(即SETB bit，CLR bit)，也可用字节操作指令实现(即MOV IE，# data　ANL IE，# data　ORL IE，# data　MOV IE，A等)。

例5-1　如果允许片内两个定时器/计数器中断，禁止其他中断源的中断请求。请编写出设置IE的相应程序段。

(1) 用位操作指令来编写。

```
CLR ES          ;禁止串行口中断
CLR EX1         ;禁止外部中断1中断
CLR EX0         ;禁止外部中断0中断
```

```
SETBET0        ;允许定时器 / 计数器 T0 中断
SETBET1        ;允许定时器 / 计数器 T1 中断
SETBEA         ;CPU 开中断
```

(2) 用字节操作指令来编写。

```
MOV  IE ,# 8AH
```

或用

```
MOV  0A8H ,# 8AH   ;A8H 为 IE 寄存器的字节地址
```

2. 中断优先级寄存器 IP

MCS-51 系列单片机的中断请求源有两个中断优先级,每一个中断请求源可由软件定为高优先级中断或低优先级中断,可实现两级中断嵌套。所谓两级中断嵌套是指 CPU 正在执行低优先级中断的服务程序时,可被高优先级中断请求所中断,去执行高优先级中断服务程序,待高优先级中断处理完毕后,再返回低优先级中断服务程序。

两级中断嵌套的过程如图 5-6 所示。

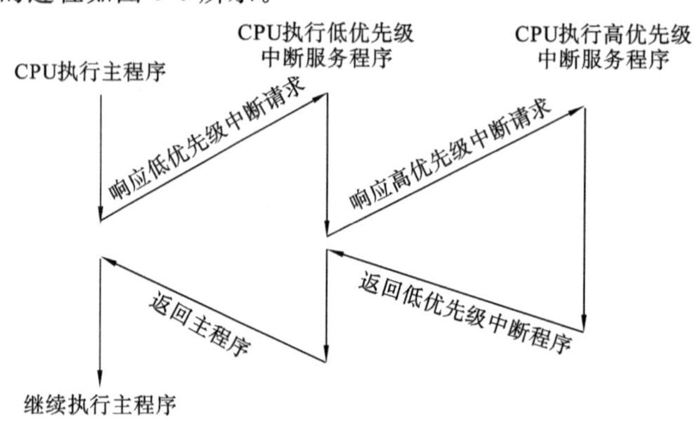

图 5-6　两级中断嵌套示例

由图 5-6 可见,一个正在执行的低优先级中断程序能被高优先级的中断源所中断,但不能被另一个低优先级的中断源所中断。若 CPU 正在执行高优先级的中断,则不能被任何中断源所中断,一直执行到中断服务程序结束,遇到中断返回指令 RETI,返回主程序再执行一条指令后,才能响应新的中断请求。以上所述可以归纳为下面两条基本规则。

原则 1　低优先级可被高优先级中断,反之则不能。

原则 2　任何一种中断(不管是高优先级还是低优先级),一旦得到响应,不会再被它的同级中断源所中断。如果某一中断源被设置为高优先级中断,在执行该中断源的中断服务程序时,则不能被任何其他中断源的中断请求所中断。

MCS-51 系列单片机的片内有一个中断优先级寄存器 IP,其字节地址为 B8H,可进行位寻址。只要用程序改变其内容,即可进行各中断源中断级别的设置。IP 寄存器的格式如图 5-7所示。

	D7	D6	D5	D4	D3	D2	D1	D0	
IP	—	—	—	PS	PT1	PX1	PT0	PX0	B8H
位地址	—	—	—	BCH	BBH	BAH	B9H	B8H	

图 5-7　中断优先级寄存器 IP 的格式

中断优先级寄存器 IP 各位的含义如下。

(1) PS 串行口中断优先级控制位。

PS=1,串行口中断定义为高优先级中断。

PS=0,串行口中断定义为低优先级中断。

(2) PT1 定时器T1中断优先级控制位。

PT1=1,定时器T1定义为高优先级中断。

PT1=0,定时器T1定义为低优先级中断。

(3) PX1 外部中断1中断优先级控制位。

PX1=1,外部中断1定义为高优先级中断。

PX1=0,外部中断1定义为低优先级中断。

(4) PT0 定时器T0中断优先级控制位。

PT0=1,定时器T0定义为高优先级中断。

PT0=0,定时器T0定义为低优先级中断。

(5) PX0 外部中断0中断优先级控制位。

PX0=1,外部中断0定义为高优先级中断。

PX0=0,外部中断0定义为低优先级中断。

中断优先级控制寄存器IP中的各位都由用户通过程序来置“1”和清“0”,可用位操作指令或字节操作指令更新IP的内容,以改变各中断源的中断优先级。

MCS-51系列单片机复位以后,IP的内容为“0”,各个中断源均为低优先级中断。

为进一步了解MCS-51系列单片机中断系统的优先级,这里简单介绍一下MCS-51系列单片机的中断优先级结构。MCS-51系列单片机的中断系统有两个不可寻址的优先级激活触发器。其中一个指示某高优先级的中断正在执行,所有后来的中断均被阻止。另一个触发器指示某低优先级的中断正在执行,所有同级的中断都被阻止,但不能阻断高优先级的中断请求。

在同时收到几个同一优先级的中断请求时,哪一个中断请求能优先得到响应,取决于内部的查询顺序。这相当于在同一个优先级内,还同时存在另一个辅助优先级结构,其查询顺序如表5-2所示。

表5-2 各中断源中断级别表

中 断 源	中 断 级 别
外部中断0	最高
T0溢出中断	↓
外部中断1	
T1溢出中断	
串行口中断	最低

由表5-2可见,各中断源在同一个优先级的条件下,外部中断0的中断优先权最高,串行口中断的优先权最低。

例5-2 设置IP寄存器的初始值,使得MCS-51单片机的两个外部中断请求为高优先级,其他中断请求为低优先级。

(1) 用位操作指令来编写。

```
SETB  PX0          ;两个外部中断为高优先级中断
SETB  PX1
```

```
CLR    PS              ;串行口、两个定时器 / 计数器为低优先级中断
CLR    PT0
CLR    PT1
```

(2) 用字节操作指令来编写。

```
MOV    IP ,# 05H
```

或用

```
MOV    0B8H ,# 05H    ;B8H 为 IP 寄存器的字节地址
```

5.2.3　中断响应

一个中断源的中断请求被响应,需满足以下必要条件。

条件 1　CPU 开中断　即 IE 寄存器中的中断总允许位 EA=1。

条件 2　该中断源发出中断请求　即该中断源对应的中断请求标志位为 1。

条件 3　该中断源的中断允许位为“1”　即该中断没有被屏蔽。

条件 4　无同级或更高级中断正在被服务。

中断响应是指 CPU 对中断源所提出中断请求的接受。当 CPU 查询到有效的中断请求,并满足上述条件时,紧接着就进入中断响应。

中断响应的主要过程是首先由硬件自动生成一条长调用指令 LCALL addr16。这里的 addr16 就是程序存储区中的相应的中断入口地址。例如,对于外部中断 1 的响应,产生的长调用指令为

```
LCALL   0013H
```

CPU 执行该指令时,首先是将程序计数器 PC 的内容压入堆栈以保护断点,再将中断入口地址装入 PC,使程序转向响应中断请求的中断入口地址。各中断源的中断入口地址是固定的,如表 5-3 所示。

表 5-3　中断源入口地址表

中　断　源	入 口 地 址
外部中断 0	0003H
定时器/计数器 T0	000BH
外部中断 1	0013H
定时器/计数器 T1	001BH
串行口中断	0023H

两个中断入口间只相隔 8 个字节,一般情况下难以安排一个完整的中断服务程序。因此,通常总是在中断入口地址处放置一条无条件转移指令,使程序转向执行在其他地址存放的中断服务程序。

中断响应是有条件的,并不是查询到的所有中断请求都能被立即响应,当遇到下列三种情况之一时,中断响应被封锁。

(1) CPU 正在处理同级的或更高优先级的中断　当一个中断被响应时,要把对应的中断优先级状态触发器置“1”(该触发器指出 CPU 所处理的中断优先级别),从而封锁了低级中断和同级中断请求。

(2) 所查询的机器周期不是当前正在执行指令的最后一个机器周期　这种限制的目的是只有在当前指令执行完毕后,才能进行中断响应,以确保当前指令完整执行。

(3) 正在执行的指令是RETI或是访问IE或IP的指令　因为按MCS-51系列单片机中断系统的规定，在执行完这些指令后，需要再去执行完一条指令，才能响应新的中断请求。

如果存在上述三种情况之一，CPU将丢弃中断查询结果，不能对中断进行响应。

1. 外部中断的响应时间

在程序设计者使用外部中断时，有时需考虑从外部中断请求有效（外部中断请求标志置“1”）到转向中断入口地址所需要的响应时间。下面来讨论这个问题。

外部中断的最短响应时间为3个机器周期。其中中断请求标志位查询占1个机器周期，而这个机器周期恰好是处于指令的最后一个机器周期，在这个机器周期结束后，中断即被响应，CPU接着执行一条硬件子程序调用指令LCALL　addr16，以转到相应的中断服务程序入口，则需要2个机器周期。

外部中断响应的最长时间为8个机器周期。这种情况发生在CPU进行中断标志查询时，刚好是开始执行RETI或是访问IE或IP的指令，则需把当前指令执行完再继续执行一条指令后，才能响应中断。执行上述的RETI或是访问IE或IP的指令，最长需要2个机器周期。而接着再执行的一条指令，按最长的指令（乘法指令MUL和除法指令DIV）来算，也只有4个机器周期。再加上硬件子程序调用指令LCALL的执行，需要2个机器周期。所以，外部中断响应最长时间为8个机器周期。

如果已经在处理同级或更高级中断，外部中断请求的响应时间取决于正在执行的中断服务程序的处理时间，这种情况下，响应时间就无法计算了。

这样，在一个单中断的系统中，MCS-51系列单片机对外部中断请求的响应时间总是在3～8个机器周期之间。

2. 外部中断的触发方式选择

外部中断的触发有两种方式：电平触发方式和边沿触发方式。

1) *电平触发方式*

若外部中断定义为电平触发方式，外部中断申请触发器的状态随着CPU在每个机器周期采样到的外部中断输入线电平的变化而变化，这能提高CPU对外部中断请求的响应速度。当外部中断源被设定为电平触发方式时，在中断服务程序返回之前，外部中断请求输入必须无效（即变为高电平），否则CPU返回主程序后会再次响应中断。所以电平触发方式适合于外部中断以低电平输入而且中断服务程序能清除外部中断请求源（即外部中断输入电平又变为高电平）的情况。如何清除电平触发方式的外部中断请求源的电平信号，将在5.2.4节介绍。

2) *边沿触发方式*

外部中断若定义为边沿触发方式，外部中断申请触发器能锁存外部中断输入线上的负跳变。即便是CPU暂时不能响应，中断请求标志也不会丢失。在这种方式中，如果相继连续两次采样，一个机器周期采样到外部中断输入为高，下一个机器周期采样为低，则置“1”中断申请触发器，直到CPU响应此中断时，该标志才清“0”。这样不会丢失中断，但输入的负脉冲宽度应至少保持12个时钟周期（若晶振频率为6 MHz，则为2 μs）才能被CPU采样到。外部中断的边沿触发方式适合于以负脉冲形式输入的外部中断请求。

5.2.4　中断请求撤销

某个中断请求被响应后，就存在着一个中断请求撤销问题。下面按中断请求源的类型分别说明中断请求撤销方法。

1. 定时器/计数器中断请求撤销

定时器 / 计数器的中断请求被响应后。硬件会自动把中断请求标志位(TF0 或 TF1)清“0”,因此定时器 / 计数器的中断请求是自动撤销的。

2. 外部中断请求撤销

1) 边沿触发方式外部中断请求撤销

边沿触发方式的外部中断请求撤销包括两项内容:中断标志位的清“0”和外部中断请求信号的撤销。其中,中断标志位(IE0 或 IE1)的清“0”是在中断响应后由硬件自动完成的。而外部中断请求信号的撤销,由于边沿信号随后也就消失了,所以边沿触发方式的外部中断请求也是自动撤销的。

2) 电平方式外部中断请求撤销

对于电平方式外部中断请求撤销,中断请求标志的撤销是自动的,但中断请求信号的低电平可能继续存在,在以后的机器周期采样时,又会把已清“0”的 IE0 或 IE1 标志位重新置“1”。为此,要彻底解决电平方式外部中断请求撤销,除了标志位清“0”之外,必要时还需在中断响应后把中断请求信号引脚从低电平强制改变为高电平。为此,可在系统中增加如图 5-8 所示的电路。

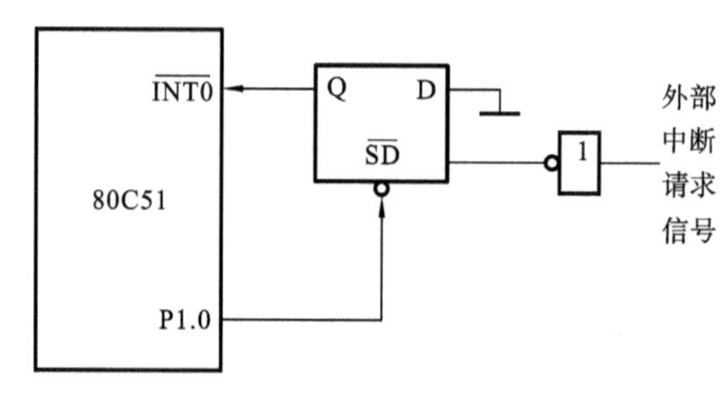

图 5-8　电平方式外部中断请求的撤销电路

由图 5-8 可见,用 D 触发器锁存外来的中断请求低电平,并通过 D 触发器的输出端 Q 接到$\overline{INT0}$(或$\overline{INT1}$),所以,增加的 D 触发器不影响中断请求。中断响应后,为了撤销中断请求,可利用 D 触发器的直接置位端 SD 实现,把 SD 端接单片机的 P1.0 端。因此,只要 P1.0 端输出一个负脉冲,就可以使 D 触发器置“1”,从而撤销了低电平的中断请求信号。所需的负脉冲可通过在中断服务程序中增加如下两条指令获得。

```
ORL   P1 ,# 02H     ;P1.0 为 1
ANL   P1 ,# 0FEH    ;P1.0 为 0
```

可见,电平方式的外部中断请求信号的完全撤销,是通过软、硬件相结合的方法来实现的。

3. 串行口中断请求撤销

串行口中断请求撤销只有标志位清“0”的问题。串行口中断的标志位是 TI 和 RI,但对这两个中断标志位 CPU 不进行自动清“0”。因为在响应串行口的中断后,CPU 无法知道是接收中断还是发送中断,还需测试这两个中断标志位的状态,以判定是接收操作还是发送操作,然后才能清除。所以串行口中断请求撤销只能使用软件的方法,在中断服务程序中进行,即用如下的指令来进行串行口中断标志位的清除。

```
CLR   TI      ;清 TI 标志位
CLR   RI      ;清 RI 标志位
```

5.3 中断系统编程举例

中断系统虽是硬件系统，但必须由相应软件配合才能正确使用。设计中断服务程序时需要弄清楚以下几个问题。

1. 中断服务程序设计的任务

中断服务程序设计的基本任务有下列几条。

(1) 设置中断允许控制寄存器IE，允许相应的中断请求源中断。

(2) 设置中断优先级寄存器IP，确定并分配所使用的中断源的优先级。

(3) 若是外部中断源，还要设置中断请求的触发方式IT1或IT0，以决定采用电平触发方式或边沿触发方式。

(4) 编写中断服务程序，处理中断请求。

前3条一般放在主程序的初始化程序段中。

例5-3 假设允许外部中断0中断，并设定它为高级中断，其他中断源为低级中断，采用边沿触发方式。在主程序中可编写如下程序段。

```
SETB  EA      ;EA位置1,CPU开中断
SETB  EX0     ;EX0位置1,允许外部中断0产生中断
SETB  PX0     ;PX0位置1,外部中断0为高级中断
SETB  IT0     ;IT0位置1,外部中断0为边沿触发方式
```

2. 采用中断时的主程序结构

由于各中断入口地址是固定的，而程序又必须先从主程序起始地址0000H执行。所以，在0000H起始地址的几个字节中，要用无条件转移指令，跳转到主程序。另外，各中断入口地址之间依次相差8个字节。中断服务程序往往会超过8个字节，这样中断服务程序就占用了其他的中断入口地址，影响其他中断源的中断。为此，一般在进入中断后，利用无条件转移指令，跳转到远离其他中断入口的位置。

常用的主程序结构如下。

```
    ORG   0000H
    LJMP  MAIN
    ORG   中断入口地址
    LJMP  INT
    ORG   ××××H
MAIN:主程序
INT:中断服务程序
```

注意：在以上的主程序结构中，如果有多个中断源，就对应有多个“ORG 中断入口地址”，多个“ORG 中断入口地址”必须依次由小到大排列。主程序MAIN的起始地址为××××H，可根据具体情况来安排。

3. 中断服务程序的流程

MCS-51系列单片机响应中断后，就进入中断服务程序。中断服务程序的基本流程如图5-9所示。

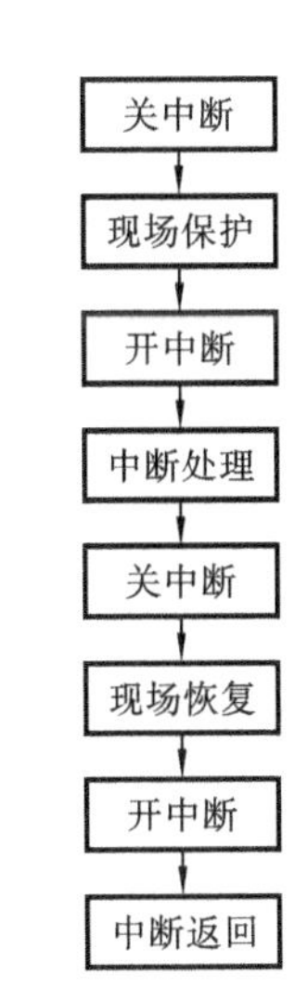

图5-9 中断服务程序的基本流程

下面对有关中断服务程序执行过程中的一些问题进行说明。

1) 现场保护和现场恢复

所谓现场是指中断时刻单片机中某些寄存器和存储器单元中的数据或状态。为了使中断服务程序的执行不破坏这些数据或状态,以免在中断返回后影响主程序的运行,因此要把它们送入堆栈中保存起来,这就是现场保护。现场保护一定要位于中断处理程序的前面。中断处理结束后,在返回主程序前,则需要把保存的现场内容从堆栈中弹出,以恢复那些寄存器和存储器单元中的原有内容,这就是现场恢复。现场恢复一定要位于中断处理程序的后面。MCS-51 系列单片机的堆栈操作指令是 PUSH direct 和 POP direct,主要是供现场保护和现场恢复使用的。至于要保护哪些内容,应该由用户根据中断处理程序的具体情况来决定。

2) 关中断和开中断

图 5-9 中设计了在保护现场和恢复现场之前关中断,这是为了防止此时有高一级的中断进入,避免现场被破坏;在保护现场和恢复现场之后的开中断是为下一次的中断做好准备,也是为了允许有更高级的中断进入。这样做的结果是:中断处理可以被打断,但原来的现场保护和现场恢复不允许更改,除了现场保护和现场恢复的片刻外,仍然保持着中断嵌套的功能。

但有的时候,对一个重要的中断必须执行完毕,不允许被其他的中断所嵌套。对此可在现场保护之前先关闭中断系统,屏蔽其他中断请求,待中断处理完毕后再开中断。这样,就需要将图 5-9 中的"中断处理"步骤前后的"开中断"和"关中断"两个环节去掉。

至于具体中断请求源的关与开,可通过 CLR 或 SETB 指令清"0"或置"1"中断允许寄存器 IE 中的相关位来实现。

3) 中断处理

中断处理是中断源请求中断的具体目的。应根据任务的具体要求来编写中断处理部分的程序。

4) 中断返回

中断服务程序的最后一条指令必须是返回指令 RETI。RETI 指令是中断服务程序结束的标志,CPU 执行完这条指令后,把响应中断时所置"1"的优先级状态触发器清"0",然后从堆栈中弹出栈顶上的 2B 的断点地址送到程序计数器 PC,弹出的第一个字节送入 PCH,弹出的第二个字节送入 PCL,CPU 从断点处重新执行被中断的主程序。

例 5-4 根据图 5-9 所示的中断服务程序流程,编写中断服务程序。假设现场保护只需要将 PSW 寄存器和累加器 A 的内容压入堆栈中保护起来。

一个典型的中断服务程序如下。

```
INT:CLR   EA        ;CPU 关中断
    PUSH  PSW       ;现场保护
    PUSH  A
    SETB  EA        ;CPU 开中断
     ⋮              ;中断处理程序段
    CLR   EA        ;CPU 关中断
    POP   A         ;现场恢复
    POP   PSW
    SETB  EA        ;CPU 开中断
    RETI            ;中断返回,恢复断点
```

对上述程序有以下几点说明。

(1) 本例的现场保护假设仅仅涉及 PSW 和累加器 A 的内容，如果还有其他的需要保护的内容，只需要在相应的位置再加几条 PUSH 和 POP 指令即可。注意，对堆栈的操作是先进后出，次序不可颠倒。

(2) 中断服务程序中的“中断处理程序段”，程序设计者应根据中断任务的具体要求来编写这部分程序内容。

如果本中断服务程序不允许被其他的中断所中断，可将“中断处理程序段”前后的“SETB EA”和“CLR EA”两条指令去掉。

中断服务程序的最后一条指令必须是返回指令 RETI，千万不可缺少。它是中断服务程序结束的标志。CPU 执行完这条指令后，返回断点处，从断点处重新执行被中断的主程序。

4. 多外部中断源系统设计

MCS-51 系列单片机为用户提供两个外部中断请求输入端$\overline{\text{INT0}}$和$\overline{\text{INT1}}$。在实际的应用系统中，两个外部中断请求源往往不够用，需对外部中断源进行扩充。下面介绍如何来扩充外部中断源的方法。

1) 定时器/计数器作为外部中断源的使用方法

MCS-51 系列单片机有两个定时器 / 计数器，当它们设定为计数器工作模式，T0(或 T1)引脚上发生负跳变时，T0(或 T1)计数器加“1”，利用这个特性，可以把 T0(或 T1)引脚作为外部中断请求输入引脚，而定时器 / 计数器的溢出中断 TF0(或 TF1)作为外部中断请求标志。例如，定时器 / 计数器 T0 设置为工作方式 2(自动恢复常数方式)，即外部计数工作模式，计数器 TH0、TL0 初始值均为 0FFH，并允许 T0 中断，CPU 开中断，初始化程序如下。

```
       ORG     0000H
       AJMP    IITI               ;跳到初始化程序
       ⋮
IINT:  MOV     TMOD，# 06H        ;设置 T0 的工作方式寄存器
       MOV     TL0 ，# 0FFH       ;给计数器设置初值
       MOV     TH0 ，# 0FFH
       SETB    TR0                ;启动 T0 开始计数
       SETB    ET0                ;允许 T0 中断
       SETB    EA                 ;CPU 开中断
```

当连接在 P3.4(T0 引脚)的外部中断请求输入线上的电平发生负跳变时，TL0 加“1”，产生溢出，将 TF0 置“1”，向 CPU 发出中断请求；同时将 TH0 的内容 0FFH 送至 TL0，即 TL0 恢复初值 0FFH。这样，P3.4 相当于边沿触发的外部中断请求源输入端。对 P3.5 也可做类似的处理。

2) 中断和查询结合的方法

若系统中有多个外部中断请求源，可以按它们的级别进行排队，把其中最高级别的中断源直接接到单片机的一个外部中断请求源 IR0 输入端$\overline{\text{INT0}}$，其余的外部中断请求源 IR1～IR4 用线或的方法连到单片机的另一个外部中断源输入端$\overline{\text{INT1}}$，同时连接到 P1 口，外部中断源的中断请求由外设的硬件电路产生。这种方法原则上可处理任意多个外部中断。例如，5 个外部中断源的排队顺序依次为：IR0，IR1，…，IR4，对于这样的中断源系统，可以采用如图 5-10 所示的中断电路。

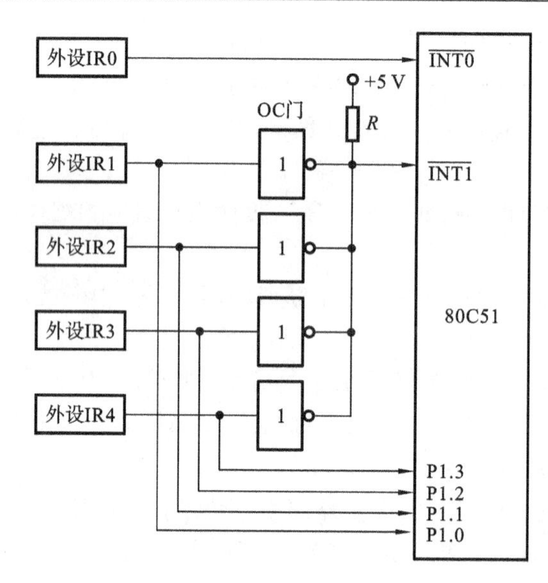

图 5-10　中断和查询相结合的多外部中断请求源电路

图 5-10 所示的 4 个外设 IR1～IR4 的中断请求通过集电极开路的 OC 门构成线或的关系，它们的中断请求输入均通过$\overline{\text{INT1}}$传给 CPU。无论哪一个外设提出高电平有效的中断请求信号，都会使$\overline{\text{INT1}}$引脚的电平变低。究竟是哪个外设提出的中断请求，通过程序查询 P1.0～P1.3 引脚上的逻辑电平即可知道。设 IR1～IR4 这 4 个中断请求源的高电平可由相应的中断服务程序清“0”。

$\overline{\text{INT1}}$的中断服务程序如下。

```
        ORG   0013H       ;INT1的中断入口
        LJMP  INT1
          ⋮
INT1:   PUSH  PSW         ;保护现场
        PUSH  A
        JB  P1.0 ,IR1     ;如 P1.0 引脚为高,则 IR1 有中断请求,跳转到标号 IR1 处执行
        JB  P1.1 ,IR2     ;如 P1.1 引脚为高,则 IR2 有中断请求,跳转到标号 IR2 处执行
        JB  P1.2 ,IR3     ;如 P1.2 引脚为高,则 IR3 有中断请求,跳转到标号 IR3 处执行
        JB  P1.3 ,IR4     ;如 P1.3 引脚为高,则 IR4 有中断请求,跳转到标号 IR4 处执行
INTIR:  POP   A           ;恢复现场
        POP   PSW
        RETI              ;中断返回
          ⋮
        IR1:              ;IR1 的中断处理程序
        AJMP INTIR        ;IR1 中断处理完毕,跳转到标号 INTIR 处执行
          ⋮
        IR2:              ;IR2 的中断处理程序
        AJMP INTIR        ;IR2 中断处理完毕,跳转到标号 INTIR 处执行
          ⋮
```

```
IR3:                ;IR3 的中断处理程序
AJMP INTIR          ;IR3 中断处理完毕,跳转到标号 INTIR 处执行
⋮
IR4:                ;IR4 的中断处理程序
AJMP INTIR          ;IR4 中断处理完毕,跳转到标号 INTIR 处执行
```

利用查询法扩展外部中断源比较简单,但是扩展的外部中断源个数较多时,查询时间稍长。

习　　题

1. 什么是中断系统?中断系统的功能是什么?

2. 什么是中断嵌套?

3. 什么是中断源?MCS-51 系列单片机有哪些中断源?各有什么特点?

4. 外部中断 1 所对应的中断入口地址为多少?

5. 下列说法错误的是(　　)。

A. 各中断源发出中断请求信号,都会标记在 MCS-51 单片机的 IE 寄存器中

B. 各中断源发出中断请求信号,都会标记在 MCS-51 单片机的 TMOD 寄存器中

C. 各中断源发出中断请求信号,都会标记在 MCS-51 单片机的 IP 寄存器中

D. 各中断源发出中断请求信号,都会标记在 MCS-51 单片机的 TCON 与 SCON 寄存器中

6. MCS-51 系列单片机响应外部中断的典型时间是多少?在哪些情况下,CPU 将推迟对外部中断请求的响应?

7. 中断查询确认后,MCS-51 系列单片机在下列各种运行情况中,能立即进行响应的是(　　)。

A. 当前正在进行高优先级中断处理

B. 当前正在执行 RETI 指令

C. 当前指令是 DIV 指令,且正处于取指令的机器周期

D. 当前指令是 MOV A ,R3

8. MCS-51 系列单片机响应中断后,产生长调用指令 LCALL addr16,执行该指令的过程包括:首先把______的内容压入堆栈,以进行断点保护,然后把长调用指令的 16 位地址送______,使程序转向执行______中的中断地址区。

9. 编写出外部中断 1 为边沿触发的中断初始化程序。

10. 在 MCS-51 系列单片机中,需要外加电路实现中断撤销的是(　　)。

A. 定时中断　B. 脉冲方式的外部中断　C. 外部串行中断　D. 电平方式的外部中断

11. MCS-51 系列单片机有哪几种扩展外部中断源的方法?各有什么特点?

12. 下列说法正确的是(　　)。

A. 同一级别的中断请求按时间的先后顺序响应

B. 同一时间同一级别的多中断请求,将形成阻塞,系统无法响应

C. 低优先级中断请求不能中断高优先级中断请求,但是高优先级中断请求能中断低优先级中断请求

D. 同级中断不能嵌套

13. 中断服务子程序返回指令 RETI 和普通子程序返回指令 RET 有什么区别?

第6章　串行接口

6.1　串行通信的基本概念

6.1.1　并行通信和串行通信

通信是指计算机与外部设备之间的信息交换。通信方式有串行通信和并行通信两种方式。

并行通信方式是指数据的各位同时进行传送的方式。其特点是速度快、效率高。但当传送距离较远、位数较多时，将导致传输设备成本大幅度提高。因此，并行通信方式适合于近距离的数据传送，如图 6-1(a)所示。

串行通信方式是指将数据的二进制数按一定的顺序逐位进行传送，接收方则按照相应的顺序逐位进行接收，并将数据恢复至原来的通信方式。其特点是通信线路简单，只要一对传输线就可以实现通信，当传输的数据较多、距离较远时，可以大大降低成本，如图 6-1(b)所示。

图 6-1　通信的基本方式

(a) 并行通信　(b) 串行通信

6.1.2　串行通信方式

计算机串行通信方式有异步通信和同步通信两种方式。

1. 异步通信方式

异步通信是以帧为单位传送数据，每一帧为一个字符或一个字节。它利用每一帧的起、止信号来建立发送与接收之间的同步，每帧内部各位均采用固定的时间间隔，但帧与帧之间的时间间隔是随机的。其基本特征是每个字符必须用起始位和停止位作为字符开始和结束的标志。

由于异步通信的双方没有同步的时钟，因此，在通信之前需要双方统一通信格式。通信格式主要包括字符帧格式和波特率。

1）字符帧格式

字符帧格式是指字符的编码形式、奇偶校验形式及起始位和停止位的定义。异步串行通信的字符帧格式如图 6-2 所示。每个字符帧按顺序依次由起始位、数据位、奇偶检验位及停止位组成。各位规定如下。

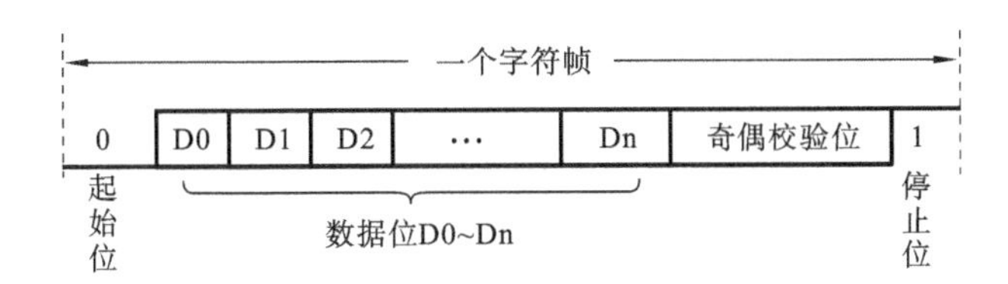

图 6-2　异步通信中的字符帧格式

(1) 1 位起始位,规定为低电平“0”。

(2) 5～8 位数据位,即要传送的有效信息。

(3) 1 位奇偶校验位。

(4) 1 位停止位,规定为高电平“1”。

2) 波特率

波特率是指单位时间内传输二进制数的位数,其单位为 b/s,亦被称为波特。它是一个用以衡量数据传送速率的指标。一般串行异步通行的传送速度为 50～19200 波特。

假设字符传送速率是 120 字符/s, 每个字符帧格式包含 10 个代码位(1 个起始位, 1 个停止位,8 个数据位), 则通信波特率为

$$120\ 字符/s \times 10b/字符 = 1200b/s$$

每一位的传输时间,即位周期,为波特率的倒数,即

$$T_d = \frac{1}{1200}\ s = 0.833\ ms$$

3) 数据传送方式

在串行通信中,把通信接口只能发送或接收的单向传送方法称为单工传送;而把数据在甲、乙两机之间的双向传递称为双工传送。在双工传送方式中又分为半双工传送和全双工传送。半双工传送是指两机之间不能同时进行发送和接收,任一时刻只能发或只能收信息。

2. 同步通信方式

同步通信方式是将一大批数据分成几个数据块, 数据块之间用同步字符予以隔开, 而传输的各位二进制数之间都没有间隔。其基本特征是发送与接收时钟始终保持严格同步。

6.2　MCS-51 系列单片机的串行接口

MCS-51 系列单片机有一个可编程的全双工串行通信接口,它可作异步接收发送器使用,也可作同步移位寄存器使用,其帧格式有 8 位、10 位或 11 位,波特率可通过软件设置,使用灵活。

6.2.1　内部结构

MCS-51 系列单片机串行口主要由数据发送缓冲器、数据接收缓冲器、发送控制器、接收控制器、移位寄存器等组成。

串行发送和接收的速率与波特率发生器产生的移位脉冲同频。MCS-51 系列单片机用定时器 T1 或直接用 CPU 时钟作为通信波特率发生器的输入,在串行接口的不同工作方式中,波特率发生器从两个输入信号中选择一个分频,产生移位脉冲来同步串口的接收和发送,移位脉冲的速率即是波特率。接收器是双缓冲结构,在前一个字节从接收缓冲器 SBUF 读出之

前,第二个字节即开始被接收 。但是,若在第二个字节接收完毕后,前一个字节还未被 CPU 读取的话 ,第二个字节就会覆盖第一个字节,造成第一个字节的丢失。接收器是双缓冲结构,串行接口的发送和接收都是以特殊功能寄存器 SBUF 的名义进行读或写的。MCS-51 系列单片机串行接口的结构如图 6-3 所示。

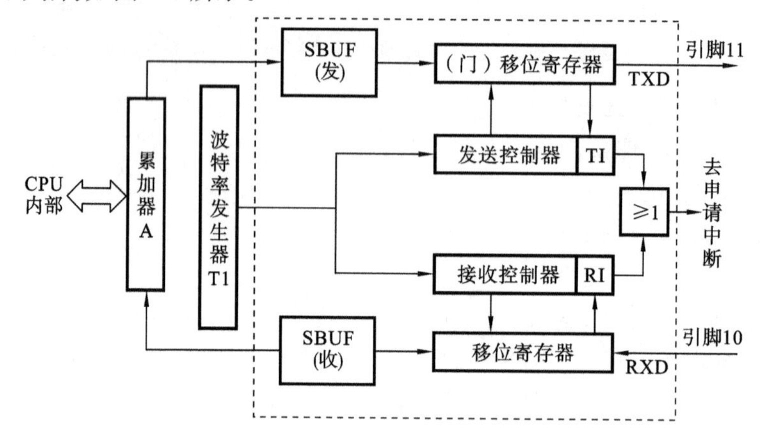

图 6-3 MCS-51 系列单片机串行接口结构

6.2.2 与串行接口有关的寄存器

在特殊功能寄存器区中,与单片机串行接口有关的寄存器主要有数据缓冲器 SBUF、串行接口控制寄存器 SCON 及电源控制寄存器 PCON,必要时也要用到第 5 章中介绍的中断使能寄存器 IE 和中断优先级寄存器 IP。

1. 数据缓冲器 SBUF

串行接口数据缓冲器 SBUF 是可直接寻址的特殊功能寄存器,其内部 RAM 字节地址是 99H。在物理上,它对应着两个互相独立的发送和接收缓冲器,可以在同一时刻发送和接收数据。发送缓冲器只能写入而不能读出数据,而接收缓冲器只能读出却不能写入数据,因此,两个缓冲器可用一个地址而不会产生访问错误。两个缓冲器的访问指令有以下两条。

```
MOV SBUF, A     ;写缓冲器
MOV A, SBUF     ;读缓冲器
```

单片机的串行接口主要完成串行数据的收发操作。在发送数据时,CPU 执行上述第一条指令,即把要发送的数据通过累加器传送至 SBUF,则串行接口便自动启动,把数据按位向外依次输出。接收数据时,接收端一位一位地接收数据,直到把一帧数据接收完毕,送入 SBUF,然后通知 CPU,CPU 执行上述第二条指令,便可把 SBUF 中的数据读入。

2. 串行接口控制寄存器 SCON

串行接口控制寄存器 SCON 用于控制和监视串行口的工作状态,包括接收/发送控制及状态标志设置等,在特殊功能寄存器区的字节地址为 98H,可进行位寻址。其各位定义如图 6-4 所示。相应的各位功能介绍如下。

D7	D6	D5	D4	D3	D2	D1	D0
SM0	SM1	SM2	REN	TB8	RB8	TI	RI

图 6-4 SCON 各位定义

(1) SM0、SM1 用于定义串行接口的工作方式,两个选择位对应四种工作方式,如表6-1

所示。其中 f_{osc} 是振荡器频率，UART 为通用异步接收和发送器的英文缩写。

表 6-1　串行接口操作方式选择

SM0	SM1	工作方式	功　能	波　特　率
0	0	0	同步移位寄存器	$f_{osc}/12$
0	1	1	8 位 UART	可变(T1 溢出率)
1	0	2	9 位 UART	$f_{osc}/64$ 或 $f_{osc}/32$
1	1	3	9 位 UART	可变(T1 溢出率)

(2) SM2　多机通信时的控制位。在工作方式 2 和工作方式 3 中，若 SM2＝1，且接收到的第 9 位数据(RB8)是“0”，则接收中断标志(RI)不会被激活。在工作方式 1 中，若 SM2＝1 且没有接收到有效的停止位，则 RI 不会被激活。在工作方式 0 中，SM2 必须是“0”。

(3) REN　接收允许/禁止控制位，相当于串行数据接收的开关。该位由软件置位或复位。软件置 REN＝1，允许接收数据；REN＝0，禁止接收数据。

(4) TB8　在工作方式 2 和工作方式 3 中，它是要发送数据的第 9 位，可以根据发送数据的需要由软件置“1”或清“0”。在多机通信中，以 TB8 位的状态表示主机发送的是地址还是数据：TB8＝0 表示数据，TB8＝1 表示地址。该位可由软件置“1”或清“0”。TB8 还可用作奇偶校验位。在方式 0 和方式 1 中，该位不使用。

(5) RB8　在工作方式 2 和工作方式 3 中，它是要接收数据的第 9 位。RB8 可以是约定的地址/数据标志位，也可以是约定的奇偶校验位。

(6) TI　发送中断标志位，当一帧数据发送完毕时由硬件自动置“1”。TI＝1 表示发送缓冲器已空，通知 CPU 可以发送下一帧数据，因此，其可作为串行接口中断请求标志。CPU 也可以查询 TI 状态，以决定是否需要再通过串行接口向外发送数据。

在不同工作方式下，TI 的置“1”情况不同。在工作方式 0 中，发送完第 8 位数据后，该位由硬件置“1”，而在其他工作方式下，发送完停止位时，该位由硬件置“1”。TI 不会自动复位，因此，需要通过软件清“0”。

(7) RI　接收中断标志位，在接收一帧有效数据后由硬件自动置“1”。RI＝1 表示接收缓冲器已满，即一帧数据已接收完毕，并已装入接收缓冲器，通知 CPU 读取数据，因此，其可作为串行接口中断请求标志。CPU 也可以查询 RI 状态，以决定是否需要从 SBUF 中读取由外界接收的数据。

在不同工作方式下，RI 的置“1”情况亦不同。在工作方式 0 中，接收完第 8 位数据后，该位由硬件置“1”。在其他工作方式下，当接收到停止位时，该位由硬件置“1”。与 TI 一样，RI 不会自动复位，需要通过软件清“0”。

SCON 所有位在复位后均被清“0”。

3. 电源控制寄存器 PCON

电源控制寄存器 PCON 地址为 87H，不可位寻址，初始化时需要进行字节传送。其各位定义如图 6-5 所示。其中，只有最高位 SMOD 与串行接口的工作方式有关，该位是串行接口波特率的控制倍增位。SMOD＝1 时，波特率加倍，否则不加倍。

D7	D6	D5	D4	D3	D2	D1	D0
SMOD	—	—	—	GF1	GF0	PD	IDL

图 6-5　PCON 各位定义

GF0、GF1 为通用标志位，由软件置“1”和清“0”。

PD为掉电方式控制位。PD=0时为正常方式;PD=1时为掉电方式。此方式是指当单片机断电时,内部RAM和特殊功能寄存器的内容被保存,单片机停止一切工作。掉电保护时的备用电源通过V_{PD}引脚(9脚)接入。当电源恢复后,系统要维持10 ms的复位时间才能退出掉电保护状态,复位操作将重新定义特殊功能寄存器,但内部RAM的值不变。

IDL为空闲方式控制位,IDL=0时为正常方式,IDL=1时为空闲方式。

6.2.3　四种工作方式

MCS-51系列单片机串行接口有四种工作方式,这由串行接口控制寄存器SCON中的SM0和SM1两位编码决定。下面分别介绍这四种工作方式的工作原理。

1. 工作方式0

工作方式0为同步移位寄存器输入/输出方式,可通过设置SCON中的SM0=0和SM1=0来实现。在工作方式0,波特率为$f_{osc}/12$。此方式下每帧数据为8位,无起始位和停止位,且发送时低位在前、高位在后。在工作方式0下,可发送数据,也可以接收数据,发送或接收数据都是通过RXD(10脚)进行的,而TXD(11脚)则用于发送同步脉冲,每个机器周期移动一位数据。

1) 工作方式0下数据的发送

在工作方式0,当一个数据写入串行接口数据SBUF时就开始发送,8位数据在RXD端由低位到高位逐位发送出去。当8位数据发送完毕时,硬件自动置中断标志TI=1,请求中断,表示发送缓冲器已空。TI不会自动清"0",当要发送下一个数据时,需要通过软件对TI清"0"。

根据工作方式0下发送数据时逐位输出的特点,外接一个串入并出的移位寄存器,则可将单片机串行接口扩展为若干个并行输出口。常用外接扩展芯片有74HC164,其与单片机的连接如图6-6所示。

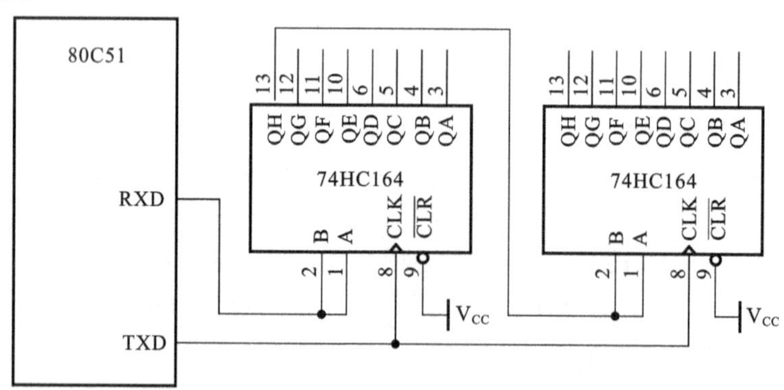

图6-6　外接移位寄存器输出

在移位时钟脉冲(TXD)的控制下,数据从串行口RXD端逐位移入74HC164 A、B端。当8位数据全部移出后,SCON寄存器的TI位被自动置"1"。其后74HC164的内容即可并行输出。

2) 工作方式0下数据的接收

在串行接口控制寄存器SCON中,REN位为接收允许控制位。当REN=1时,允许串行接口接收数据;而当REN=0时,则禁止串行接口接收数据。因此,在工作方式0下接收数据时,可按以下过程进行接收。

通过软件设置，使 REN＝1，RI＝0，启动串行接口接收，此时在 TXD 端发送同步移位脉冲，8 位数据从 RXD 端由低位到高位逐位接收；当 8 位数据接收结束时，所接收的数据被装入串行接口数据缓冲器 SBUF 中，硬件自动置 RI＝1，请求中断。

需要注意的是，RI 同 TI 一样，不会自动清“0”，当接收下一个数据时，需通过软件清“0”。

同样，如果单片机串行接口外接并入串出移位寄存器，则可将单片机的一个串行接口扩展为若干个并行输入口。常用扩展芯片为 74HC165，其与单片机的连接如图 6-7 所示。

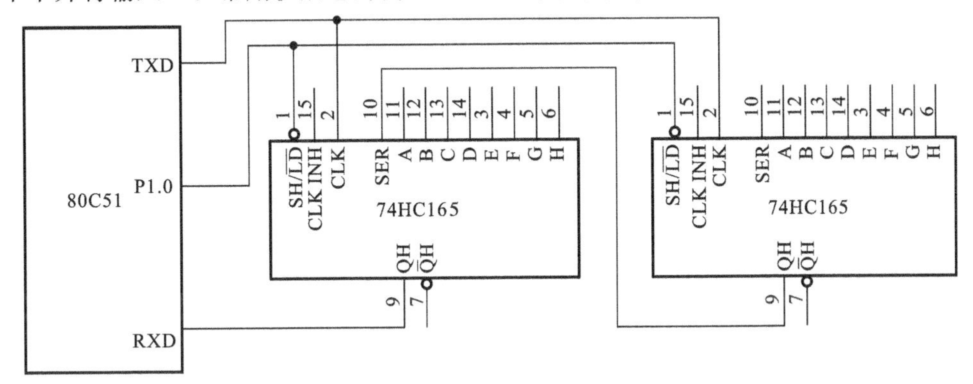

图 6-7　外接移位寄存器输入

74HC165 的 SH/$\overline{\text{LD}}$端为移位/置入端，当 SH/LD＝0 时，从 A～H 并行置入数据，当 SH/LD＝1 时，允许从 QH 端移出数据。在 80C51 串行控制寄存器 SCON 中的 REN＝1 时，TXD 端发出移位时钟脉冲，从 RXD 端串行输入 8 位数据。当接收到第 8 位数据 D7 后，就置中断标志 RI＝1，表示一帧数据接收完成。

2. 工作方式 1

在工作方式 1 工作的串行接口是波特率可变的 8 位异步通信接口，可通过设置控制寄存器 SCON 中的 SM0＝1 和 SM1＝0 来实现。这种方式下的波特率是可变的，波特率的大小取决于定时器 T1 的溢出速率及 SMOD 的状态。数据位由 P3.0(RXD)端接收，由 P3.1(TXD)端发送。数据传送时，低位在前、高位在后。传送帧格式如图 6-8 所示，一帧共有 10 位，其中，1 位起始位(低电平)，8 位数据位(低位在前)，一位停止位(高电平)。

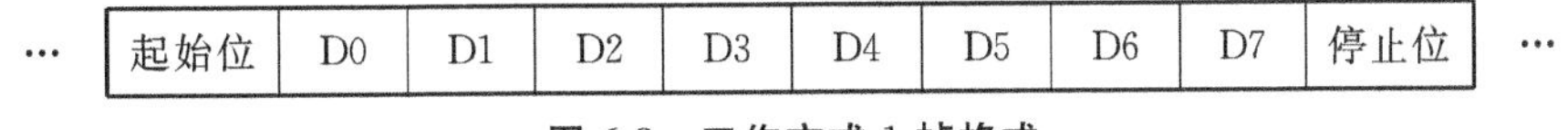

图 6-8　工作方式 1 帧格式

1) 工作方式 1 下数据的发送

用软件清“0”TI 后，CPU 执行任何一条以 SBUF 为目标寄存器的指令，就可启动发送过程。数据由 TXD 引脚输出，此时的发送移位脉冲是由定时器/计数器 T1 送来的溢出信号经过 16 或 32 分频而取得的。一帧信号发送完时，将发送中断标志 TI 置“1”，向 CPU 申请中断，完成一次发送过程。

2) 工作方式 1 下数据的接收

用软件清“0”RI 后，当允许接收位 REN 被置“1”时，接收器以选定波特率的 16 倍的速率采样 RXD 引脚上的电平，即在一个数据位期间有 16 个检测脉冲，并在第 7、8、9 个脉冲期间采样接收信号，然后采用三中取二的原则确定检测值，以抑制干扰。并且采样是在每个数据位的中间，避免了信号边沿的波形失真造成的采样错误。当检测到有从“1”到“0”的负跳变时，则启动接收过程，在接收移位脉冲的控制下，接收完一帧信息。当最后一次移位脉冲产生时，若满足两个条件:① RI=0; ② 接收到的停止位为“1”或 SM2=0,则停止位送入 RB8,8 位数据送入 SBUF,并置接收中断标志位 RI 为“1”,向 CPU 发出中断请求,完成一次接收过程。否则,所接收的一帧信息将丢失,接收器复位,并重新检测由“1”到“0”的负跳变,准备接收下一帧信息。若将数据从 SBUF 取出后,接收中断标志位 RI 应由软件清“0”。串行接口工作于工作方式 1 时,SM2 设置为“0”。

3. 工作方式 2 和工作方式 3

串行接口工作方式 2 和工作方式 3 都为 9 位异步通信方式。传送帧格式如图 6-9 所示,每帧数据共 11 位,其中,最低位是起始位(0),其后是 8 位数据位(低位在先),再次是用户定义位(SCON 中的 TB8 或 RB8),最后一位是停止位(1)。

…	起始位	D0	D1	D2	D3	D4	D5	D6	D7	第 9 位	停止位	…

图 6-9 工作方式 2、工作方式 3 帧格式

工作方式 2 和工作方式 3 的工作原理相似,唯一的差别是工作方式 2 的波特率是固定的,即为 $f_{osc}/32$ 或 $f_{osc}/64$;而工作方式 3 的波特率是可变的,与定时器 T1 的溢出率有关。

1) 工作方式 2 和工作方式 3 下数据的发送

串行接口以工作方式 2 和工作方式 3 发送数据时,TXD 引脚为发送端,共发送 9 位有效数据。在启动发送之前,需要把要发送的第 9 位数据装入 TB8,第 9 位可以由用户自定义其功能。例如,可将其定义为所传送数据的奇偶检验位或多机通信中的地址/数据标志位。具体发送过程如下。

发送过程是由执行任何一条 SBUF 为目的寄存器的指令来启动的。由“写入 SBUF”信号把 8 位数据装入 SBUF,同时还把 TB8 装入发送移位寄存器的第 9 位,并通知发送控制器要求进行一次发送。发送开始,硬件自动发送一个起始位,起始位为逻辑低电平。然后发送 8 位数据,低位先发、高位后发,接着发送第 9 位数据,即 TB8 中的数据,最后硬件自动发送停止位,停止位为逻辑高电平,同时置 TI=1,一帧数据发送结束。

2) 工作方式 2 和工作方式 3 下数据的接收

与工作方式 1 的接收过程类似,接收时应先使 REN=1,当检测到 RXD 端有负跳变时,开始接收 9 位数据,送入移位寄存器。当满足 RI=0 且 SM2=0 或接收到的第 9 位数据为“1”时,前 8 位数据送入 SBUF,第 9 位数据送入 RB8,最后置位 RI=1;否则放弃接收到的结果,也不置位 RI=1。

与工作方式 1 不同,工作方式 2 和工作方式 3 中装入 RB8 的是第 9 位数据,而不是停止位。

6.2.4 波特率设计

在串行通信时,收发双方发送或接收数据的速率要有一定的约定。在应用中,通过对串行接口编程可设置四种工作方式。其中,工作方式 0 和工作方式 2 的波特率是固定的,而工作方式 1 和工作方式 3 的波特率是可变的。下面分别介绍每种方式的波特率。

1. 工作方式 0 的波特率

工作方式 0 时,其波特率固定为单片机晶振频率的 1/12,即每个机器周期接收或发送一位数据。

2. 工作方式 2 的波特率

工作方式 2 时,其波特率与电源控制寄存器 PCON 的最高位 SMOD 的写入值有关。当

SMOD=0 时，波特率为 $f_{osc}/64$；当 SMOD=1 时，波特率为 $f_{osc}/32$。

3. 工作方式 1 和工作方式 3 的波特率

工作方式 1 和工作方式 3 分别为 10 位异步发送接收方式和 11 位异步发送接收方式，其波特率除了与 SMOD 位有关之外，还与定时器 T1 的溢出率有关，计算公式为

$$\text{工作方式 1(或工作方式 3)波特率} = \text{T1 的溢出率} \times 2^{SMOD}/32$$

工作方式 1 或工作方式 3 的波特率需对定时器 T1 进行工作方式设置。T1 常选用定时方式 2，即 8 位重装载初值方式，并且禁止 T1 中断。此时 TH1 从初值计数到产生溢出，它每秒钟溢出的次数称为溢出率。若 T1 计数初值为 X，则每过 $256-X$ 个机器周期，T1 产生一次溢出，溢出周期为 $(256-X)\times 12/f_{osc}$。于是有

$$\text{工作方式 1(或工作方式 3)波特率} = (2^{SMOD}/32)\times f_{osc}/[(256-X)\times 12]$$

从上面的公式可以得出 T1 工作于工作方式 2 下初值 X 的计算公式为

$$X = 256 - 2^{SMOD} \times f_{osc}/(384\times \text{波特率})$$

假设某 MCS-51 单片机系统，串行接口工作于工作方式 3，要求传送波特率为 2400 Hz，作为波特率发生器的定时器 T1 工作在工作方式 2 时，试求出计数初值为多少？设单片机的振荡频率为 11.0592 MHz。

若不使用波特率倍增位 SMOD，即设 SMOD=0 时，则初值

$$X = 256 - 11.0592\times 10^6/(2400\times 384) = 244 = \text{0F4H}$$

因此，可以设置 TH1=TL1=0F4H。

6.3 多机通信

6.3.1 多机通信的系统结构

多机通信是指利用单片机与另外多个单片机进行异步串行通信。一般采用主从式多机通信方式。在这种方式中，有一台主机，多台从机，其拓扑结构如图 6-10 所示。多机通信时主、从机之间可双向通信，但从机之间不能直接通信，只能通过主机通信。

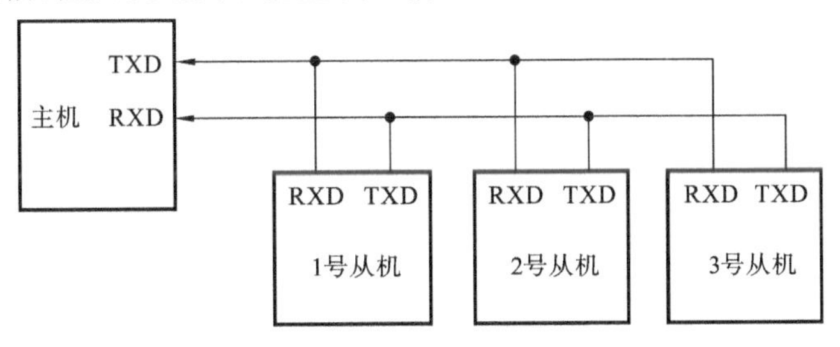

图 6-10 多机通信结构

6.3.2 多机通信原理

单片机多机通信时，主、从机串行接口均应设置为工作方式 2 或工作方式 3。为了保证主机能正确识别所选择的从机并进行通信，主、从机需要正确设置和判断多机通信控制位 SM2 和发送接收的第 9 位数据。

主机发送信息时，通过 TB8 来标识发送的是地址帧还是数据帧。当 TB8=1 时，表示传

送的是地址帧；当 TB8＝0 时，表示传送的是数据帧。对从机来说，主要通过 SM2 的设置实现对主机的响应。当从机 SM2＝1 时，该从机只接收地址帧(此时 RB8＝1)，而对数据帧(此时 RB8＝0)则不进行处理；当从机 SM2＝0 时，该从机接收主机发出的任何信息。

多机通信的过程如下。

(1) 所有从机复位，置 SM2＝1，处于接收地址帧状态。

(2) 主机设置 TB8＝1，发送一帧地址信息，选择通信从机。

(3) 收到地址帧后，每个从机通过软件进行识别，判断主机发出的地址号与本从机的地址号是否相同。地址号相同的从机将 SCON 中的 SM2 清“0”，地址号不同的从机维持 SM2＝1 不变，只接收地址帧。

(4) 主机设置 TB8＝0，发送数据帧。对于 SM2＝0 的从机，由于其地址号与主机发出的地址号相同，所以不管接收到第 9 位 RB8 为何值，都能激活 RI，使接收到的数据有效，从而完成主机与从机之间一对一的通信，当被选择的从机与主机通信结束时，置 SM2＝1，返回到接收地址帧状态。

(5) 主机继续发送其他地址帧，与其他从机进行一对一的通信。

6.4　串行接口编程举例

6.4.1　串行接口的初始化

单片机的串行接口初始化后，才能进行数据的交换。其初始化内容如下。

1. 工作方式设置

设定 SCON 的 SM0、SM1 的值以选定串行接口的工作方式。

2. 多机通信控制位及帧的类型设置

对于工作方式 2 或工作方式 3，根据需要在 TB8 中写入待发送的第 9 位数据。

3. 波特率设置

若选定的操作模式不是工作方式 0，需设定接收/发送的波特率。设定 SMOD 的状态，以控制波特率是否加倍。若选定工作方式 1 或工作方式 3，还需对定时器 T1 进行初始化，以设定其溢出率。

6.4.2　串行接口的应用

例 6-1　用 80C51 单片机串行接口外接串入-并出移位寄存器 74HC164 扩展 8 位并行接口。8 位并行接口的每位都接一个发光二极管(图中仅画 3 个)，要求发光二极管从下到上每间隔 1 s 轮流显示，并不断循环。设发光二极管为共阴极接法，单片机系统晶振频率为 12 MHz。电路如图 6-11 所示。

解　设数据串行发送采用中断方式，显示的延迟通过调用延迟程序 DL1S 来实现。

完整程序清单如下。

```
        ORG     0023H           ;串行接口中断入口
        AJMP    SHIFT_L         ;转入串行接口中断服务程序
        ORG     100H            ;主程序起始地址
MAIN:   MOV     SCON，#00H      ;串行接口工作方式 0 的初始化
```

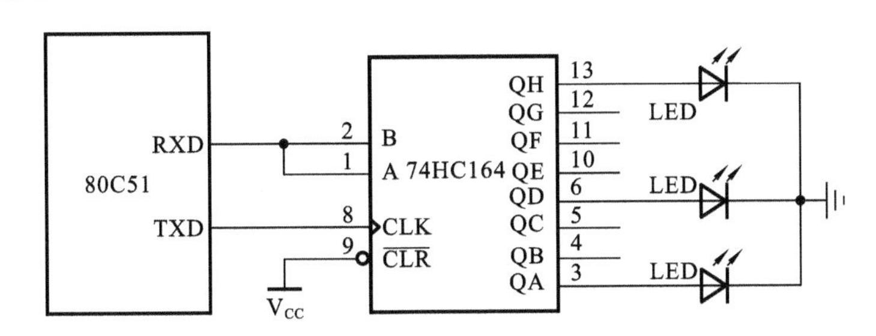

图 6-11 串行接口工作方式 0 的应用电路

```
            MOV     A ，#01H        ;最下边一位发光二极管先亮
            SETB    P1.0            ;允许并行输出
            SETB    ES              ;允许串行接口中断
            SETB    EA              ;CPU 开中断
            MOV     SBUF,A          ;开始串行输出
LOOP ：     SJMP    $               ;等待中断
SHIFT_L:    ACALL   DL1S            ;显示延迟一段时间
            CLR     TI              ;清理发送中断标志位
            RL      A               ;准备上边一位显示
            MOV     SBUF ，A        ;再一次串行输出
            RETI                    ;中断返回
DL1S:       MOV     R7,#10          ;延时 1 s 子程序
DL1:        MOV     R6,#200
DL2:        MOV     R5，#248
DL3:        DJNZ    R5，DL3
            DJNZ    R6,DL2
            DJNZ    R7,DL1
            RET
```

例 6-2 用 80C51 单片机串行接口进行双机通信，电路如图 6-12 所示。要求将 1 号机片内 RAM 中地址 40H～4FH 中的数据送到 2 号机，2 号机将接收的数据保存在内部 RAM 地址为 60H～6FH 的区域中。两个单片机的串行接口均工作于工作方式 2，传送数据时进行奇偶检验。

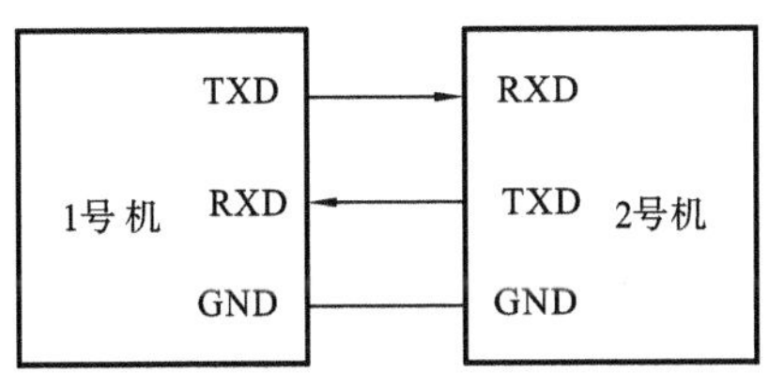

图 6-12 双机通信电路

解 设数据串行发送或接收均采用查询方式。

1 号机发送程序清单如下。

```
          MOV   SCON，#80H     ;设置工作方式 2
          MOV   PCON，#00      ;置 SMOD=0，波特率不加倍
          MOV   R0，#40H       ;数据区地址指针
          MOV   R2，#10H       ;数据长度
LOOP：    MOV   A，@R0         ;取发送数据
          MOV   C，P           ;奇偶位送 TB8
```

```
        MOV   TB8, C
        MOV   SBUF, A          ;送串行接口并开始发送数据
WAIT:   JBC   TI, NEXT         ;检测是否发送结束并清理 TI
        SJMP  WAIT
NEXT:   INC   R0               ;修改发送数据地址指针
        DJNZ  R2, LOOP
        RET
```

2 号机接收程序清单如下。

```
        MOV   SCON, #90H       ;设置工作方式 2，并允许接收
        MOV   PCON, #00H       ;置 SMOD=0
        MOV   R0, #60H         ;置数据区地址指针
        MOV   R2, #10H         ;等待接收数据长度
LOOP:   JBC   RI, READ         ;等待接收数据并清理 RI
        SJMP  LOOP
READ:   MOV   A, SBUF          ;读一帧数据
        MOV   C, P
        JNC   LP0              ;C 不为 1 转 LP0
        JNB   RB8, ERR         ;RB8=0，即 RB8 不为 P 转 ERR
        AJMP  LP1
LP0:    JB    RB8, ERR         ;RB8=1，即 RB8 不为 P 转 ERR
LP1:    MOV   @R0, A           ;RB8=P，接收一帧数据
        INC   R0
        DJNZ  R2, LOOP
        RET
ERR:    ⋮                      ; 出错处理程序
```

习　　题

1. MCS-51 系列单片机串行接口由哪些功能部件组成？各有什么作用？

2. MCS-51 系列单片机串行接口有几种工作方式？简述其特点。各工作方式的波特率如何确定？

3. 如何区分串行通信中的发送中断和接收中断？

4. 为什么 T1 用做串行接口波特率发生器时常采用工作方式 2？若已知晶振频率为 6 MHz，求可能产生的波特率变化范围。

5. 试设计一个 80C51 单片机的双机通信系统，编程将甲机片内 RAM 中 50H～5FH 中的数据通过串行接口送到乙机片内 RAM 中 60H～6FH。

6. 简述利用 MCS-5 系列单片机串行接口进行多机通信的原理。

第 7 章　MCS-51 系列单片机的系统扩展与接口技术

MCS-51 系列单片机内部集成了 CPU、存储器、I/O 口、定时器/计数器、中断系统等基本硬件资源，已经具备了一定的控制功能，但相对于较复杂的应用系统，片内集成的存储器容量较小，内部资源有限，此时需要在单片机外增加相应的芯片及电路，使得有关功能得以扩展，以满足控制系统的要求。同时，为了便于单片机应用于不同场合，需要通过接口接入不同的外围芯片、电路、设备等，因此，接口技术用于解决单片机如何与接口芯片连接及与外部设备信息交流的问题。

本章介绍的单片机的系统扩展包括外部总线的扩展、程序存储器的扩展、数据存储器的扩展、I/O 接口的扩展，单片机的接口技术部分主要介绍键盘、LED 显示器接口和 LCM 显示器接口，以及 A/D、D/A 接口的原理及方法。

7.1　单片机系统扩展概述

7.1.1　外部总线的扩展

所谓总线是指连接系统中各扩展部件的一组公共信号线。按照功能，通常将总线分为三组，即地址总线 AB(address bus)、数据总线 DB(data bus)和控制总线 CB(control bus)，构成外部三总线结构，如图 7-1 所示。单片机的外部芯片通过这三组总线(AB、DB、CB)进行扩展，这种系统扩展的方法称为并行扩展法。还有一种方法是串行扩展法，即利用 SPI 三线总线或 I^2C 双总线进行系统扩展。串行扩展法的优点是接口器件体积小，能减小空间和降低成本。但是，串行接口器件速度较慢，在高速应用的场合，还是并行扩展法占主导地位。

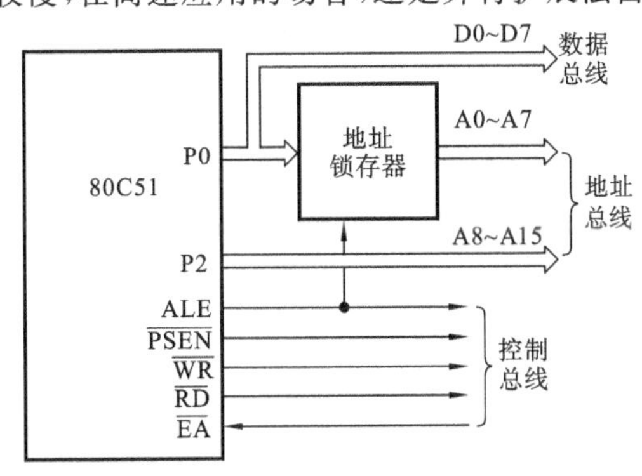

图 7-1　MCS-51 系列单片机的三总线结构

1. 地址总线 A0～A15

地址总线用于传送单片机送出的地址信号，以便进行存储单元和 I/O 端口的选择。地址总线是单向的，只能由单片机向外发送信息。地址总线的数量决定了可访问的存储单元的数量，如 n 位地址可产生 2^n 个连续地址编码，因此可访问 2^n 个存储单元，即通常所说的寻址范围为 2^n 个地址单元。MCS-51 系列单片机的地址总线为 16 位，可寻址范围为 2^{16} B＝64 KB，即外部最大可以扩展 64 KB 存储器。

地址总线由 P0 口提供低 8 位 A0～A7,P2 口提供高 8 位 A8～A15,构成单片机的 16 位地址总线 A0～A15。P0 口是低 8 位地址和 8 位数据的分时传送复用口,因此 P0 口输出的低 8 位地址信号必须用地址锁存器锁存,锁存器输出端独立地向外部提供低 8 位地址信号,从而将数据和地址分离。P2 口具有输出锁存功能,不需要再外加锁存器。注意,P0 口、P2 口在系统扩展中用作地址总线后,便不能再作为一般 I/O 口使用了。

2. 数据总线 D0～D7

数据总线用于单片机与存储单元及 I/O 口之间的传送数据,是双向总线,其位数与单片机处理数据的宽度一致。MCS-51 系列单片机是 8 位机,数据总线由 P0 口提供,其宽度为 8 位,数据用 D0～D7 表示。P0 口为三态双向口,是系统中使用最为频繁的通道,所有单片机与外部交换的数据、指令、信息,除少数可直接通过 P1 口传送外,其余全部通过 P0 口传送。

数据总线通常要连接到多个外围芯片上,而在同一时间里只能有一个有效的数据传送通道。哪个芯片的数据有效,则由地址总线控制各个芯片的片选线来选择。

3. 控制总线

控制总线包括片外系统扩展用的控制线和扩展芯片反馈给单片机的信号控制线,任意一根控制线都是单向的,但作为一组总线总有两个方向,因此也称控制总线为准双向总线。常用的控制总线有 ALE、$\overline{\text{PSEN}}$、$\overline{\text{RD}}$、$\overline{\text{WR}}$、$\overline{\text{EA}}$等。

(1) ALE　地址锁存允许的输出信号。用于锁存 P0 口输出的低 8 位地址数据,以实现低 8 位地址和 8 位数据的分离。因此,在单片机并行总线扩展中,P0 口的输出端增加了一个地址锁存器(一般使用 74LS373)。

(2) $\overline{\text{PSEN}}$　片外程序存储器的读选通信号,是输出信号,用于从程序存储器中读取指令或数据,此时不能用$\overline{\text{RD}}$,只能用$\overline{\text{PSEN}}$。

(3) $\overline{\text{RD}}$、$\overline{\text{WR}}$　片外数据存储器的读写控制,是输出信号。当执行片外数据存储器操作指令 MOVX 时,两个控制信号自动生成。$\overline{\text{RD}}$、$\overline{\text{WR}}$为扩展数据存储器和 I/O 口的读选通、写选通信号。

(4) $\overline{\text{EA}}$　片内/外程序存储器选择信号,是输入信号,用于决定 CPU 首先从片内还是片外执行程序。当$\overline{\text{EA}}$接高电平时,CPU 可首先访问片内程序存储器 4 KB 的地址范围,当 PC 值超出 4 KB 地址时,将自动转去执行片外程序存储器。当$\overline{\text{EA}}$接低电平时,无论片内是否有程序存储器,只能访问片外程序存储器。

注意:由于$\overline{\text{PSEN}}$用于访问程序存储器,$\overline{\text{RD}}$、$\overline{\text{WR}}$用于访问数据存储器,因此,MCS-51 系列单片机片外程序存储器和数据存储器两个存储空间的地址可以重叠,地址范围都是 0000H～0FFFFH,用相同的 16 位地址线 A0～A15 访问。

7.1.2　地址译码方法

根据应用系统的需要,扩展存储器时可能需要一片或多片存储器芯片。为了使系统正常工作,每次只能选中一个芯片,也就是每个芯片具有独立的片选地址,即片选。一个扩展芯片的容量与存储器的地址线数是相对应的,存储器芯片内部有很多存储单元,每个存储单元都有其固定的地址,称为片内地址,唯一选中某个存储单元称为字选。

系统地址总线与存储器连接时,通常 P2 口高 8 位地址线会多出几位,这些剩余的高位地址线常作为存储器芯片的片选信号。系统总线与存储器的连接方法主要有线选法和译码法(包括全地址译码法和部分地址译码法)。

1. 线选法

将单片机剩余的高位地址线中的任意一根地址线直接(或经过反相器)加到外围芯片的片选端$\overline{CE}$,通常是一根高位地址线接一个芯片的片选。只要接到该芯片的地址线为低电平,就选中这个芯片。连接多个芯片时,要保证选中的芯片片选为“0”,其余芯片片选为“1”。

图 7-2 所示为线选法连接示意图。图中,芯片(1)、(2)、(3)都是 2KB 的存储器芯片,所需片内地址线为 11 根(2^{11} B=2 KB),P0 口提供 8 根,P2 口提供 3 根,片选信号$\overline{CE}$均由 80C51 的高位地址端口的片选地址线选通。P2.3 接芯片(1)的$\overline{CE}$,P2.4 接芯片(2)的$\overline{CE}$,P2.5 接芯片(3)的$\overline{CE}$,当其中一根地址线为低电平时其他两根必须为高电平。假设未使用的 P2.7、P2.6接高电平,则地址分配如表 7-1 所示。

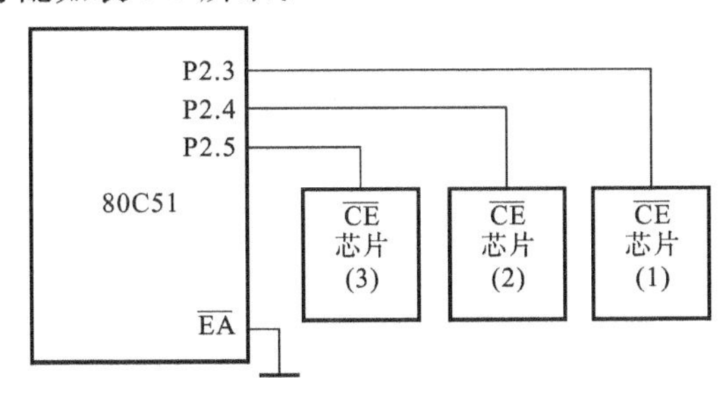

图 7-2　线选法连接示意图

表 7-1　线选法的地址分配

芯片	P2.7	P2.6	P2.5	P2.4	P2.3	P2.2	…	P2.0	P0.7	…	P0.0	十六进制编码
芯片	1	1	1	1	0	0	…	0	0	…	0	首址:F000H
(1)	1	1	1	1	0	1	…	1	1	…	1	末址:F7FFH
芯片	1	1	1	0	1	0	…	0	0	…	0	首址:E800H
(2)	1	1	1	0	1	1	…	1	1	…	1	末址:EFFFH
芯片	1	1	0	1	1	0	…	0	0	…	0	首址:D800H
(3)	1	1	0	1	1	1	…	1	1	…	1	末址:DFFFH

表 7-1 中的地址编码是在未用地址线 P2.7、P2.6 接高电平得到的,当 P2.7、P2.6 设为其他值时可以得到不同的编码,也可以选中相应的芯片,这就出现地址重叠现象,即一个存储单元有多个地址,并且可以看出地址空间不连续。

可见,线选法的特点是各个扩展芯片均有独立片选控制线,连接简单,地址有可能冲突,且不连续,常用于扩展芯片少的系统。

2. 译码法

当系统扩展较多芯片时,单片机空余的高位地址线不够使用,用线选法不能满足系统对片选的需要,这时要采用译码法。所谓译码法就是将系统剩余的高位地址线经过地址译码器进行译码,其输出作为存储器芯片的片选信号,可分为全地址译码和部分地址译码。

1) 全地址译码法

使用译码器对单片机余下的全部地址线进行译码,译码的输出信号作为片选信号。地址

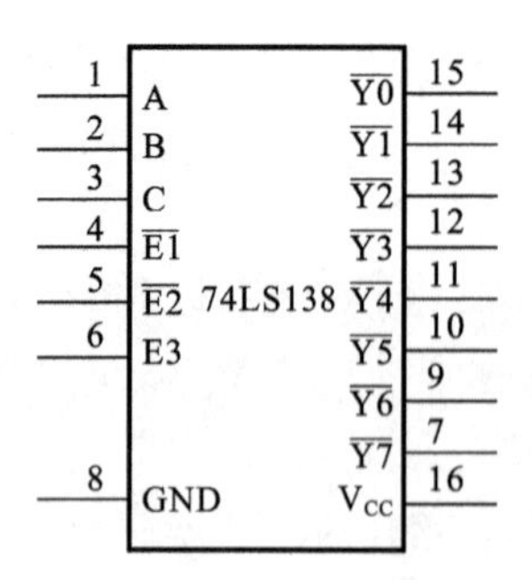

图 7-3 74LS138 译码器引脚图

与存储单元一一对应，即一个存储单元只对应一个唯一的地址。常用的译码器有 74LS138 (3-8译码器)、74LS139(双 2-4 译码器)、74LS154(4-16 译码器)等。本书仅介绍 74LS138 译码器。图 7-3 所示为 74LS138 译码器的引脚图，$\overline{E1}$、$\overline{E2}$、E3 为使能端，当$\overline{E1}=\overline{E2}=0$、E3＝1 时译码器才能正常工作。A、B、C 为译码器的 3 个输入端，$\overline{Y0}$～$\overline{Y7}$为译码器的 8 个输出端，输出低电平有效。正常情况下，8 个输出端只有一个为低电平，其余都是高电平。其逻辑功能如表 7-2 所示。

表 7-2 74LS138 译码器逻辑功能表

输入					输出							
E3	$\overline{E1}+\overline{E2}$	C	B	A	$\overline{Y7}$	$\overline{Y6}$	$\overline{Y5}$	$\overline{Y4}$	$\overline{Y3}$	$\overline{Y2}$	$\overline{Y1}$	$\overline{Y0}$
0	×	×	×	×	1	1	1	1	1	1	1	1
×	1	×	×	×	1	1	1	1	1	1	1	1
1	0	0	0	0	1	1	1	1	1	1	1	0
1	0	0	0	1	1	1	1	1	1	1	0	1
1	0	0	1	0	1	1	1	1	1	0	1	1
1	0	0	1	1	1	1	1	1	0	1	1	1
1	0	1	0	0	1	1	1	0	1	1	1	1
1	0	1	0	1	1	1	0	1	1	1	1	1
1	0	1	1	0	1	0	1	1	1	1	1	1
1	0	1	1	1	0	1	1	1	1	1	1	1

图 7-4 所示的是使用 74LS138 译码器构成的一个全地址译码法的一个简单应用示意图。图中芯片(1)、(2)、(3)都是 8 KB 的存储器芯片，地址线的低 13 位 A0～A12 用于片内寻址，保证译码器使能端有效的前提下，P2.5～P2.7(即 A13～A15)接到 74LS138 的选择输入端 A、B、C，74LS138 的输出$\overline{Y0}$、$\overline{Y1}$、$\overline{Y2}$分别作为三个芯片的片选信号。其地址分配如表 7-3 所示。

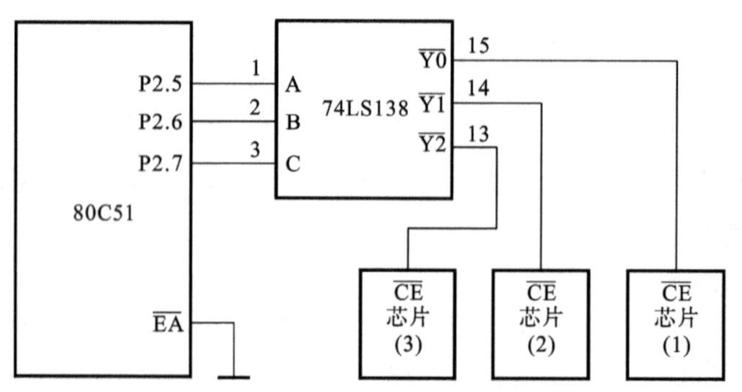

图 7-4 全地址译码法连接示意图

可见，全地址译码法地址空间连续，不存在重叠现象，译码器的输出空余端还可扩展更多的外围芯片，但电路连接比较复杂。

表 7-3　全地址译码法的地址分配

芯　片	P2.7	P2.6	P2.5	P2.4	…	P2.0	P0.7	…	P0.0	十六进制地址编码
芯片	0	0	0	0	…	0	0	…	0	首址:0000H
(1)	0	0	0	1	…	1	1	…	1	末址:1FFFH
芯片	0	0	1	0	…	0	0	…	0	首址:2000H
(2)	0	0	1	1	…	1	1	…	1	末址:3FFFH
芯片	0	1	0	0	…	0	0	…	0	首址:4000H
(3)	0	1	0	1	…	1	1	…	1	末址:5FFFH

2）部分地址译码法

利用单片机空余高位地址线的一部分进行译码，产生片选信号，其余部分是悬空的，无论悬空片选地址线的电平如何变化，均不会影响存储器单元的地址，所以会出现地址重叠现象：一根地址线悬空，一个单元占 2 个地址区域；两根地址线悬空，一个单元占 4 个地址区域；三根地址线悬空，则一个单元占用 8 个地址区域，以此类推。

7.1.3　常用的扩展器件

MCS-51 系列单片机系统扩展中常使用 TTL 中小规模集成电路和通用标准芯片，比如地址锁存器、译码器、总线驱动器。下面分别进行简单介绍。

1. 常用的地址锁存器

凡是具有输入、输出控制功能的寄存器都可作为地址锁存器，一般有两类：一类是 8D 触发器，如 74LS273、74LS377、74LS374 等；另一类是 8D 锁存器，如 74LS373、8282 等。这两类芯片均有 8 个输入端 1D～8D，8 个输出端 1Q～8Q，还有一些使能端。选择不同的地址锁存器，其与单片机的连接方法也不同。如图 7-5 所示为 74LS373 的引脚图和结构。

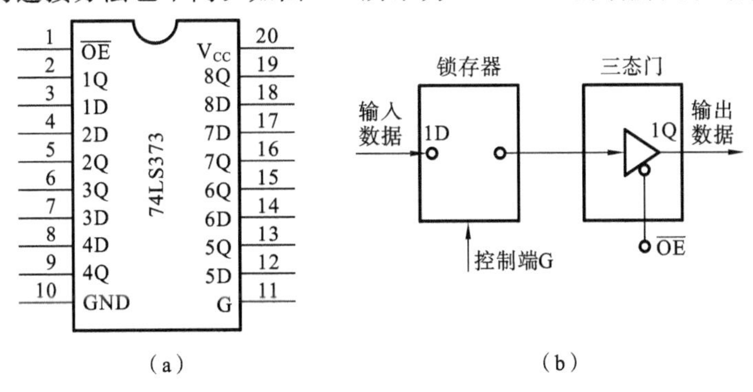

图 7-5　74LS373 的引脚及结构

(a) 引脚图　(b) 结构

1D～8D：数据输入端，通常接 P0 口。

1Q～8Q：数据输出端，通常作为地址总线低 8 位输出。

$\overline{OE}$：三态门控端。当$\overline{OE}$=0 时，允许 Q 端输出；当$\overline{OE}$=1 时，三态门关闭，输出 Q 对外呈高阻状态。作为地址锁存器时，$\overline{OE}$接地，三态门一直开通，只需控制锁存器 G 端。

G：锁存允许控制端。当 G=1 时，锁存器处于透明工作状态，即其输出状态随输入端的变化而变化，输入和输出状态相同；当 G 端从“1”变为“0”时，输入的数据被锁存，此时锁存器的输入端是高阻状态，输出端 Q 不再随输入端的变化而变化，而一直保持锁存前的数值不变。

74LS373 的控制功能如表 7-4 所示。

表 7-4　74LS373 控制功能表

控　制　端		输　　入	输　　出
$\overline{OE}$	G	D	Q
0	1	1	1
0	1	0	0
0	0	×	Q_0
1	×	×	高阻态

图 7-6 所示分别为使用 74LS373、8282、74LS273 作为单片机 P0 口低 8 位地址锁存器的连接方法。

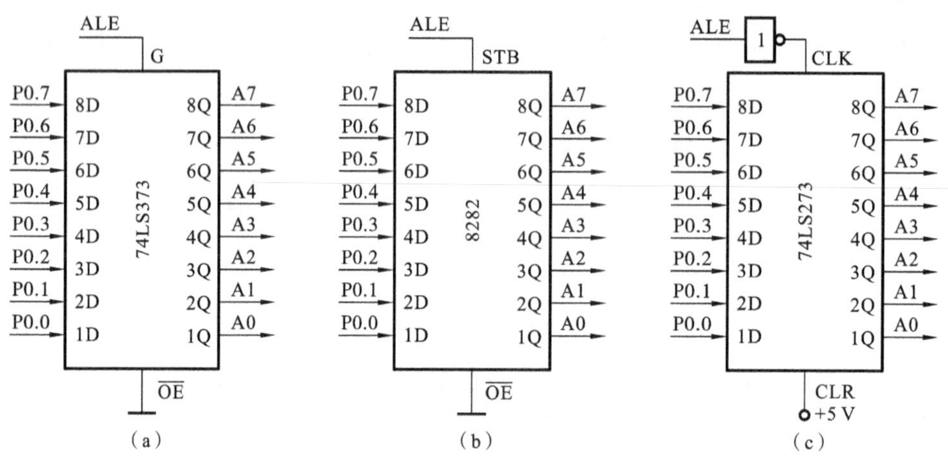

图 7-6　单片机 P0 口地址锁存器的连接图

由图 7-6 可知，8282 的锁存控制端 STB 和 74LS373 的 G 端逻辑功能相同，可直接与单片机的 ALE 相连，在 ALE 下降沿进行地址锁存；而 74LS273 的锁存控制端 CLK 是在上升沿输出有效，那么 ALE 的输出锁存控制信号须加反相器后再连至 CLK 端；同时，74LS273 带清除端 CLR，低电平清“0”，在用作地址锁存器时，应将 CLR 端加高电平“1”才有效。

2. 常用的总线驱动器及其接口

在单片机扩展系统中，三总线上常连接很多负载，但是总线驱动接口的能力有限，故常需要通过连接总线驱动器驱动电路，从而使负载正常工作。其中 74LS244 和 74LS245 是常用的两种总线驱动器，两种芯片的引脚如图 7-7 所示。

74LS244 是单向三态数据缓冲器，74LS245 是双向三态数据缓冲器。74LS244 内部有 8 个三态驱动器，把 8 个输入可分成两组，分别由控制端$\overline{1G}$和$\overline{2G}$控制。74LS245 有 16 个三态驱动器，每个方向 8 个，在控制端$\overline{G}$低电平有效的情况下，由 DIR 端控制驱动方向，当 DIR＝1 时，输出允许(数据由 An 传送至 Bn)；当 DIR＝0 时，输入允许(数据由 Bn 传送至 An)。

实际使用中可根据具体情况进行选择。74LS244、74LS245 均带有三态控制，可以实现总线缓冲和隔离。图 7-8 所示为两芯片与单片机的接口连接。

3. 常用的译码器

常用的译码器芯片有 74LS138 和 74LS139。74LS139 是双 2-4 译码器；74LS138 是 3-8

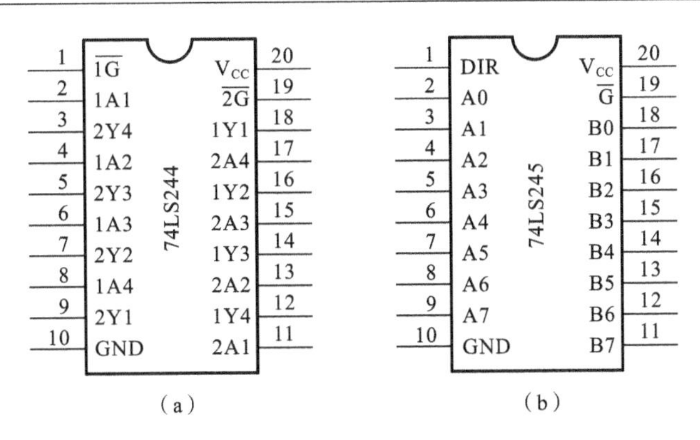

图 7-7　总线驱动器芯片 74LS244、74LS245 引脚图

(a) 74LS244　(b) 74LS245

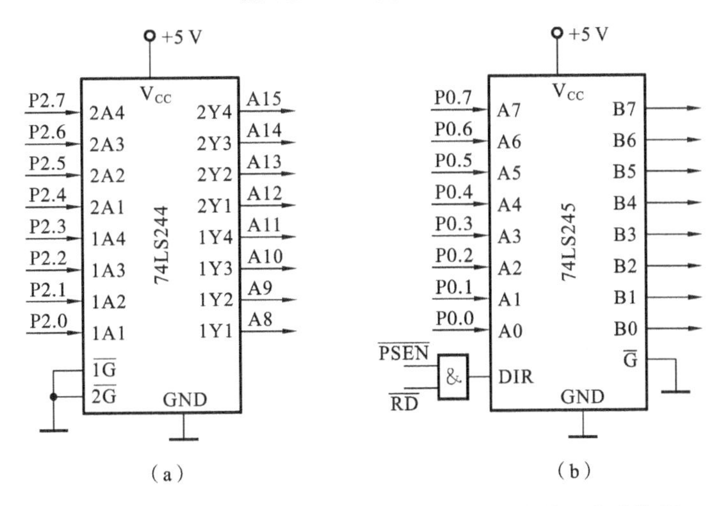

图 7-8　总线驱动器芯片 74LS244、74LS245 与单片机的连接图

(a) 74LS244　(b) 74LS245

译码器。译码器前面有详细的介绍，在此不再赘述。

7.2　MCS-51 系列单片机存储器的扩展技术

存储器是用于存储信息的部件，能将要计算和处理的数据、程序存入。目前均采用半导体存储器。常见的存储器包括随机存储器(RAM)、只读存储器(ROM)等。MCS-51 系列单片机存储器的扩展包括片外的程序存储器扩展和片外的数据存储器扩展。

1. 随机存储器 RAM

RAM 可以方便地进行读/写操作，是随时可读可写的存储器，在单片机系统中用于存放可随时修改的数据，因此在单片机系统中也称为数据存储器。常用的数据存储器有静态 SRAM(static random access memory)和动态 DRAM(dynamic random access memory)两种。SRAM 能可靠地保持所存信息，不需要刷新操作，访问速度快，读写时间短(20～200 ns)，输出具有三态(“0”、“1”、高阻态)，使用方便，可直接与单片机的数据总线相连。常用的 RAM 芯片主要有 6116(2K×8 b)、6264(8K×8 b)等。DRAM 集成度高、成本低、功耗小，但电路复杂，需刷新电路，用于要求数据存储器大于 64 KB 的大系统。

2. 只读存储器 ROM

ROM 中的信息一旦写入之后就不能随意更改,只能读出存储单元的内容,在单片机系统中用于存放程序、常数和表格等,因此也称为程序存储器。常用的 ROM 包括紫外线擦除可改写只读存储器 EPROM(erasable programmable read only memory)、电擦除改写只读存储器 E^2PROM(electrically erasable programmable read only memory)、闪速存储器 Flash ROM。

EPROM 用紫外线擦除,其芯片外壳上方的中央有一个圆形透明窗口,紫外线通过窗口照射一定时间就可以擦除原有信息,之后可根据需要进行编程;也可反复多次擦写;掉电后芯片内的程序不丢失;需用专门的编程电压将编写的应用程序固化到 EPROM 中,正常使用时 EPROM 只能读不能写。常用的 ROM 芯片有 2764(8K×8 b)、27128(16K×8 b)、27256(32K×8 b)、27512(64K×8 b)等。

E^2PROM 可进行一次性全部擦除,也可以通过读/写操作进行逐个存储单元的读和写。可用+5 V 在线擦除。其特点是既有 EPROM 掉电后程序不丢失的优点,又有 RAM 的即读即写特点,但数据写入的时间较长,写入一个字节约要 10 ms,数据可保存十年以上。常用的芯片有 2816(2K×8 b)、2817(2K×8 b)、2864(8K×8 b)等。

Flash ROM 是一种电可擦除、非易失性快速擦写存储器,简称闪存,又称 FPEROM(flash programmable erasable read only memory),具有掉电后信息保留的特点,又可以在线写入,自动覆盖之前的内容,且可以按页连续写入。Flash ROM 是近几年应用非常广泛的一种存储器,比如 AT89 系列单片机是 Atmel 公司将其先进的 Flash 存储器技术与 Intel 公司 MCS-51 系列单片机技术相结合的产品。Flash ROM 根据供电电压的不同,可分为两类:一类需用高压 12 V 进行编程的器件,型号为 28F 系列 28F256(32K×8 b)、28F512(64K×8 b)、28F010(128K×8 b)、28F020(256K×8 b);另一类是以+5 V 编程的,其型号通常为 29 系列 29C256(32K×8 b)、29C512(64K×8 b)、29C010(128K×8 b)、29C020(256K×8 b)。

7.2.1　片外程序存储器的扩展技术

程序存储器是用于存放程序和表格常数的。MCS-51 系列单片机中的 8031 无内部程序存储器 ROM;8051/8071 只有 4 KB 的片内 ROM 或 EPROM。当容量不够时,必须扩展片外的程序存储器才能构成一个完整的单片机应用系统。外部扩展的程序存储器通常采用 EPROM、E^2PROM、Flash ROM 等存储器芯片。如今片内 Flash 存储器单片机的发展,片内集成的程序存储器容量越来越大,外部扩展程序存储器已不是必需的,但作为一种技术进行介绍还是有必要的。

若 MCS-51 系列单片机片外有 16 条地址线,则最大寻址范围为 64 KB(0000H～FFFFH)。进行扩展时,应特别注意引脚$\overline{EA}$的用法。如果当$\overline{EA}$接高电平时,片内程序存储器的地址范围为 0000H～1FFFH(4 KB),片外程序存储器的地址范围为 1000H～FFFFH(60 KB);当$\overline{EA}$接低电平时,无论片内是否有程序存储器,只能访问片外程序存储器,其地址范围为 0000H～FFFFH(64 KB)。

MCS-51 系列单片机外部扩展程序存储器的基本硬件连接电路如图 7-9 所示。其中,P0 口(P0.0～P0.7)经地址锁存器接程序存储器的低 8 位地址线 A0～A7,P2 口(P2.0～P2.7)直接接到程序存储器的高 8 位地址线 A8～A15;P0 口(P0.0～P0.7)直接接程序存储器的 8 位数据线 D0～D7;片外程序存储器选通信号$\overline{PSEN}$接程序存储器的输出允许信号$\overline{OE}$,地址锁存允许信号 ALE 接地址锁存器的锁存信号 G。

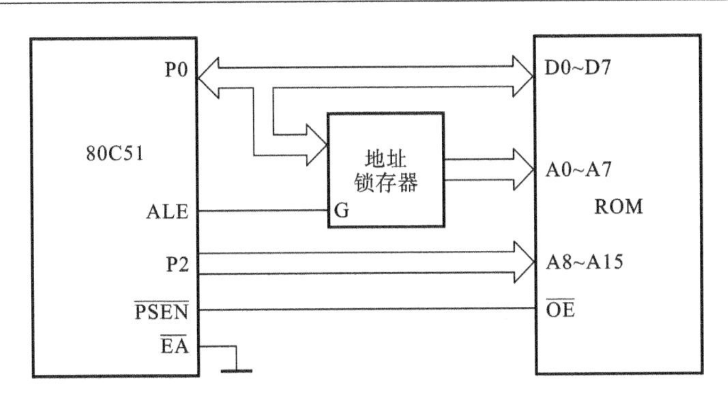

图 7-9　外部扩展程序存储器的一般电路

1. 典型的 EPROM 扩展电路

不同容量的 EPROM 扩展电路差别不大，主要就是地址线的数目不同。图 7-10 所示为两种典型 EPROM(2764、27128)的引脚排列图。芯片 27128 是容量为 16 KB 的 8 位 EPROM，为 DIP28 封装，它有 14 根地址线 A0～A13。容量为 8 KB 的芯片 2764 有 13 根地址线 A0～A12。两者接线完全相同，区别只在 A13(26 脚)。

引脚	2764	27128	引脚	2764	27128
1	V_{PP}	V_{PP}	28	V_{CC}	V_{CC}
2	A12	A12	27	$\overline{PGM}$	$\overline{PGM}$
3	A7	A7	26	NC	A13
4	A6	A6	25	A8	A8
5	A5	A5	24	A9	A9
6	A4	A4	23	A11	A11
7	A3	A3	22	$\overline{OE}$	$\overline{OE}$
8	A2	A2	21	A10	A10
9	A1	A1	20	$\overline{CE}$	$\overline{CE}$
10	A0	A0	19	O7	O7
11	O0	O0	18	O6	O6
12	O1	O1	17	O5	O5
13	O2	O2	16	O4	O4
14	GND	GND	15	O3	O3

图 7-10　典型的 EPROM 引脚排列图

例 7-1　在 80C51 单片机上扩展 16 KB 的 EPROM 程序存储器。

解　(1) EPROM 的选择　关键要满足程序容量。本例中既可以选用 1 片 16 KB 的 27128，也可以选用 2 片 8 KB 的 2764。这里仅介绍第一种方案，使用 1 片 27128。

(2) 引脚说明及硬件电路图。

A0～A13：14 根地址线输入端，其中低 8 位 A0～A7 通过锁存器 74LS373 与单片机的 P0 口连接，高 6 位 A8～A13 直接与 P2 口的 P2.0～P2.5 连接，锁存器的锁存使能端 G 与单片机 ALE 相连。

O0～O7：8 根数据线，与单片机的 P0 口相连。

$\overline{CE}$：片选信号输入线，“0”有效。只有当$\overline{CE}$为低电平时，27128 才被选中，否则不工作。只扩展 1 片 27128 时，其$\overline{CE}$可直接接地，表示它一直被选中，也可以通过余下的高位地址线译码后接$\overline{CE}$。

$\overline{PGM}$：编程脉冲输入线。

$\overline{OE}$：读选通信号输入线，“0”有效，接单片机的读选通信号$\overline{PSEN}$，用于读取程序存储器中的程序或常数。

V_{PP}：编程电源输入线。

V_{CC}：主电源输入线，一般为＋5 V。

使用 27128 扩展 16 KB 的程序存储器与单片机的连接电路如图 7-11 所示。

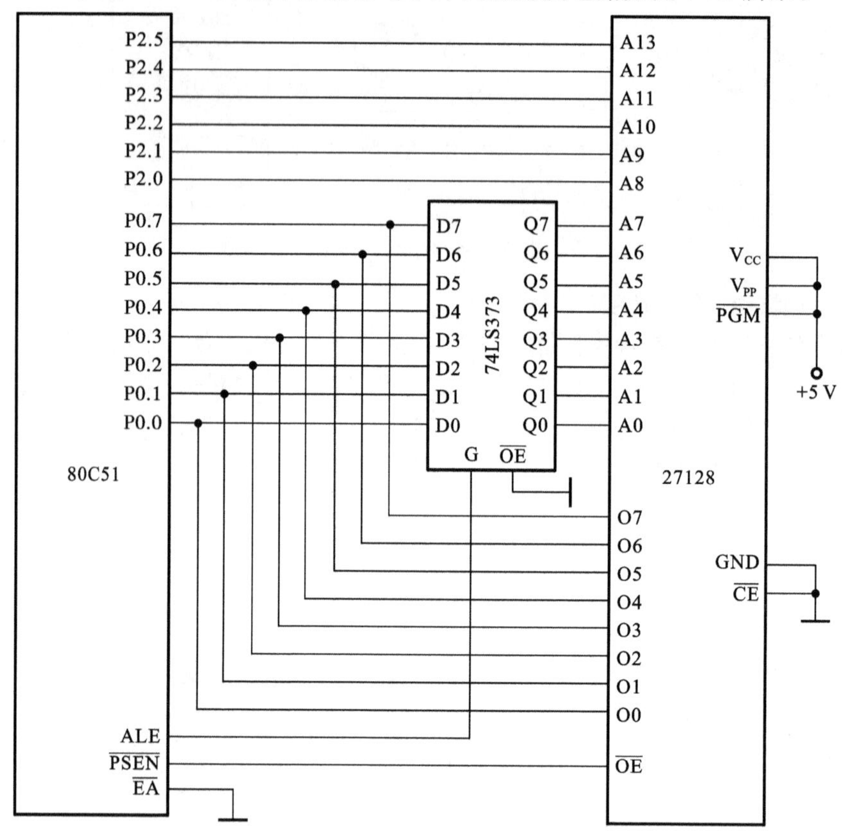

图 7-11　单片机片外扩展 27128 EPROM 连接电路

(3) 27128 地址范围的确定。

在图 7-11 中 27128 的 14 根地址线与单片机的低 14 位地址线相连，从而决定片内的 16 KB 寻址存储单元，每个单元为一个字节（8 位），16 KB 表示 16×1024（$=2^{14}$）个存储单元，可见单片机的高 2 位地址线与扩展存储器片内存储单元寻址无关。具体的地址范围如表 7-5 所示。

表 7-5　扩展 27128 的地址范围表

80C51	A15	A14	A13	A12	A11	A10	…	A8	A7	…	A0
	P2.7	P2.6	P2.5	P2.4	P2.3	P2.2	…	P2.0	P0.7	…	P0.0
27128			A13	A12	A11	A10	…	A8	A7	…	A0
首址	×	×	0	0	0	0	…	0	0	…	0
末址	×	×	1	1	1	1	…	1	1	…	1

表中×表示与 27128 无关的引脚，可取“0”或“1”，通常取“0”。为了满足程序存储器扩展必须从单片机复位后的地址即指针 PC＝0000H 开始的要求，A15、A14 取“0”，因此，27128 的地址范围是 0000H～3FFFH，共 16 KB 的容量。

本例电路中，27128 的片选端可以不直接接地，可以与 P2.6 或 P2.7 相连，或经过反相器相连，或经过译码器产生片选信号。该例可选用 2 片 8 KB 的 2764 实现扩展，以上情况读者自行分析。

2. 典型的 E²PROM 扩展电路

E²PROM 同 EPROM 一样可以在线读出其中的信息，也可以在线擦除和编程，既可以用作程序存储器，也可以用作数据存储器。作为程序存储器扩展使用时，其操作方法与 EPROM 的完全相同。作为数据存储器扩展使用时，其写入时间比 RAM 的要长，必须使用软件延时，以保证数据写入。常用 E²PROM 芯片有 2817A(2K×8 b)、2864A(8K×8 b)，它们的引脚排列如图 7-12 所示。

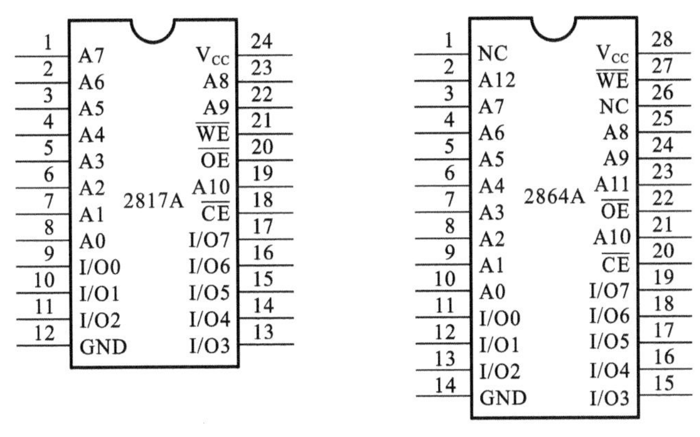

图 7-12　常用 E²PROM 引脚排列图

例 7-2　利用 2864A 在 80C51 单片机上扩展 8 KB 的 E²PROM。

解　(1) 2864A 的引脚说明及硬件电路图。

A0～A12：13 根地址线，80C51 的低 8 位地址线经锁存器 74LS373 接至 A0～A7，高 5 位地址线 P2.0～P2.4 接至 A8～A12。

I/O0～I/O7：8 根可输入/输出的数据线，直接与 P0 口相连。

$\overline{CE}$：片选线，直接接地，表示一直选中。

$\overline{OE}$：读允许线，80C51 的程序存储器读选通信号$\overline{PSEN}$和数据存储器读信号$\overline{RD}$经过“与”操作后，与 2864A 的读允许信号直接相连，只要两者其中一个为低电平，就可以对 2864A 进行读操作，使得 2864A 既可以当数据存储器使用，也可以当程序存储器使用。

$\overline{WE}$：写允许线，低电平有效，与 80C51 的数据存储器写信号$\overline{WR}$相连，只要执行外部数据存储器写操作指令 MOVX @DPTR，A，就可以将数据写入 2864A 的存储单元。

NC：空引脚。

(2) 2864A 地址范围的确定。

按照图 7-13 所示的连接方式，没有使用的引脚取“0”时，2864A 的地址范围是 0000H～1FFFH。

7.2.2　片外数据存储器的扩展技术

数据存储器 RAM 用来存放各种数据，比如系统参数、中间结果、现场采集数据等。MCS-51 系列单片机仅靠片内提供的 128 字节 RAM 远远不能满足系统的要求，故必须扩展外部数据存储器。

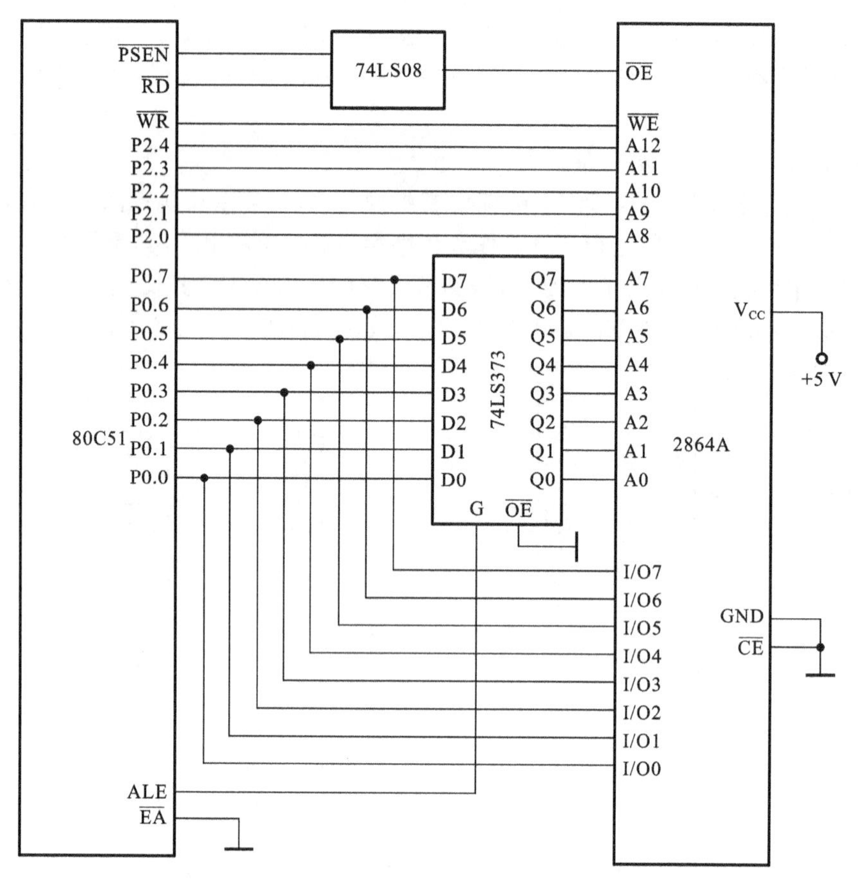

图 7-13　单片机片外扩展 2864A 的 E^2PROM 连接电路

MCS-51 系列单片机扩展片外数据存储器的地址线也是由 P0 口和 P2 口提供的，因此最大可扩展 64 KB。由于实际需要扩展的容量不大，故一般采用 SRAM 较方便。数据存储器的扩展与程序存储器的扩展类似，CPU 向 RAM 提供三种信号总线，连接方法也有两种，即线选法和全地址译码法，不同之处是控制信号的接法不一样。控制线不用$\overline{\text{PSEN}}$，而是用$\overline{\text{RD}}$、$\overline{\text{WR}}$。读信号$\overline{\text{RD}}$接数据存储器的输出允许$\overline{\text{OE}}$，写信号$\overline{\text{WR}}$接数据存储器的写允许信号$\overline{\text{WE}}$，$\overline{\text{EA}}$与数据存储器扩展无关，ALE 仍接地址锁存器的锁存信号 G。MCS-51 系列单片机与 RAM 的连接如图 7-14 所示。

目前，常用的 SRAM 有 6116(2K×8 b)、6264(8K×8 b)等，它们的引脚排列如图 7-15 所示。

例 7-3　利用 6264 在 8031 单片机上扩展 8KB SRAM。

解　(1) 6264 的引脚说明及硬件电路图。

A0～A12：13 根地址线，80C51 的低 8 位地址线经锁存器 74LS373 接至 A0～A7，高 5 位地址线 P2.0～P2.4 接至 A8～A12。

D0～D7：8 根可输入/输出的数据线，直接与 P0 口相连。

$\overline{\text{CE1}}$：片选线，直接接地，表示一直选中。

CE2 接高电平＋5 V。

$\overline{\text{OE}}$：输出允许线，与 80C51 的数据存储器读信号$\overline{\text{RD}}$直接相连。

$\overline{\text{WE}}$：写允许线，低电平有效，与 80C51 的数据存储器写信号$\overline{\text{WR}}$相连。

NC：空引脚。

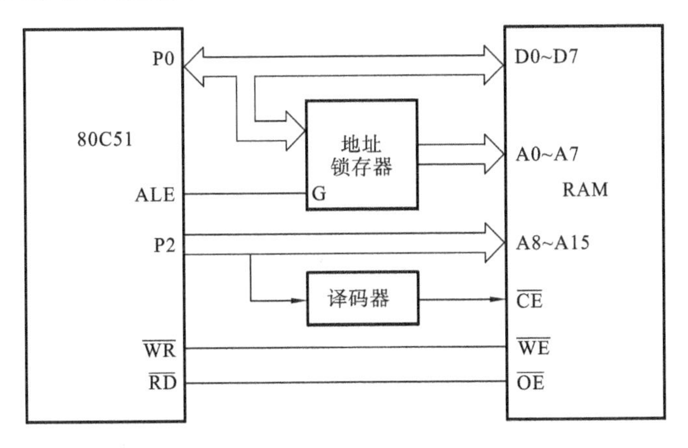

图 7-14　外部扩展数据存储器的一般电路

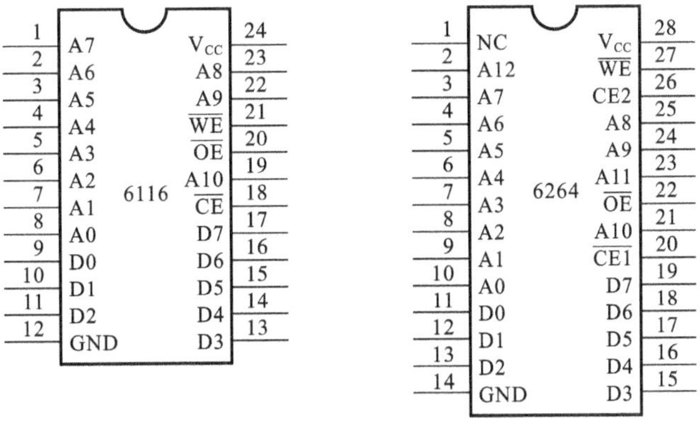

图 7-15　常见 SRAM 引脚排列图

(2) 6264 地址范围的确定。

按照图 7-16 所示的连接方式，没有使用的引脚取“0”时，6264 的地址范围是 0000H～1FFFH。

注意：单片机对片外数据存储器的读写可以使用如下指令。

```
MOVX   @DPTR, A          ;向 64KB 内写入数据
MOVX   A, @DPTR          ;从 64KB 内读取数据
MOVX   @Ri, A            ;向低 256B 内写入数据
MOVX   A, @Ri            ;从低 256B 内读取数据
```

例 7-4　设计程序从 6264 读出片外数据存储器 0245H 单元的数据。

```
READ:MOV   DPTR, #0245H       ;设 16 位地址指针
     MOVX  A, @DPTR           ;从指定单元读入一个字节数据内容
     RET
```

另外，外部 RAM 和外部 I/O 接口采用相同的读/写指令，二者是统一编址的。因此，当同时扩展二者时，就必须考虑地址的合理分配。线选法扩展会出现地址重叠，可能造成外部 RAM 与外部 I/O 口混址。为了确定唯一的地址范围，通常采用全地址译码法来实现地址的分配。

7.2.3　片外程序存储器/片外数据存储器的综合扩展技术

在实际系统中，往往需要将程序存储器和数据存储器一起进行扩展。存储器的综合扩展

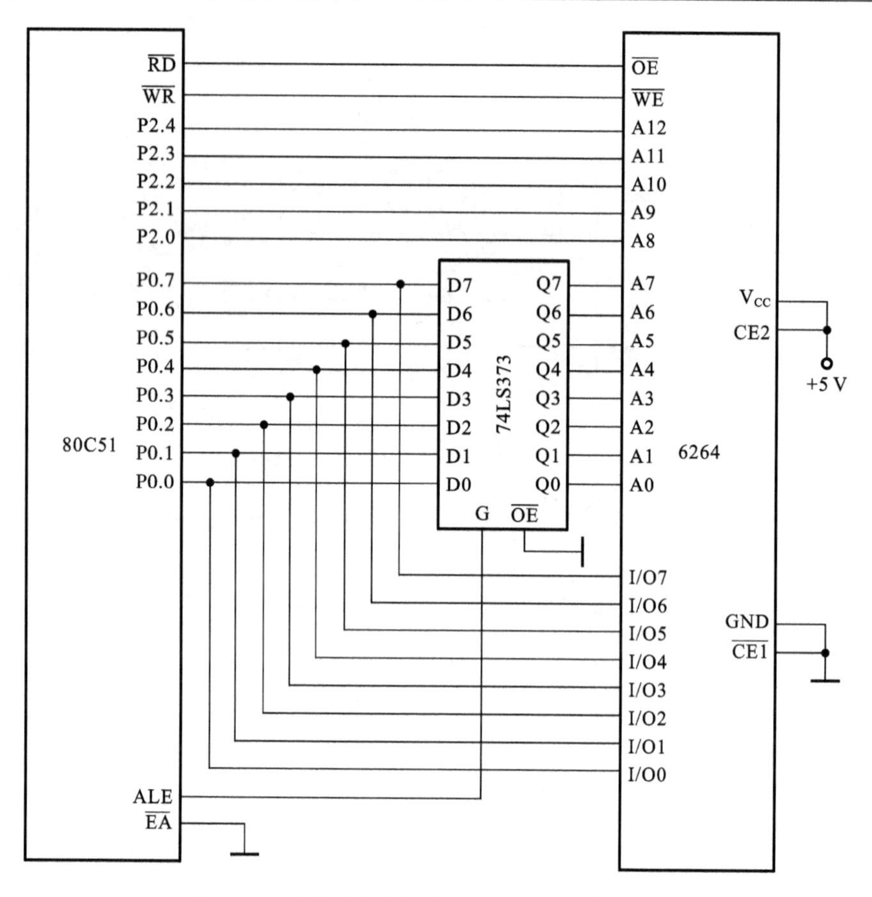

图 7-16　单片机片外扩展 6264 SRAM 连接电路

方法与其独立扩展方法类似，可以使用线选法和译码法。综合扩展时，应注意以下几个方面。

(1) 不同的程序存储器地址范围不能重叠。

(2) 不同的数据存储器和 I/O 口地址范围不能重叠。

(3) 程序存储器和数据存储器地址范围可以重叠。由于访问程序存储器使用 MOVC 类指令，它产生的$\overline{\text{PSEN}}$只能访问程序存储器；访问外部 RAM 的指令是 MOVX 类指令，它产生的$\overline{\text{WR}}$、$\overline{\text{RD}}$控制信号对访问 RAM 芯片有效。

例 7-5　采用译码器 74LS138 扩展 16 KB SRAM(6264)和 16 KB EPROM(2764)。要求：第一片程序存储器(IC1)的地址范围为 0000H～1FFFH；第二片程序存储器(IC2)的地址范围为 2000H～3FFFH；第一片数据存储器(IC3)的地址范围为 0000H～1FFFH；第二片数据存储器(IC4)的地址范围为 2000H～3FFFH。

解　各芯片对应的存储空间如下。

IC1 和 IC3：0000H～1FFFH

	P2.7	P2.6	P2.5	P2.4	P2.3	P2.2	P2.1	P2.0	P0.7	P0.6	P0.5	P0.4	P0.3	P0.2	P0.1	P0.0
首址	0	0	0	0	0	0	0	0	0	0	0	0	0	0	0	0
末址	0	0	0	1	1	1	1	1	1	1	1	1	1	1	1	1

IC2 和 IC4：2000H～3FFFH

	P2.7	P2.6	P2.5	P2.4	P2.3	P2.2	P2.1	P2.0	P0.7	P0.6	P0.5	P0.4	P0.3	P0.2	P0.1	P0.0
首址	0	0	1	0	0	0	0	0	0	0	0	0	0	0	0	0
末址	0	0	1	1	1	1	1	1	1	1	1	1	1	1	1	1

选用全地址译码法，选用 74LS138，只需将 P2.5、P2.6、P2.7 接至译码器的 A、B、C，其输出就可以向扩展芯片提供片选信号，因 IC1 和 IC3 、IC2 和 IC4 的地址范围相同，所以片选信号可以共用，$\overline{Y0}$、$\overline{Y1}$分别作为它们的片选信号。按照前面所述完成数据总线、地址总线及各自控制总线的连接。硬件电路如图 7-17 所示。

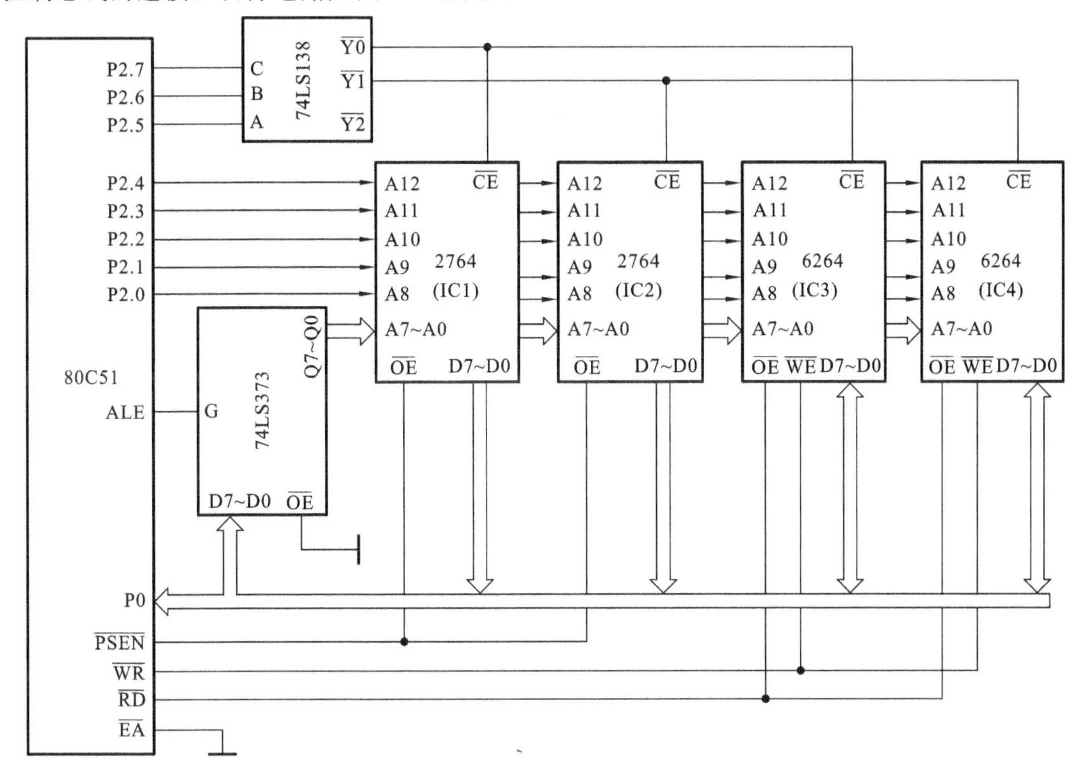

图 7-17　程序存储器和数据存储器扩展硬件电路

7.3　输入/输出接口的扩展技术

单片机输入/输出(I/O)接口是 CPU 和外部设备间进行信息交换的桥梁，是 I/O 芯片上起输入/输出作用的寄存器。I/O 接口电路是指在计算机和外部设备之间起连接或传输作用的芯片和器件。MCS-51 系列单片机共有四个 8 位的 I/O 口。但在扩展外部程序存储器、数据存储器时，P0 口用于低位地址线和数据线，P2 口用于高位地址线，P3 口常用于第二功能，只有 P1 口是空闲的。因此，在实际应用系统中，单片机的 I/O 口需要扩展，以便和更多的外设进行联系。

I/O 口的扩展方法主要有三种：简单的 I/O 口扩展、并行 I/O 口扩展、串行 I/O 口扩展。本节主要介绍前两种扩展方法。扩展时应注意以下几个方面。

(1) MCS-51 系列单片机片内并行 I/O 口与片内 RAM 统一编址，系统中没有设置专用的片内 I/O 口操作指令，均采用与片内 SFR 相同的指令操作。扩展的 I/O 口采用与数据存储器相同的寻址方法，所有扩展的 I/O 口均与片外 RAM 存储器统一编址，任何一个扩展 I/O 芯片根据地址线的选择方式不同，占用一个或多个片外 RAM 地址，且不能与片外 RAM 的地址发生冲突。

(2) 对片外 I/O 口的输入/输出操作指令与访问片外 RAM 的指令相同,即

```
MOVX   @DPTR, A
MOVX   @Ri, A
MOVX   A, @DPTR
MOVX   A, @Ri
```

(3) 扩展 I/O 口的硬件特性　不同 I/O 芯片的电气特性不同,扩展时充分考虑与之相连接的外设硬件电路的特性,如驱动功率、电平等。

(4) 扩展 I/O 口的软件特性　不同 I/O 芯片的操作方式不同,程序中应充分考虑入口地址、初始状态、工作方式的选择等。

(5) P0、P1、P2、P3 口的具体使用方法及驱动能力的差别　四个并行 I/O 口中,P1、P2、P3 口的输出级均接有内部上拉电阻,一般不用再外接上拉电阻,每一位输出能驱动四个 LS 型 TTL 负载。而 P0 口不同,它的输出端没有上拉电阻,当把它作为一般 I/O 口输出使用时,输出级是开漏电路,必须外接一定阻值的上拉电阻;当用作地址/数据总线时,不需要外接上拉电阻;P0 口作总线使用时,就不能再作一般 I/O 口使用,每一位可驱动 8 个 LS 型 TTL 负载。P0～P3 口都是准双向口,当作一般 I/O 口输入时,必须先向对应的端口锁存器写入“1”。

单片机的 I/O 端口具有一定的驱动负载能力,在有些系统中可以直接接外设,如开关、报警器、LED、键盘等简单的输入/输出装置常常连接至 P1 口,但是为了提高驱动能力,常外接驱动器(如使用 74LS240 反相驱动器),然后连接负载。

扩展 I/O 口常用的芯片有:TTL 或 CMOS 型锁存器、缓冲器和可编程的 I/O 芯片。使用锁存器、缓冲器可以完成简单的 I/O 口扩展;可编程接口芯片可以由 CPU 通过程序控制,实现不同的接口功能,使用更方便。MCS-51 系列单片机常用的两种可编程接口芯片是 8255A 和 8155。

7.3.1　简单的 I/O 口扩展技术

采用 TTL 或 CMOS 型锁存器、三态缓冲器作为并行 I/O 口扩展芯片,一般通过 P0 口进行扩展,即简单的 I/O 口扩展,属于并行总线型 I/O 口。用三态缓冲器扩展输入口,将数据通过 P0 口输入;用锁存器扩展输出口,将 P0 口输出的数据锁存输出。常用的输入接口芯片有 74LS244、74LS245 等,输出接口芯片有 74LS373、74LS273 等。这种扩展方法具有电路简单、成本低、配置灵活等优点。

图 7-18 所示的是简单 I/O 口扩展的一实例。选用 74LS244 作为扩展的输入口,外接 8 个开关按键,74LS273 作为扩展输出口,外接 8 个 LED 发光二极管。P0 口为 8 位数据线,既能从 74LS244 输入数据,又能把数据传送给 74LS273 输出。74LS244 为双 4 位三态门缓冲器,使能端$\overline{G1}$、$\overline{G2}$为低电平有效选通;74LS273 为 8D 触发器,清除端$\overline{CLR}$低电平有效,CP 端是时钟信号,当 CP 由低电平跳变为高电平时,D 端数据送至 Q 端。

输入控制信号由 P2.0 和$\overline{RD}$相或决定,当二者同时为低电平时,选通 74LS244。按键没有按下,上拉电阻将输入拉成高电平;按下按键,输入为低电平。$\overline{G1}$、$\overline{G2}$为低电平有效的使能端:当为高电平时,输出为高阻态,此时缓冲器对数据总线不产生影响,犹如缓冲器和总线隔离一般;当为低电平时,按键状态通过缓冲器输入,即没有按键按下时输入全为“1”,若某键按下则该键所在线输入为“0”。

输出控制信号由 P2.0 和$\overline{WR}$相或决定,当二者同时为低电平时,选通 74LS273。输出电

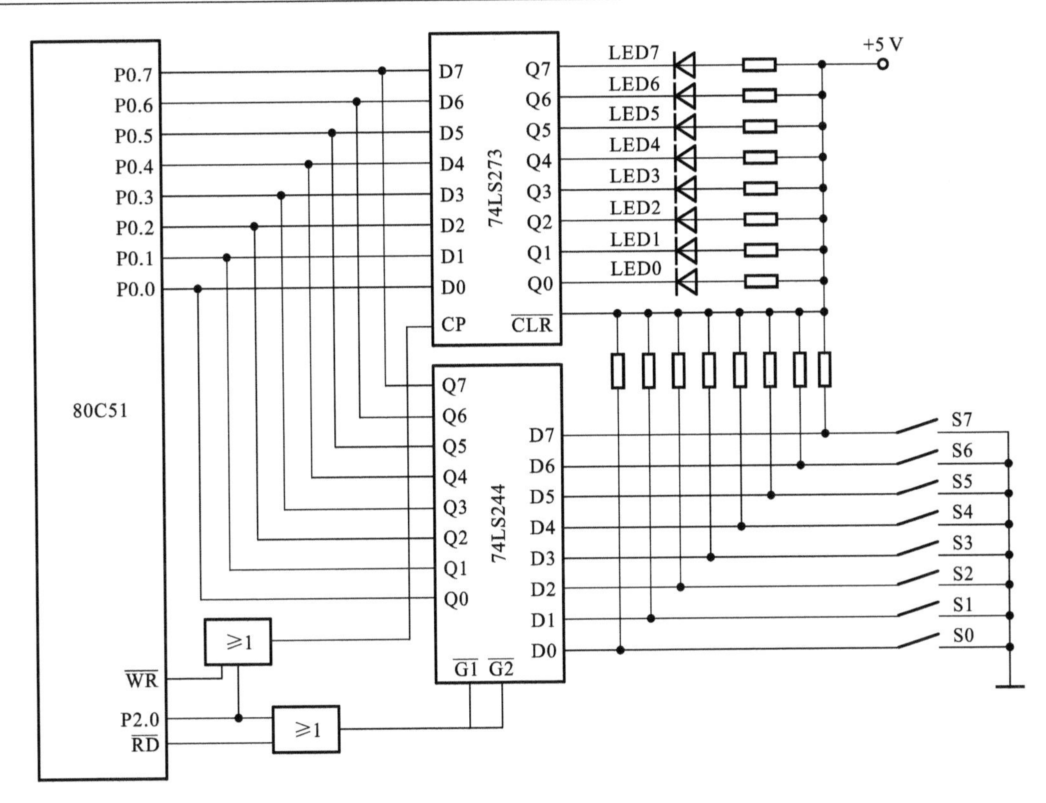

图 7-18　简单的并行 I/O 口扩展电路

路中，LED 通过限流电阻接至 5 V 电源，输出线为“0”对应的 LED 亮。CP 为锁存控制信号：当 CP 为低电平时，P0 口输出的数据直接通过锁存器输出，即 Q=D，输出随输入的变化而变化；当 CP 由低电平跳到高电平时，D 端数据锁存到 Q 端输出，以后锁存器将输出电路与总线隔离，总线上的数据不能通过锁存器改变输出电路的状态。当某线输出 $Q_i=0$ 时，对应的二极管发光，否则不亮。

由此可见，输入和输出都是在 P2.0 为低电平时有效，所以两个芯片的接口地址均可以是 FEFFH(此地址不唯一，只要保证 P2.0 为低电平即可)。输入/输出占有相同的地址空间，但由于分别受$\overline{RD}$、$\overline{WR}$控制，二者独立，故不会发生冲突。

MCS-51 系列单片机没有设置独立的 I/O 地址空间，外部扩展 I/O 口与外部扩展 RAM 统一编址。每个扩展的 I/O 口相当于一个外部的 RAM 单元，访问外部 I/O 口也同样使用指令 MOVX。执行读操作(输入数据)时，使用指令 MOVX　A，@DPTR，产生读$\overline{RD}$有效信号；执行写操作(输出数据)时，使用指令 MOVX @DPTR，A，产生写$\overline{WR}$有效信号。在地址空间分配上，一般外部 RAM 占用低地址部分空间，外部 I/O 尽量占用高地址部分空间，两者一起构成总量不超过 64KB，不能出现地址重叠。

例 7-6　如图 7-18 电路所示，要求实现按下任意键对应的 LED 发光的功能，试编写程序。

```
LOOP:MOV    DPTR，#0FEFFH    ;数据指针指向 I/O 口地址
     MOVX   A，@DPTR         ;检测按键，由 74LS244 读入开关状态
     MOVX   @DPTR，A         ;向 74LS273 写入数据，驱动相应的 LED
```

程序运行后，一个开关控制着一个 LED，任一按键的闭合或断开会使对应的 LED 灯亮或灭。按键并没有直接控制 LED，而是通过内部软件程序实现控制的。如果扩展的 I/O 口芯片

多,需要更多的 I/O 口选通信号,此时可采用译码法寻址。

7.3.2　可编程并行 I/O 口的扩展技术

可编程并行 I/O 口的扩展是指使用可编程并行接口芯片扩展 I/O 口。一个接口芯片可扩展多个并行 I/O 口,通过程序以软件的方式随时改变接口的功能,这种芯片称为可编程接口芯片。常用的两种可编程芯片是 8255A 和 8155。本节主要介绍 8255A 的扩展方法。

8255A 是由 Intel 公司生产的 NMOS 器件,输入和输出与 TTL 电平兼容,电流最大为 120 mA。它有三个 8 位并行 I/O 接口,具有三种工作方式,可通过编程改变其功能,它与单片机接口方便,使用灵活,通用性强。

1. 8255A 的引脚功能及内部结构

8255A 是一个 40 引脚的双列直插集成芯片。其引脚结构如图 7-19 所示。

引脚	8255A		引脚
1	PA3	PA4	40
2	PA2	PA5	39
3	PA1	PA6	38
4	PA0	PA7	37
5	$\overline{RD}$	$\overline{WR}$	36
6	$\overline{CS}$	RESET	35
7	GND	D0	34
8	A1	D1	33
9	A0	D2	32
10	PC7	D3	31
11	PC6	D4	30
12	PC5	D5	29
13	PC4	D6	28
14	PC0	D7	27
15	PC1	V_{CC}	26
16	PC2	PB7	25
17	PC3	PB6	24
18	PB0	PB5	23
19	PB1	PB4	22
20	PB2	PB3	21

图 7-19　8255A 引脚图

1) 引脚功能

(1) D7～D0　三态双向数据线,与单片机数据总线相连,用来传送数据、命令和状态字。

(2) PA 口(PA7～PA0)、PB 口(PB7～PB0)、PC 口(PC7～PC0)　三个 8 位并行 I/O 口,用于 8255A 与外设间的数据传送。

(3) 读写控制逻辑线。

$\overline{CS}$　片选信号,低电平有效,接单片机的地址总线。

$\overline{RD}$　读信号,低电平有效,接单片机的读($\overline{RD}$)信号,允许数据从 8255A 读出至单片机。

$\overline{WR}$　写信号,低电平有效,接单片机的写($\overline{WR}$)信号,允许单片机输出数据至 8255A。

A1、A0　端口选择信号,接单片机的地址总线,当 8255A 被选中时,A1、A0 的四种组合(00、01、10、11)分别用于控制 PA、PB、PC 和控制口。

RESET　复位信号,高电平有效,一般与单片机的复位相连,复位后,8255A 所有内部寄存器清"0",所有口被置成输入方式。

2) 内部结构

8255A 由三个并行数据输入/输出端口、两个工作方式控制电路、一个读/写控制逻辑电路和一个 8 位数据总线缓冲器组成,如图 7-20 所示。

(1) 数据端口 PA、PB、PC　它们均为 8 位 I/O 数据端口,但结构上略有差别。PA 口由一个 8 位的数据输出缓冲/锁存器和一个 8 位的数据输入缓冲/锁存器组成;PB 口、PC 口都是由一个 8 位的数据输出缓冲/锁存器和一个 8 位的数据输入缓冲(不锁存)组成。三个端口都可以和外设相连,分别传送外设的输入/输出数据或控制信息。通常,PA 口和 PB 口可作为数据输入/输出端口。PC 作为控制/状态信息端口,它在方式控制字的控制下可分为两个 4 位锁存器,分别与 PA 口和 PB 口配合使用,作为控制信号输出或状态信息输入端口;在工作方式 0 时,PC 口可用作输入或输出。

(2) 工作方式控制电路　控制电路包括 A 组、B 组控制电路,它们将三个端口分成 A、B 两组,A 组控制电路控制 PA 口和 PC 口的高 4 位 PC7～PC4,B 组控制电路控制 PB 口和 PC

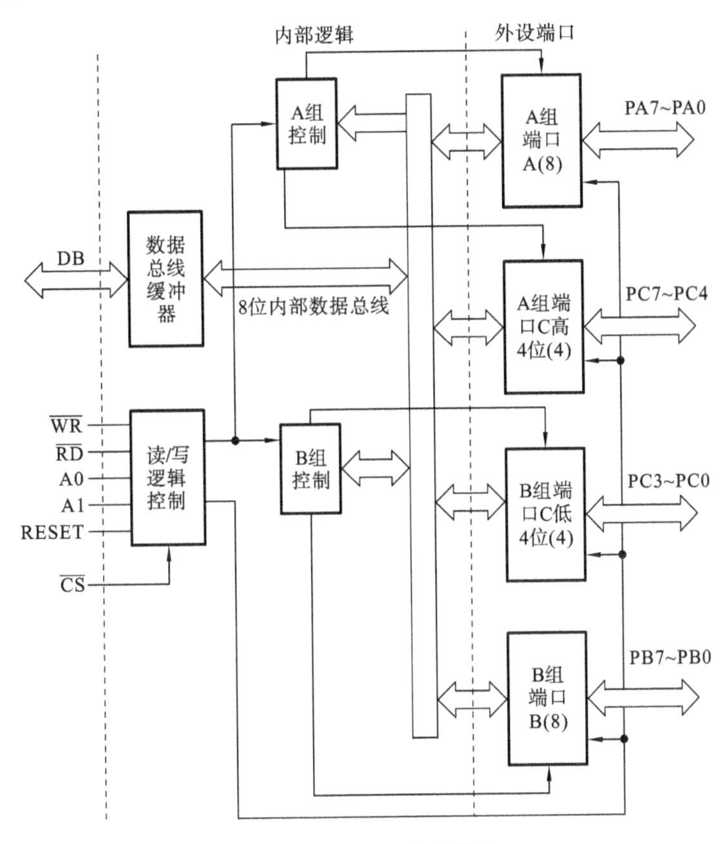

图 7-20　8255A 内部结构

口的低 4 位 PC3～PC0。PC 口高四位提供 PA 口所需的控制信号，PC 口低四位提供 PB 口所需的控制信号。A、B 组根据 CPU 的控制字决定工作方式。

(3) 总线数据缓冲器　总线数据缓冲器是一个三态双向 8 位缓冲器，用来传送数据、指令、控制命令及外部状态信息。

(4) 读/写控制逻辑电路　这部分电路用来接收 CPU 传送来的一些控制信号，如读/写信号、端口选择地址信号、片选信号，以控制 8255A 的操作。

2. 8255A 端口的寻址

PA、PB、PC 口的操作都必须通过端口地址实现，每个 I/O 口都有自己独立的口地址，并且它们的工作方式(作为输入口或输出口)由 CPU 传送来的控制字决定。8255A 内部设置了控制寄存器，用来存放控制字，故控制寄存器也要有一个独立的地址供 CPU 操作，这个口一般称为控制口，占用一个端口地址。一片 8255A 共需四个端口地址——PA 口、PB 口、PC 口和一个控制口。在实际应用中，端口地址通常由 $\overline{CS}$、A1、A0 共同确定，如表 7-6 所示。

表 7-6　8255A 的端口选择

$\overline{CS}$	A1	A0	$\overline{RD}$	$\overline{WR}$	数据传送方向
0	0	0	0	1	PA 口→数据总线
0	0	0	1	0	PA 口←数据总线
0	0	1	0	1	PB 口→数据总线
0	0	1	1	0	PB 口←数据总线

续表

$\overline{CS}$	A1	A0	$\overline{RD}$	$\overline{WR}$	数据传送方向
0	1	0	0	1	PC 口→数据总线
0	1	0	1	0	PC 口←数据总线
0	1	1	0	1	无效
0	1	1	1	0	数据总线→控制寄存器
0	×	×	1	1	数据总线为三态
1	×	×	×	×	数据总线为三态

扩展 I/O 口时，$\overline{CS}$、A1、A0 一起接单片机的地址总线，构成单片机访问 8255A 的四个端口在系统中的 16 位地址信号。一般情况下，A1、A0 接单片机低位地址总线的 A1、A0，$\overline{CS}$根据实际系统地址分配情况连接高位地址线。

例 7-7　利用 8255A 扩展并行 I/O 口时，将$\overline{CS}$接 A7，A1、A0 接至单片机地址总线的 A1、A0，其他没接到 8255A 的地址线为“1”。试分析 8255A 的四个端口 PA 口、PB 口、PC 口、控制口的访问地址。

解　按照题意要求，可分析得出各个端口地址如下。

80C51	P2.7	P2.6	P2.5	P2.4	P2.3	P2.2	P2.1	P2.0	P0.7	P0.6	P0.5	P0.4	P0.3	P0.2	P0.1	P0.0
80C51	A15	A14	A13	A12	A11	A10	A9	A8	A7	A6	A5	A4	A3	A2	A1	A0
PA 口	1	1	1	1	1	1	1	1	0	1	1	1	1	1	0	0
PB 口	1	1	1	1	1	1	1	1	0	1	1	1	1	1	0	1
PC 口	1	1	1	1	1	1	1	1	0	1	1	1	1	1	1	0
控制口	1	1	1	1	1	1	1	1	0	1	1	1	1	1	1	1

故 PA 口、PB 口、PC 口、控制口的访问地址分别为 FF7CH、FF7DH、FF7EH、FF7FH。

3. 8255A 的控制字

通过 CPU 向控制口写入控制字来决定 8255A 的 PA 口、PB 口、PC 口的工作方式。它有两个控制字：工作方式控制字和 PC 口置/复位控制字。用户通过程序把这两个控制字写到 8255A 的控制寄存器(A1＝1，A0＝1)，不同控制字的识别是通过特征位 D7 位标识的。控制字的格式如图 7-21 所示。

图 7-21(a)所示为工作方式控制字，是用来设置三个并行 I/O 口作输入口还是输出口，并设置 8255A 的工作方式。由控制字可看出，PA 口有三种工作方式，PB 口有两种工作方式，PC 口只有一种工作方式(工作方式 0)。各 I/O 口的输入/输出的定义位为“0”时，作为输出口使用；为“1”时，作为输入口使用。最高位为控制字的特征位，D7 为“1”，表示该控制字为工作方式控制字。

例 7-8　设 8255A 控制字寄存器的地址为 FF7FH，试编程使 PA 口为方式 0 输出，PB 口为方式 0 输入，PC4～PC7 为输出，PC0～PC3 为输入。

解　根据要求可得控制方式控制字为 10000011B＝83H，其程序如下。

```
MOV     DPTR, #0FF7FH      ;控制口地址
MOV     A, #83H            ;工作方式控制字
MOVX    @DPTR, A           ;写控制字到控制口
```

图 7-21(b)所示为 PC 口置/复位控制字，通过把控制字送入 8255A 的控制寄存器，可以将

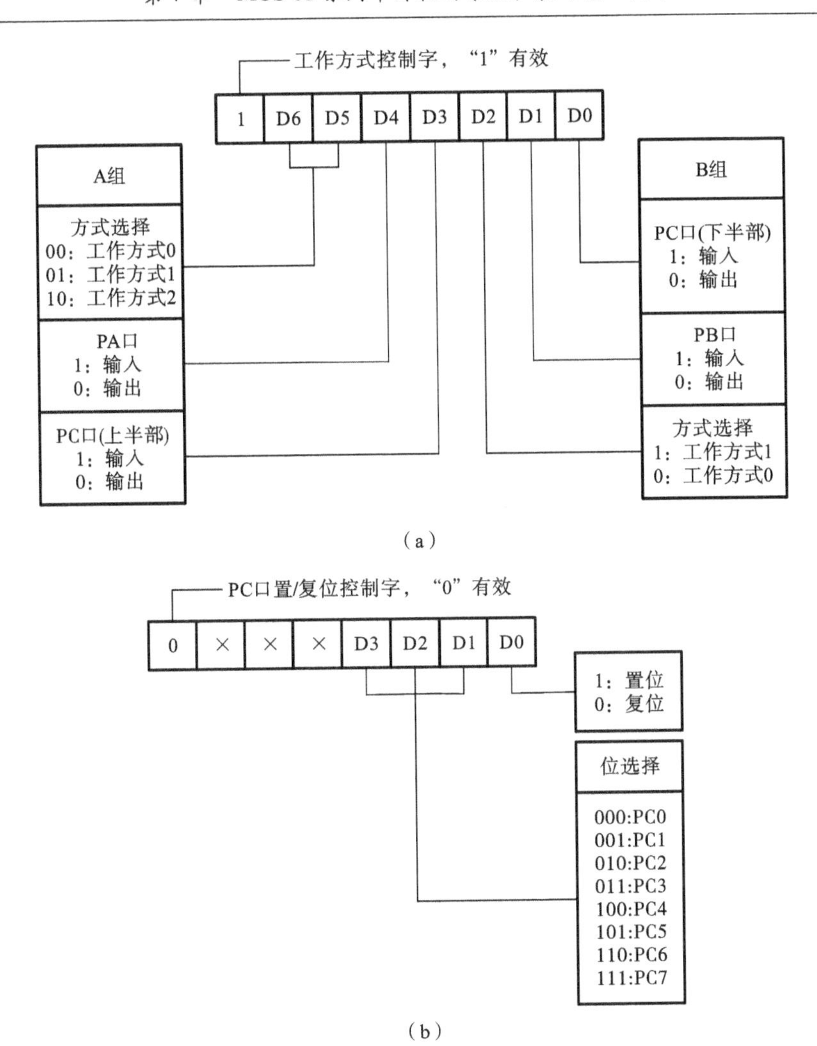

图 7-21　8255A **控制字的格式**

(a) 工作方式控制字　(b) PC 口置/复位控制字

PC 口某位置“1”或清“0”，且不影响其他位的状态，因此，又可称为 PC 口位操作控制字。这样可以使 PC 口具有位操作功能，方便实现某些位控制。D0 表示输出的数值，“0”为低电平，“1”为高电平；D3～D1 表示要进行位操作的位。此时，该控制字的特征位 D7＝0。

例 7-9　设 8255A 控制字寄存器的地址为 F3H，试编程使 PC1 置“1”，PC3 清“0”。

```
MOV     R0，#0F3H
MOV     A，#03H          ;PC1 置“1”控制字
MOVX    @R0，A
MOV     A，#06H          ;PC3 清“0”控制字
MOVX    @R0，A
```

这两个控制字是写入同一个控制口，通过最高位 D7(特征位)作为控制字的识别位，特征位的不同表示不同的控制字，与写入控制字的顺序无关。

4. 8255A 的工作方式

8255A 有三种工作方式：方式 0、方式 1、方式 2。方式的选择是通过写控制字的方式实

现的。

1) 方式 0(基本输入/输出方式)

在方式 0 中,三个端口都可以由程序设置为输入或输出,但不能既作输入又作输出。作为输出口时,输出数据有锁存;作为输入口时,输入数据不锁存,数据仅被缓冲。方式 0 适用于无条件传送方式,单片机通过读/写指令直接对外设进行操作,不用任何应答联络信号。这种方式要求外设随时是准备好的,如键盘、显示器。在方式 0 中,也可以采用查询传送方式,用于需要联络控制信号的系统中,此时,将 PA、PB 口作为数据输入口或输出口,人为定义 PC 口为控制信号,提供外设状态、外设选通信号,为 PA、PB 口的数据输入/输出操作服务。

2) 方式 1(选通输入/输出方式)

PA、PB 口都可以单独设置为方式 1,作为数据的输入或输出口,而 PC 口自动提供固定关系的选通信号和应答信号,专为 PA 口、PB 口的数据输入/输出操作服务。此时,三个端口被分为两组,即 A 组和 B 组。A 组包括 PA 口和用作控制联络信号的 PC 口的高四位;B 组包括 PB 口和用作控制联络信号的 PC 口的低四位。单片机可通过写图 7-21(a)所示的控制字独立定义任一组为方式 1 输入或输出。每个数据端口输出和输入均有锁存功能。方式 1 适用于查询或中断方式的数据传送。

3) 方式 2(双向输入/输出方式)

只有 A 组可使用方式 2,此时 PA 口为双向输入/输出口,PC 口的高五位(PC7～PC3)为 PA 口的控制联络位。此时,PA 口为 8 位双向数据口,既能发送数据,又能接收数据,CPU 通过 PA 口能够与外设进行双向通信。PB 口不能工作在方式 2,但仍可工作在方式 0 或方式 1。

5. 8255A 与 MCS-51 系列单片机的连接

8255A 具有三个 I/O 口,三种工作方式,是一种功能很强的并行输入/输出接口。它与单片机的接口只需要一个 8 位的地址锁存器和一个地址译码器(有时可以不用)。锁存器用来锁存 P0 口输出的低 8 位地址信息,地址译码器用来确定扩展芯片的片选端。这样,8255A 的输出可与键盘、显示器及其他扩展元件连接,从而实现单片机与各种外部设备的连接。图 7-22 所示为 8255A 与单片机 80C51 的接口电路。

8255A 的 8 根数据线 D7～D0 直接接单片机的数据总线 P0 口,控制线的$\overline{RD}$、$\overline{WR}$接单片机的$\overline{RD}$、$\overline{WR}$,复位线 RESET 与单片机的复位端相连,接到复位电路。

$\overline{CS}$、A1、A0 接单片机的地址总线,构成 8255A 的端口地址。P0.7、P0.1、P0.0 经锁存器 74LS373 后分别接至$\overline{CS}$、A1、A0。此时将单片机其余无关地址线设为"1",则 8255A 的 PA、PB、PC 及控制口的端口地址分别为:FF7CH、FF7DH、FF7EH、FF7FH。此时,$\overline{CS}$的接法不唯一,实际使用时,根据系统地址分配情况考虑,一般通过地址译码得到,以免发生地址冲突。在图 7-22 所示电路中,如果将$\overline{CS}$接 P2.0,则 8255A 的四个端口地址为:FEFCH、FEFDH、FEFEH、FEFFH。

例 7-10　8255A 与单片机的硬件连接电路如图 7-22 所示,PA 口作输出口,接 8 个 LED 发光二极管,PB 口作输入口,接 8 个按键开关,PC 口不用,都工作在方式 0。外部输入/输出电路的连接类似于图 7-18 中的连接,要实现"按下任意键,对应的 LED 灯发光",相应的程序如下。

```
        MOV     DPTR, #0FF7FH       ;指向 8255A 的控制口
        MOV     A, #82H             ;设置工作方式控制字
        MOVX    @DPTR, A            ;向控制口写控制字
```

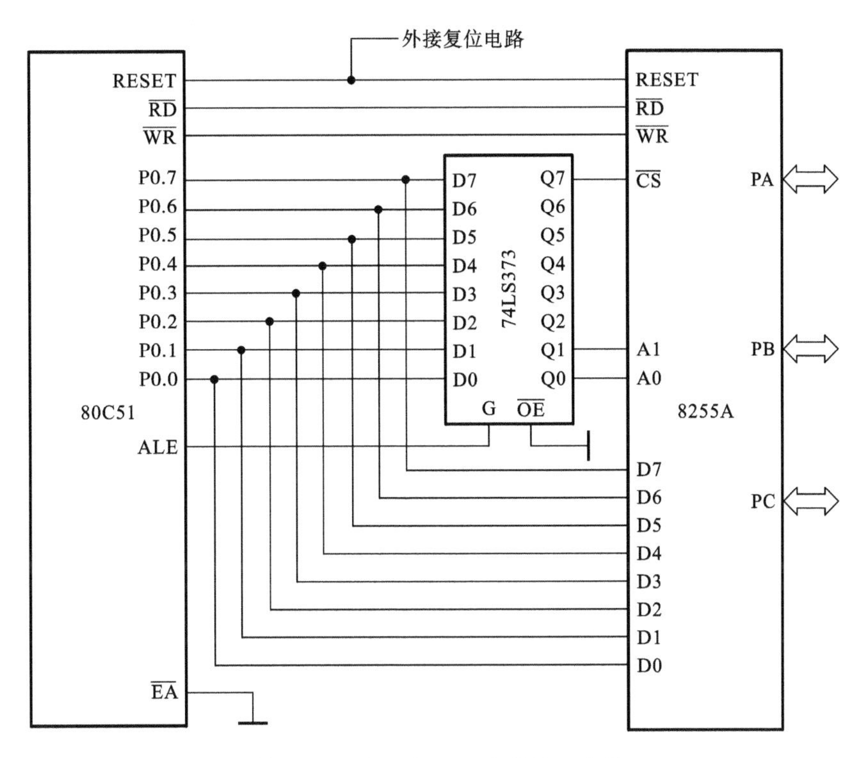

图 7-22　80C51 与 8255A 的接口电路

```
LOOP:  MOV     DPTR, #0FF7DH      ;指向 8255A 的 PB 口
       MOVX    A, @DPTR           ;读 PB 口的按键状态
       MOV     DPTR, #0FF7CH      ;指向 8255A 的 PA 口
       MOVX    @DPTR, A           ;从 PA 口输出,驱动 LED 发光
       SJMP    LOOP
```

7.4　管理功能部件的扩展技术

在实际应用的单片机系统中,常常需要连接键盘、显示器等外设,这些部件都称为单片机的管理功能部件。键盘作为输入设备,用来向单片机输入数据、传送命令、功能切换,是人工干预单片机应用系统的主要手段;显示器作为输出设备,用于显示系统当前的运行状态、运行结果等,便于人们观察和监视系统的运行情况。本节主要介绍键盘、显示器的工作原理及外围接口的基本结构、原理和方法。

7.4.1　键盘接口技术

键盘由一些规则排列的按键组成,一个按键实际是一个开关。键盘包括数字键(0～9)、字母键(A～Z)和一些功能键,操作人员通过键盘向计算机输入数据、地址、指令或其他控制命令,实现简单的人机通信。

1. 键盘的工作原理

用于计算机系统的键盘通常有两类:编码键盘和非编码键盘。它们的主要区别是识别键符及给出相应键码的方法不同。编码键盘主要是用硬件来实现对键的识别,每按下一个键,键盘能自动生成键盘代码;非编码键盘主要是由软件来实现键盘的定义与识别,并由软件计算编码。

编码键盘能够由硬件逻辑自动提供与键对应的编码(如 BCD 码、ASCII 码),同时产生一个脉冲信号,通知 CPU 接收,此外,一般还具有去抖动和多键、窜键保护电路。这种键盘方便,但需要较多的硬件,价格昂贵,一般的单片机系统较少采用。

非编码键盘只简单提供行和列的矩阵、按键的通/断信号,对于按键的去抖动、按键编码的产生以及键码的识别等工作均由软件完成。这种键盘具有结构简单、经济实用等特点,因此在单片机系统中普遍采用非编码键盘。这种键盘有独立式和矩阵式两种结构,在接口设计中要解决键的识别、键抖动的消除、键的保护等问题。下面以非编码键盘为例进行介绍。

1) 按键的识别

当所设置的功能键或数字键被按下时,单片机系统完成该按键所设定的功能,键信息输入与软件结构密切相关。

对于一组键或一个键盘,总有一个接口电路与单片机相连。单片机可采用查询或中断方式判断有无键输入,并检查哪个键被按下,将该键号送入累加器 A,然后通过跳转指令转入执行该键的功能程序,执行完后再返回主程序。本节以扫描法为例,介绍非编码键盘的接口电路。

2) 键抖动的消除

单片机系统中使用的键盘按键是一种常开型按钮开关,没有按下时,按键的两个触点处于断开状态,按下时才闭合,开关电路如图 7-23 所示。当按键 K 没有被按下时,P1.7 输入为高电平;K 被按下,P1.7 输入为低电平。通常的按键为机械触点开关,按键按下或释放时,由于机械弹性作用的影响,闭合时不会马上稳定地接通,断开时也不会一下子断开,总会伴有一定的抖动,然后才达到稳定,其抖动波形如图 7-24 所示。抖动时间的长短与开关的机械特性有关,一般为 5～10 ms。

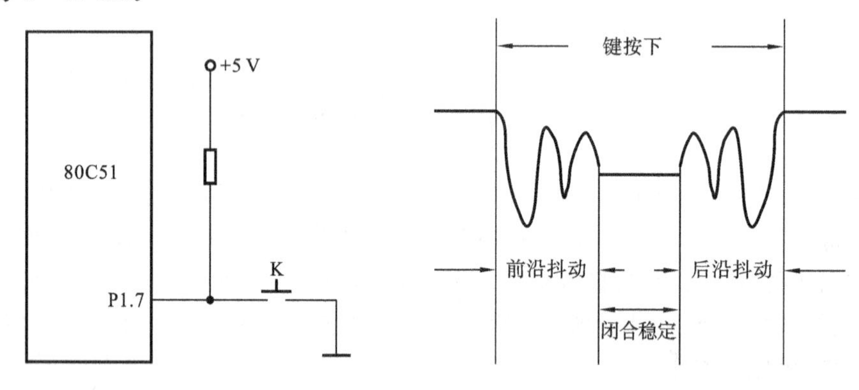

图 7-23　开关按键电路　　　　图 7-24　按键抖动波形示意图

在触点抖动过程中,单片机不能接收到正确、稳定的电平信号,会引起单片机对一次按下键或断开键进行多次处理,从而导致判断出错。因此,必须对按键采取去抖动措施。消除键抖动有硬件和软件两种方法,在键数较少时,可使用硬件去抖动,当键数较多时,采用软件去抖动。

(1) 硬件方法　硬件去抖动的方法很多,在按键输出端加 R-S 触发器或 *RC* 滤波电路。图 7-25 所示的是一种双稳态 R-S 触发器构成的去抖动电路,当触发器一旦翻转,触点抖动不会对其产生任何影响。按键没有按下时,A=0,B=1,输出 Q=1;按键按下时产生抖动。当开关没有稳定到达 B 端时，因与非门 D 输出为“0”，反馈到与非门 C 的输入端，封锁了与非门 C，双稳态电路的状态不会改变，输出保持为“1”，输出 Q 端不会产生抖动的波形；当开关稳定到达 B 端时，因为 A＝1，B＝0，使 Q＝0，双稳态电路状态发生翻转。当释放按键时，在开关没有稳定到达 A 端时，因 Q＝0，封锁了与非门 D，双稳态电路状态不变，状态 Q 保持不变，消除了后沿的抖动波形；当开关稳定到达 A 端时，因 A＝0，B＝1，使 Q＝1，双稳态电路状态发生翻转，输出 Q 重新返回原来的状态。可见，按键输出经 R-S 触发器后，输出为规范的矩形波。

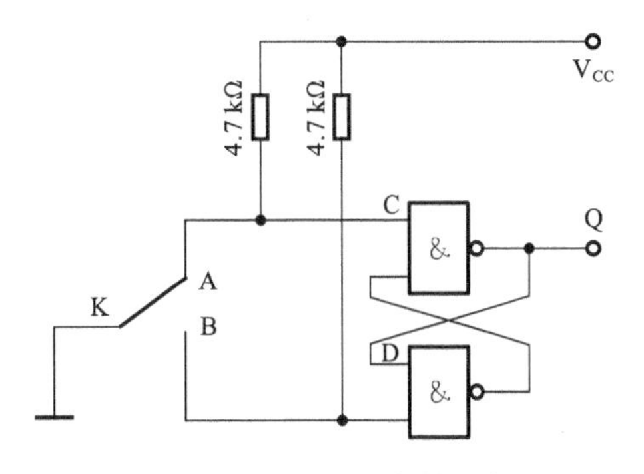

图 7-25　R-S 触发器去抖动电路

(2) 软件方法　软件上采取的具体措施是，在单片机检测到按键按下时，先调用执行一段延时 10 ms 左右的子程序，再检测此按键，若仍为按下状态电平，则单片机确认该键按下。同理，在检测到该键释放后也要延时 10 ms 左右才能确认该键释放，从而转入键处理程序，以消除抖动的影响。

2. 独立式键盘

非编码键盘的按键排列有独立式和矩阵式两种结构，在单片机实际应用系统中，如果只需要几个功能键，可采用独立式键盘结构。

1) 独立式键盘的硬件结构

独立式键盘是指直接用 I/O 口构成的单个按键电路。每个键单独占用一根 I/O 端口线，每根 I/O 线的工作状态不会影响其他 I/O 口线的工作状态。其典型电路如图 7-26 所示，按键输入采用低电平有效，没有按键按下时，所有数据输入线都处于高电平状态；当任何一个键按下时，相应的数据输入线被拉成低电平，要判断是否有键按下，只需用位操作指令。上拉电阻保证了按键断开时，I/O 端口线有确定的高电平，当 I/O 口内部有上拉电阻时，外电路可以不接上拉电阻。

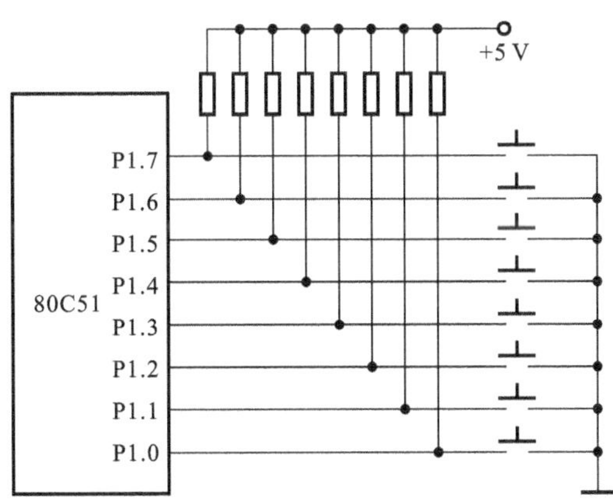

图 7-26　独立式键盘电路

2) 独立式键盘的软件结构

这种键盘的软件设计可采用中断或查询。在中断方式下，按键通常连接到外部中断源，比如 INT0 或 INT1、T0、T1 等。编写软件程序时，需在主程序中将相应的中断允许打开，为中断服务做准备，各个按键的功能应在相应的中断子程序中完成。利用查询方式工作时，应先逐位查询每根 I/O 端口线的输入状态，假设某根 I/O 端口线的输入为低电平，可以确认该 I/O 口线所对应的按键已按下，继而转向该键的功能处理程序。针对图 7-26 所示电路，利用查询方式的相应软件程序如下。

```
          ORG    0000H
          AJMP   START
          ORG    0100H
START：  MOV    P1, #0FFH      ;置 P1 为输入口
          MOV    A, P1           ;读入 P1 口的状态
          JNB    ACC.0, KEY0     ;ACC.0 是否为 0,为 0 时 P1.0 对应的按键按下,
                                 转 KEY0
          JNB    ACC.1, KEY1     ;ACC.1 是否为 0,为 0 时 P1.1 对应的按键按下,
                                 转 KEY1
          JNB    ACC.2, KEY2     ;ACC.2 是否为 0,为 0 时 P1.2 对应的按键按下,
                                 转 KEY2
          JNB    ACC.3, KEY3     ;ACC.3 是否为 0,为 0 时 P1.3 对应的按键按下,
                                 转 KEY3
          JNB    ACC.4, KEY4     ;ACC.4 是否为 0,为 0 时 P1.4 对应的按键按下,
                                 转 KEY4
          JNB    ACC.5, KEY5     ;ACC.5 是否为 0,为 0 时 P1.5 对应的按键按下,
                                 转 KEY5
          JNB    ACC.6, KEY6     ;ACC.6 是否为 0,为 0 时 P1.6 对应的按键按下,
                                 转 KEY6
          JNB    ACC.7,KEY7      ;ACC.7 是否为 0,为 0 时 P1.7 对应的按键按下,
                                 转 KEY7
          SJMP   START           ;返回,继续检测
KEY0：    ⋮                      ;0 键对应的键功能处理程序
          LJMP   START           ;返回,继续查询按键状态
KEY1：    ⋮                      ;1 键对应的键功能处理程序
          LJMP   START           ;返回,继续查询按键状态
  ⋮       ⋮
KEY7：    ⋮                      ;7 键对应的键功能处理程序
          LJMP   START           ;返回,继续查询按键状态
          END
```

本程序中没有考虑按键的抖动问题，没有相应的按键处理程序，请读者自行完善。

3. 矩阵式键盘

在单片机系统中，当按键较多时，为了少占用 I/O 端口线，常采用矩阵式即行列式键盘。

1）矩阵式键盘的结构及工作原理

矩阵式键盘由行线和列线组成，按键位于行线和列线的交叉点，其结构如图 7-27 所示。一个 4×4 的行列结构可以构成一个含有 16 个按键的键盘，占用 8 个 I/O 端口线，如果使用独立式键盘则需要 16 个 I/O 端口线。可见矩阵式键盘较独立式键盘可节省很多 I/O 端口线，

但软件设计要复杂些。

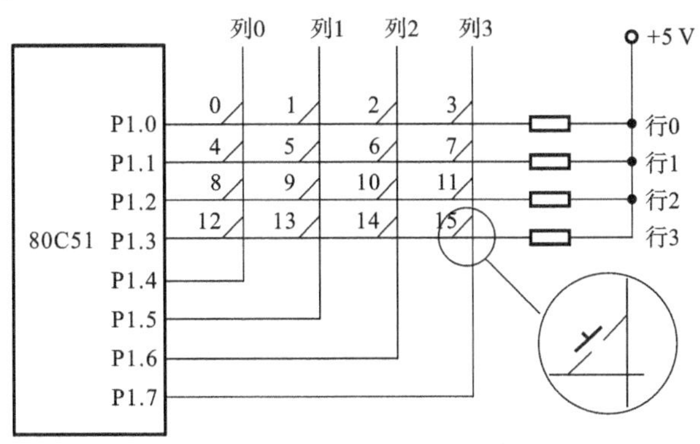

图 7-27 矩阵式键盘电路

矩阵式键盘采用行列电路结构,行列线分别连接到按键开关的两端,列线为输出口,行线为输入口,行线通过上拉电阻接+5 V。当没有按键按下时,所有行线与列线断开,行线处于高电平状态;当有键按下时,该键对应的行、列线将短接导通,行线电平将由与其相连的列线电平决定。这是识别按键是否按下的关键。同样,键的按下与释放会引起抖动,为了保证 CPU 对键的闭合作一次处理,必须有去抖动处理。

2) 矩阵式键盘的识别

矩阵式键盘的识别常采用扫描法,包括以下两个步骤。

步骤 1 判断有无键按下。从列线输出口输出全为"0"(称为全扫描字),然后读入行线输入口的状态,如果没有键按下,行线输入全部为高电平,若有某个键按下,行线输入为非全"1"状态,肯定有"0"的行线。

步骤 2 判断哪个键按下。在有键按下后,从列线输出口逐列输出"0"(称为列扫描字)进行扫描。列扫描字是对要扫描的列输出"0",其他列输出"1"。在图 7-27 所示键盘中,列输出口 P1.4~P1.7 的列扫描字依次为 0111、1011、1101、1110。每扫描一列都读入行线状态,全"1"时则按键不在该列,有"0"则按键肯定在这一列。通过列扫描能判断出按下的键在哪一列,然后再逐行检查是哪根行线为"0",就可以查出哪个按键被按下。如 8 号键按下时的工作过程:当第 0 列处于低电平时,第 2 行处于低电平,而当第 1、2、3 处于低电平时,第 2 行却处于高电平,据此可以判断按下的键应是第 2 行与第 0 列的交叉点,即 8 号键。

3) 矩阵式键盘的编码

在矩阵式键盘中,按键的位置由行号和列号唯一确定,这个编码称为键值。分别对行号和列号进行二进制数编码,然后将两值合成一个字节,高 4 位是行号,低 4 位是列号。如图 7-27 中的 8 号键,位于第 2 行、第 0 列,按行列值编码,高 4 位为 2(0010),低 4 位为 0(0000),合成一个字节编码为 20H(00100000B)。可见,这种编码方法键值不连续,跳跃性大,不利于散转指令对按键进行处理。因此,实际应用中多采用按顺序依次编号的方法对按键进行编码,可用计算或查表法获得键值,此时键值与键号一致,计算公式为:键值=行首值+列号。行首值由一行的键数确定,如 4×4 键盘每一行是 4 个按键,则行首值每次变为 4,从第 0 行到第 3 行依次为 0、4、8、12。

4) 矩阵式键盘的硬件接口方式

对于 80C51 或 8751 或 AT89C 型单片机而言,如果不再外部扩展程序存储器的话,可以利用 P0、P2 口构成多达 8×8 的键盘,其行线、列线可分别由单片机的 I/O 端口提供;如果单片机 P1 口不做其他用途的话,可构成 4×4 的键盘;如果单片机的 I/O 端口线已经被占用,则可以通过外部扩展 I/O 接口芯片构成键盘接口电路,常用的是 8255A、8155 等接口芯片。

5) 键盘的工作方式

CPU 对键盘的响应取决于键盘的工作方式,其工作方式应根据系统中 CPU 的工作情况而定,选取的原则是既要保证 CPU 能及时响应按键操作,又不要过多占用 CPU 的工作时间。通常键盘的工作方式有三种:编程扫描方式、定时扫描方式和中断扫描方式。

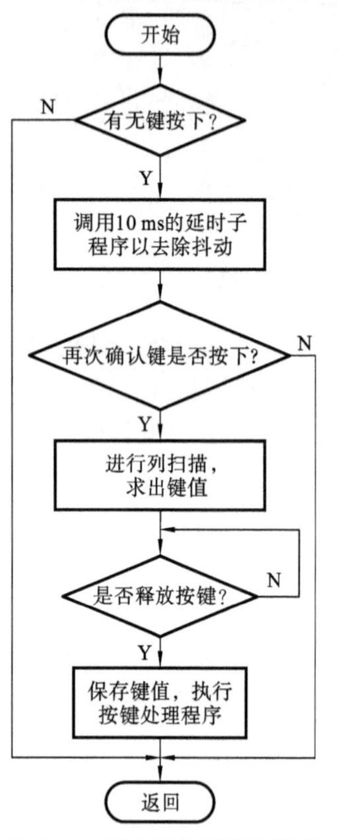

图 7-28　键盘扫描子程序流程

1) 编程扫描方式

编程扫描方式是在 CPU 循环执行主程序过程中,调用键盘扫描子程序来响应键盘输入,只有在 CPU 空闲时才调用。在执行键盘扫描子程序过程中,要完成一系列的键盘扫描判断,获得按下键的准确位置,执行所按键的功能处理。因此,这种工作方式一般步骤如下。

步骤 1　判别有无键按下(送全扫描字,无键按下不处理,有键按下继续)。

步骤 2　按键去抖动(调用软件延时 10 ms 左右的延时子程序)。

步骤 3　键盘列扫描,得到按下键的键值(逐列送扫描字,用计算法或查表法得键值)。

步骤 4　判断闭合键是否释放,没释放继续等待。

步骤 5　保存闭合键键值,转去执行该键的键处理程序。

图 7-28 所示为键盘扫描子程序流程。

例 7-11　图 7-29 所示的是用 8255A 组成的 4×8 矩阵式键盘,共 32 个键。8255A 的 PA

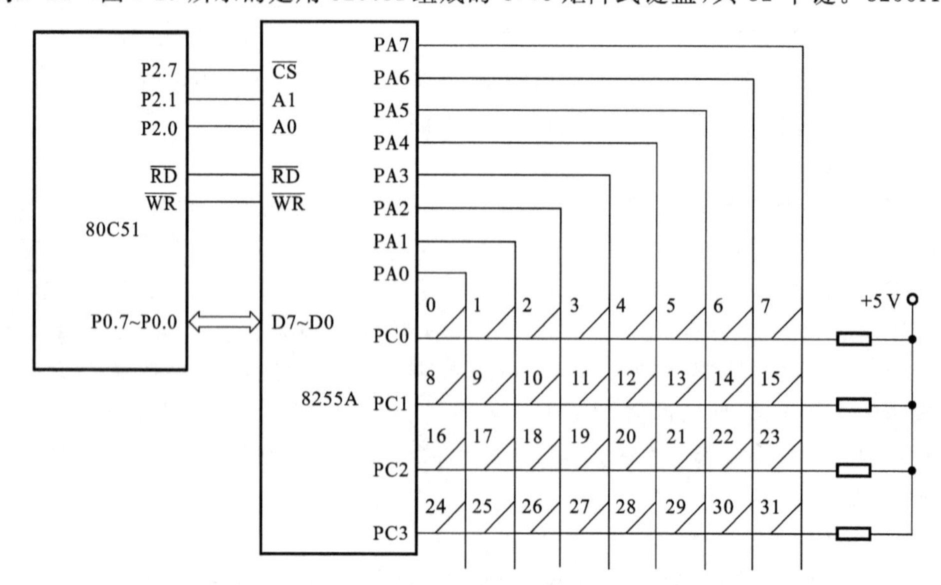

图 7-29　单片机与 8255A 组成的矩阵式键盘电路

口作输出口接键盘的列线，输出列扫描信号，PC 口的低 4 位作输入口接行线，获得键盘的按键信息，其 I/O 口只作基本输入/输出口用。试写出键盘扫描子程序。

解　由硬件连接电路可得出，8255A 的四个端口地址分别如下。

PA 口：7CFFH。

PB 口：7DFFH。

PC 口：7EFFH。

控制口：7FFFH。

并且可以得到 8255A 的工作方式控制字为 81H。

(1) 判断有无键按下　PA 口输出全扫描字 00H，读 PC 口状态，若 PC3～PC0 全为“1”，则无键按下；若不全为“1”，则有键按下。

(2) 按键去抖动　在判断有键按下后，调用一个延时 10 ms 左右的延时子程序，然后再读入 PC 口状态，判断是否有键按下。

(3) 逐列扫描键盘，求出键值　用扫描法对键盘进行逐列送“0”，即从 PA 口输出列扫描字，以确定按键所在列。从 PA 口输出的列扫描字依次如下。

PA7	PA6	PA5	PA4	PA3	PA2	PA1	PA0	列扫描字
1	1	1	1	1	1	1	0	FEH
1	1	1	1	1	1	0	1	FDH
⋮	⋮	⋮	⋮	⋮	⋮	⋮	⋮	⋮
0	1	1	1	1	1	1	1	7FH

首先扫描第 0 列，0 列送“0”，其他列送“1”，构成第 0 列的扫描字 FEH，然后依次进行扫描。每扫描一列都要相应地读入 PC 口的状态，判断该列上是否有为“0”的行线，若读入 PC3～PC0 全为“1”，则按键不在列线为 0 的这一列上；若不全为“1”，则按下的键在这一列上。按键行列位置确定后，可以用查表法或计算法求出按下键的键值。在图 7-29 所示电路中，如按下的键在 2 行 5 列的交叉点，2 行的行首值 16，列号为 5，则键值＝行首值＋列号＝21。

(4) 判断闭合的键是否释放　为确保每按一次键，只进行一次键功能操作，必须等待按键释放，之后才能转按键处理程序。

假设电路中使用 6 MHz 的晶振。按图 7-28 所示流程图，可编写键盘扫描子程序，其中 KS 为查询有无键按下的子程序；DELAY 为延时子程序，起到软件去抖的作用。

```
;键盘扫描子程序 KEY
;功能:查询有无按键按下,若有键按下,则返回键号
;出口参数:累加器 A,保存键号(00H～0FH)
KEY:    ACALL   KS              ;调用按键查询子程序,判断是否有键按下
        JNZ     K1              ;有键按下,转移
        ACALL   DELAY           ;无键按下,调用延时子程序去抖动
        AJMP    KEY             ;继续查询按键
;键盘逐列扫描程序
K1:     ACALL   DELAY           ;键盘去抖动
        ACALL   KS              ;再次判断是否有键按下
        JNZ     K2              ;有键按下,转移
        AJMP    KEY             ;无按键,误读,继续查询按键
```

```
K2:    MOV    R3, #0FEH      ;首列扫描字送 R3
       MOV    R4, #00H       ;首列号送 R4
K3:    MOV    A, R3
       MOV    P2,A           ;列扫描字送 P2 口
       MOV    A,P0           ;读取行扫描值
       JB     ACC.0, L1      ;第 0 行无键按下,转查第 1 行
       MOV    A, #00H        ;第 0 行有键按下,行首键号送 A
       AJMP   LK             ;转求键号
L1:    JB     ACC.1,L2       ;第 1 行无键按下,转查第 2 行
       MOV    A, #04H        ;第 1 行有键按下,行首键号送 A
       AJMP   LK             ;转求键号
L2:    JB     ACC.2, L3      ;第 2 行无键按下,转查第 3 行
       MOV    A, #08H        ;第 2 行有键按下,行首键号送 A
       AJMP   LK             ;转求键号
L1:    JB     ACC.3, NEXT    ;第 3 行无键按下,转查下一列
       MOV    A, #0CH        ;第 1 行有键按下,行首键号送 A
       AJMP   LK             ;转求键号
LK:    ADD    A, R4          ;形成键码送 A
       PUSH   ACC            ;键码入栈保护
K4:    ACALL  DELAY
       ACALL  KS             ;等待键释放
       JNZ    K4             ;没有释放,等待
       POP    ACC            ;键释放,弹栈送 A
       RET
NEXT:  INC    R4             ;修改列号
       MOV    A, R3
       JNB    ACC.3, KEY     ;4 列扫描完返回按键查询状态
       RL     A              ;没有扫描完,改为下列扫描字
       MOV    R3, A          ;扫描字暂存 R3
       AJMP   K3             ;转列扫描程序
;按键查询子程序
;功能:查询有无按键按下
;出口参数:累加器 A,无键按下 A=0,有键按下 A≠0
KS:    MOV    A, #00H
       MOV    P2, A          ;全扫描字#00H 送 P2 口
       MOV    A,P0           ;读入 P0 口状态
       CPL    A              ;变正逻辑,高电平表示有键按下
       ANL    A, #0FH        ;屏蔽高 4 位
       RET                   ;返回,A≠ 0 表示有键按下
;延时功能子程序
```

```
;功能:延时约 12 ms
DELAY:MOV    R1, #7
DL1:   MOV    R2, #209
DL2:   NOP
       NOP
       DJNZ   R2, DL2
       DJNZ   R1, DL1
       RET
```

2) 定时扫描方式

定时扫描方式就是每隔一段时间对键盘扫描一次。利用单片机内部的定时器产生一定时间的定时,当定时时间到了就产生定时器溢出中断,单片机执行中断服务程序,进行键盘扫描,并在有键按下时识别该键,然后执行该键的功能。此时键盘扫描程序的设计和编程扫描方式一样,硬件电路也相同,只是键盘扫描程序的安放位置不同,一个在主程序中,一个在中断服务程序中。

3) 中断扫描方式

单片机应用系统工作时常处于无键扫描状态,而上述两种扫描方式,单片机都要定时扫描键盘,常处于空扫描状态。中断扫描方式下,当没有键按下时,单片机处理自己的工作不扫描键盘;当有键按下时,通过按键向单片机产生中断请求,单片机响应中断并执行中断服务子程序,进行扫描键盘并识别键值的操作。

图7-30所示的是一种利用中断进行扫描的键盘接口电路。由P1口提供键盘的行列线,构成一个4×4的键盘。P1口的高4位提供键盘的列线,是输出线;P1口的低4位提供键盘的行线,是输入线;图中的输入与门用于产生按键中断,输入端与四条行线相连,并通过该上拉电阻接至+5 V电源,与门输出端接至单片机的$\overline{\text{INT0}}$端。其工作过程如下:四条行线初始化为低电平,当没有键按下时,与门端各个输入均为高电平,使得输出端也为高电平,此时不产生中断申请;当某个键被按下时,行线列线导通,使得该列为低电平,同时由于该列的作用使

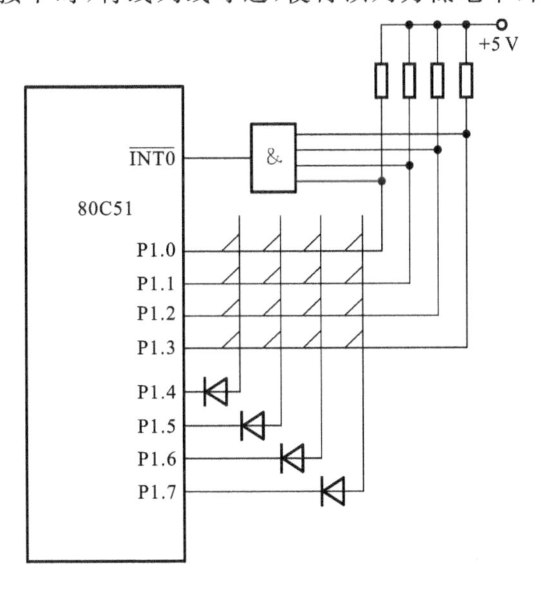

图7-30 中断扫描方式键盘接口电路

$\overline{INT1}$端为低电平，此时向 CPU 申请中断，如果 CPU 开放外部中断，则响应中断后进入中断服务程序，执行键盘扫描，判断按键的列号和行号，进而计算键值。

7.4.2　LED 显示器接口技术

在单片机应用系统中，常需要使用显示器显示运行的中间结果及状态信息。其中常用的显示器主要有发光二极管显示器(LED 显示器)和液晶显示器(LCD 显示器)，以及 LCD 液晶显示模块组合(LCM)。LED 发光二极管常用于信号指示，比如系统的工作状态的指示、警示提示灯；LED 数码管常用于显示数据、字符及简单的图形。LED 显示器显示清晰、成本低廉、配置灵活，并且与单片机接口连接简单可行。

1. LED 显示器结构和工作原理

1) LED 结构

LED 显示器由 8 个发光二极管组成，其中 7 个发光二极管排成“8”字形，另一段构成小数点。LED 显示器中，一个发光二极管为一个字段，7 个字符段和一个小数点对应 8 个发光二极管，通过 8 个发光二极管不同的亮灭组合可显示数字和字符，称为七段 LED 显示器，那么带小数点的显示器就称为八段 LED 显示器。

LED 显示器的引脚配置如图 7-31(a)所示，a～g 为数码显示字段，dp 为小数点显示字段，外部引脚与显示字段对应。LED 显示器从结构上可以分为共阴极结构和共阳极结构，如图 7-31(b)、(c)所示。共阴极是指所有阴极为公共端 COM，一起接地；共阳极是指所有阳极为公共端 COM，一起接电源+5 V。当采用专用芯片驱动 LED 显示器时不需外加限流电阻，其他情况下一般外接限流电阻，阻值由电路中的电流要求来确定。

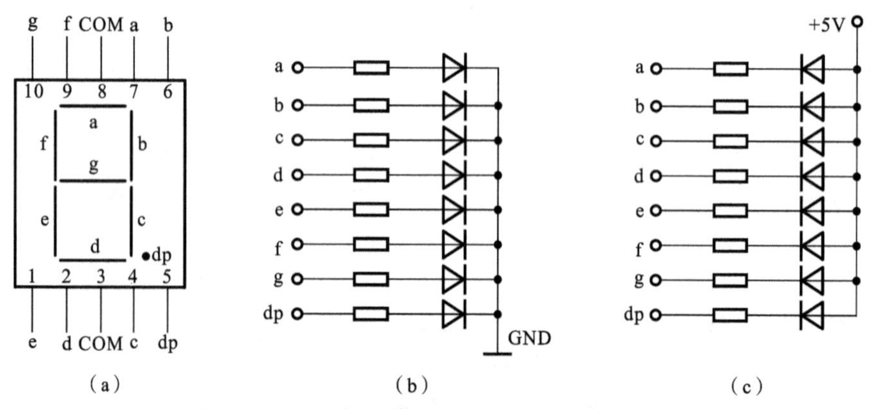

图 7-31　LED 数码管外形及共阴极、共阳极结构

(a) LED 显示器引脚配置　(b) 共阴极 LED 显示器　(c) 共阳极 LED 显示器

2) LED 工作原理

对共阴极 LED 显示器来说，当某个发光二极管的阳极接高电平“1”时，对应的二极管点亮；共阳极 LED 显示器则相反，当某个发光二极管的阴极接低电平“0”时，对应的二极管点亮。那么要显示某字形就应使此字形对应的二极管点亮。实际应用中，8 个引脚 a、b、c、d、e、f、g、dp 按顺序接一个 8 位的 I/O 口，一般 a 为最低位，dp 为最高位，这样，一个字节的显示数据(称为字形码)与 LED 显示器各段的关系为

D7	D6	D5	D4	D3	D2	D1	D0
dp	g	f	e	d	c	b	a

按上述原理,可得出常用的字形码如表 7-7 所示。

表 7-7　常用字符的字形码表

字　符	共阴极 LED 显示器									共阳极 LED 显示器								
	dp	g	f	e	d	c	b	a	段码	dp	g	f	e	d	c	b	a	段码
0	0	0	1	1	1	1	1	1	3FH	1	1	0	0	0	0	0	0	C0H
1	0	0	0	0	0	1	1	0	06H	1	1	1	1	1	0	0	1	F9H
2	0	1	0	1	1	0	1	1	5BH	1	0	1	0	0	1	0	0	A4H
3	0	1	0	0	1	1	1	1	4FH	1	0	1	1	0	0	0	0	B0H
4	0	1	1	0	0	1	1	0	66H	1	0	0	1	1	0	0	1	99H
5	0	1	1	0	1	1	0	1	6DH	1	0	0	1	0	0	1	0	92H
6	0	1	1	1	1	1	0	1	7DH	1	0	0	0	0	0	1	0	82H
7	0	0	0	0	0	1	1	1	07H	1	1	1	1	1	0	0	0	F8H
8	0	1	1	1	1	1	1	1	7FH	1	0	0	0	0	0	0	0	80H
9	0	1	1	0	1	1	1	1	6FH	1	0	0	1	0	0	0	0	90H
A	0	1	1	1	0	1	1	1	77H	1	0	0	0	1	0	0	0	88H
b	0	1	1	1	1	1	0	0	7CH	1	0	0	0	0	0	1	1	83H
C	0	0	1	1	1	0	0	1	39H	1	1	0	0	0	1	1	0	C6H
d	0	1	0	1	1	1	1	0	5EH	1	0	1	0	0	0	0	1	A1H
E	0	1	1	1	1	0	0	1	79H	1	0	0	0	0	1	1	0	86H
F	0	1	1	1	0	0	0	1	71H	1	0	0	0	1	1	1	0	8EH
熄灭	0	0	0	0	0	0	0	0	00H	1	1	1	1	1	1	1	1	FFH

2. LED 静态显示器接口

静态显示是指当显示一个字符时,相应的发光二极管恒定导通或截止,如图 7-32 所示。这种显示方式中各个 LED 显示器相互独立,公共端恒定接地(共阴极)或接正电源(共阳极)。每一个 LED 显示器都需要 8 个 I/O 口,N 个 I/O 口控制 N 个数码管。从不同 I/O 口输出的字形码,其字符会对应显示在不同的 LED 显示器上,保持不变,直到该端口输出新的字形码为止。

LED 显示器采用静态显示与单片机接口时,共阴极或共阳极的公共端 COM 连接在一起接地或接高电平,每个显示器的段选线与一个 8 位并行口对应相连,只要保持对应段选线上段码电平不变,那么该位就能保持显示相应的字符。这种显示方式的特点是显示稳定、亮度高,编程简单,单片机花在显示上的时间少,但是占用 I/O 口多,一般适用于显示位数较少的场合。

例 7-12　对图 7-33 所示的单片机系统,按一次按键相当于计数一次,统计的数量送 P1 口显示,采用单只 LED 显示器显示,计满 16 次后又重新开始,依次循环。设单片机系统采用 12 MHz 晶振。

解　单片机系统中使用一个共阳极 LED 显示器作计数显示。单片机的 P1 口接 LED 显

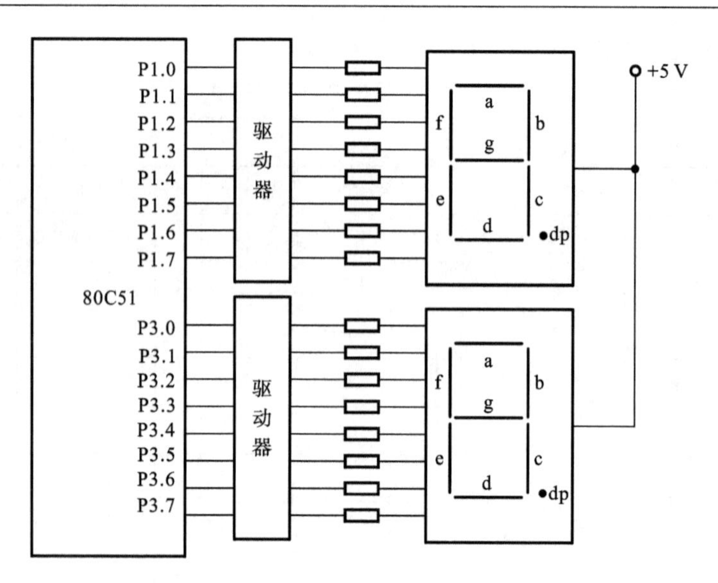

图 7-32　共阳极 LED 静态显示接口电路

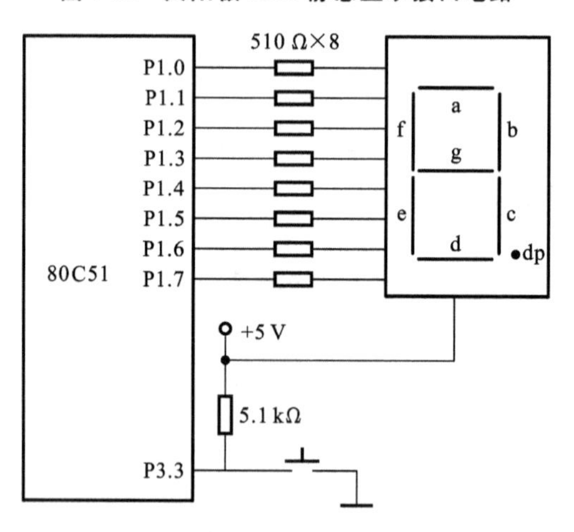

图 7-33　产品计数显示电路

示器的 8 个字段,用作显示码的输出口,LED 显示器公共端接+5 V 电源。开关接 P3.3,作产品计数输入口。LED 显示器字段导通电流一般为 5～20 mA,故限流电阻为 510 Ω 。设计过程中注意 P1 口带负载的能力有限,一般要外加显示驱动。

具体程序如下。

```
        ORG     0000H
MAIN:   MOV     A, #00H          ;初始化产品计数器
        MOV     P1, #0C0H        ;送 0 的字形码,显示 0
DISP:   JB      P3.3, DISP       ;判断是否有键按下
        ACALL   DELAY            ;延时 10 ms 去前沿抖动
        JB      P3.3, DISP       ;再次判断按键状态,确认有键按下
DISP1:  JNB     P3.3, DISP1      ;判断按键是否释放
        ACALL   DELAY            ;延时 10 ms 去后沿抖动
        JNB     P3.3, DISP1      ;再次判断按键状态,确认按键释放
        INC     A                ;产品计数器加 1
```

```
        MOV     R1,A                ;保存计数值
        MOV     DPTR, #TAB          ; 字形码表首地址
        MOVC    A, @A+DPTR          ;查表得显示字形码
        MOV     P1, A               ;显示计数值
        MOV     A, R1               ;恢复计数值
        CJNE    A, #16, DISP        ;没计数到 16 继续计数
        MOV     A, #00H             ;计数满 16 次又从 0 开始计数
        SJMP    DISP                ;循环计数
DELAY:MOV     R5,#248             ;延时子程序
DL:     DJNZ    R5,DL
        RET
TAB:    DB      0C0H,0F9H,0A4H,0B0H,99H,92H,82H,0F8H,80H,90H,88H,83H
        DB      0C6H,0A1H,86H,8EH ;0～9,A～F 的字形码
        END
```

3. LED 动态显示器接口

动态显示是指一位一位地轮流点亮各个 LED 显示器，这种逐个点亮显示器的方式称为位扫描。虽然在某一时刻只有一个显示器被点亮，但由于人眼具有视觉残留效应，只要显示时间间隔足够短(1ms 左右)，看起来就像全部显示器同时被点亮一样。

对于连接有 8 个显示器的系统，将所有 LED 显示器的 8 个字段(a～g、dp)的同名端连接在一起，由一个 8 位的 I/O 口控制，实现显示字形码数据的传送，此时称为段选控制；而数码管的公共端 COM(位选线)分别由另外一个 I/O 口控制，实现每个 LED 显示器分时选通，称为位选控制。在进行动态扫描显示时，一般采用查表的方法，由待显示的字符通过查表得到其对应的显示段码。采用这种方式节省 I/O 端口，硬件电路也较静态显示的简单，但其亮度不如静态显示方式，并且在显示位数较多时，单片机要依次扫描，占用单片机较多的时间。

动态显示电路由显示块、字形码锁存器、字位锁存驱动器三部分组成，图 7-34 所示为用 8255A 的两个 I/O 口构建的动态扫描显示的接口电路。图中 PA、PB 口为输出口，PA 口通过驱动器接 LED 显示器的字段线 a～dp，用于输出字形码；PB 口通过驱动器接共阴极 LED 显示器的 COM 端，用于输出位控制信号，低电平时选中。那么从 PB 口输出的 6 个位选控制信号只有一位为“0”，其他位送“1”，保证同一时刻只有一个显示器工作。为了使各位显示器稳定显示不同的字符，必须采用动态扫描的方法。从 PA 口输出一个字形码，然后从 PB 口输出一个位选码，依次送每个 LED 显示器要显示的字形码和相应的位选码，则几个 LED 显示器就会依次显示出相应的字符。当扫描频率较高时，LED 显示器显示看上去就变成连续的，达到同时显示的效果。

硬件电路中直接驱动 LED 显示的是字形码，而不是习惯的 1,2,…,9,A,…,F 这些字符，那么，首先要进行代码转换，将要显示的字符转换成相应的字形码。转换时采用软件译码，即将字符的字形码按照顺序放在一起，依次存放到程序存储器的某一区域，用查表法获得需要显示的字形码。另外，为了编程的需要，一般在内部 RAM 内建立一个显示缓冲区，存放将要显示的字符。显示缓冲区存储单元的个数与 LED 显示器个数相等，每个单元存放相应 LED 显示器上要显示的字符或该字符在字形码表中的顺序号，以便查表使用。

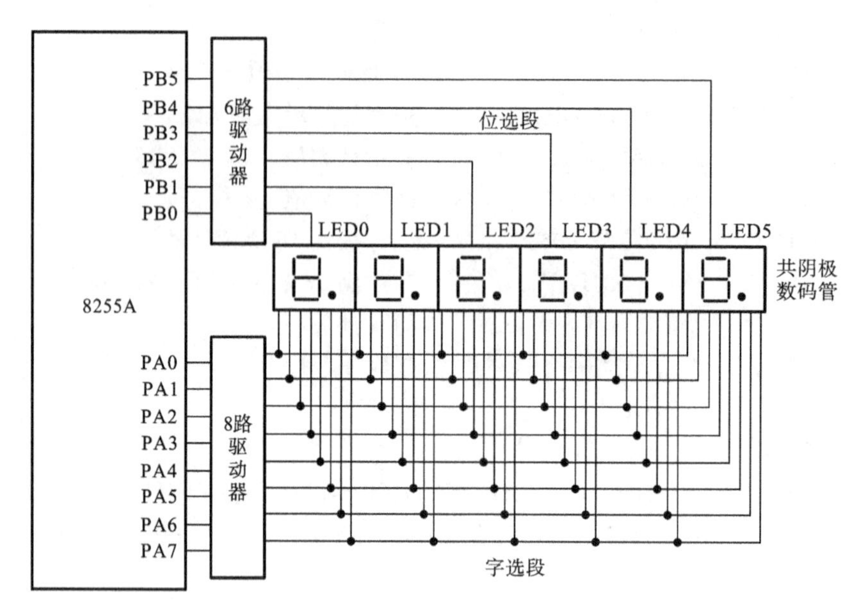

图 7-34　共阴极 LED 显示器动态显示接口电路

例 7-13　对于图 7-34 所示系统，试编写动态显示子程序以实现 6 位显示器从左往右显示 1234AB。

解　设显示缓冲区地址为 80H～85H，LED 显示器从左往右依次为 LED0～LED5，80H 单元存放的是要在 LED0 上显示的字符，后面五个依次对应。动态扫描子程序则只固定从缓冲区取数据，逐个转换成字形码，然后进行显示。由前面分析可知，显示缓冲区单元与 LED 显示器及其要显示的内容的对应关系为

显示器编号	LED0	LED1	LED2	LED3	LED4	LED5
显示器缓冲区	80H	81H	82H	83H	84H	85H
显示内容	01H	02H	03H	04H	0AH	0BH

假设 8255A 的片选端接 P2.7，A1、A0 接单片机地址总线的 A1、A0，则 PA、PB、PC、控制口的地址分别为 7FFCH、7FFDH、7FFEH、7FFFH，工作方式控制字为 80H。动态显示子程序如下。

```
DISP:   MOV     A, #80H           ;8255A 工作方式控制字
        MOV     DPTR, #7FFFH      ;指向控制口地址
        MOVX    @DPTR, A          ;设置 8255A 的工作方式
        MOV     R0, #80H          ;显示缓冲区首地址
        MOV     R2, #0FEH         ;位选码,指向 LED0
DISP1:  MOV     A, @R0            ;取出要显示的字符
        MOV     DPTR, #TAB        ;显示字形码表首地址
        MOVC    A, @A+DPTR        ;查表取出字形码
        MOV     DPTR, #7FFCH      ;PA 口地址
        MOVX    @DPTR, A          ;从 PA 口输出字形码
        MOV     DPTR, #7FFDH      ;PB 口地址
        MOV     A, R2             ;位选码
```

```
        MOVX    @DPTR, A            ;从 PB 口输出位选码
        ACALL   DELAY               ;延时 1 ms
        INC     R0                  ;指向下一个要显示的字符
        MOV     A, R2               ;位选码
        RL      A                   ;下一个显示器的位选码
        MOV     R2, A               ;位选码送 R2
        JB      ACC.6, DISP1        ;6 位未显示完,继续
        RET
TAB:    DB      3FH,06H,5BH,4FH,66H,6DH,7DH,07H,7FH,67H
        DB      77H,7CH,39H,5EH,79H,71H        ; 字形码表
```

4. 典型的键盘显示器接口电路

在单片机的实际控制系统中,往往需要同时使用键盘和显示器,为了节省 I/O 口线,可将键盘和显示器放在一起,构成实用的键盘、显示电路。

图 7-35 所示为 8051 经 8255A 形成的 8×2 键盘、6 位显示器的接口电路。按照图示,8255A 片选端与 P2.7 相连,A1、A0 与单片机地址总线的 A1、A0 相连,则 8255A 的四个端口地址分别为:PA 口　7CFFH;PB 口　7DFFH;PC 口　7EFFH;控制口　7FFFH。8255A 的 PA 口为输出口,作为键扫描口,同时又作为 6 位显示器的位扫描输出口;PB 口为输出口,控制显示器字形;PC 口为输入口,PC1～PC0 读入键盘数,称为键输入口。

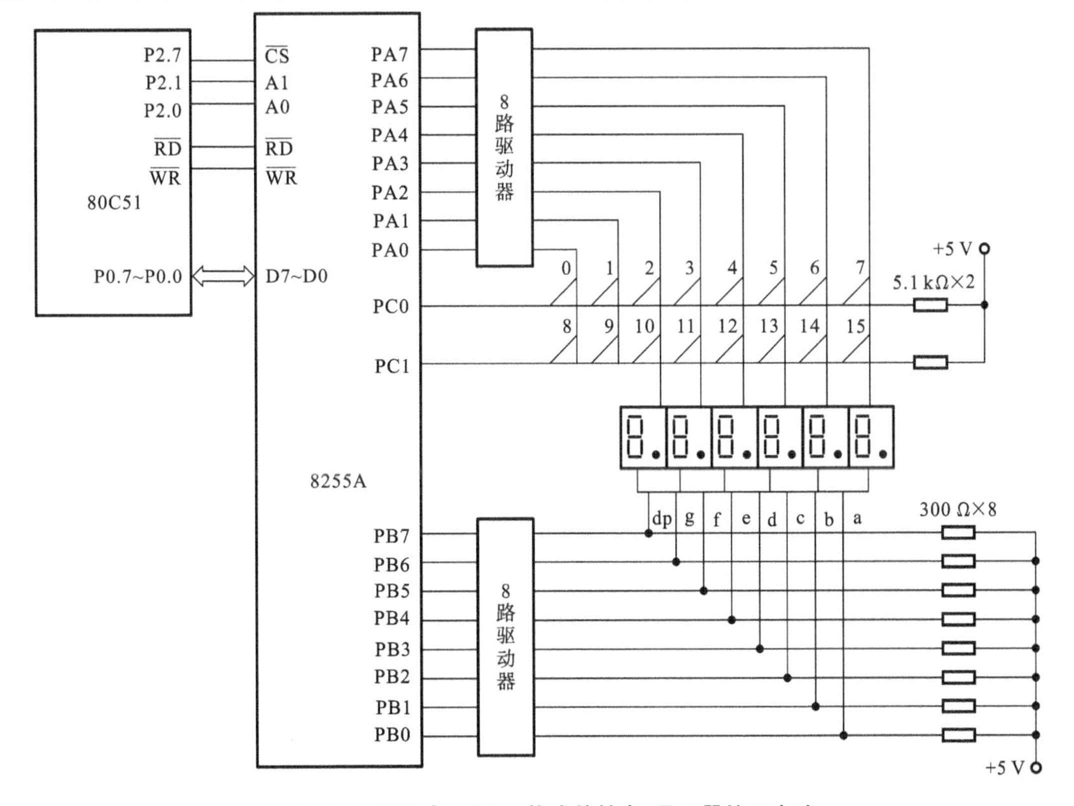

图 7-35　80C51 与 8255A 构成的键盘、显示器接口电路

对于键输入程序,应具有以下四方面的功能。

(1) 判断有无键闭合　扫描口 PA7～PA0 首先输出全 0,然后读 PC 口状态,若 PC1～

PC0 为全 1，则键盘上没有键闭合，若 PC1～PC0 不全为“1”，则有键闭合。

(2) 消除键的抖动　判断到键盘上有键闭合后，经一段延时后再次判断键盘的状态，若仍有键闭合，就认为键盘上有一个键处于稳定的闭合状态，否则认为是键的抖动。

(3) 判断闭合键的键值　扫描口 PA7～PA0 的输出顺序、PC 口的输入状态与按下键的关系如表 7-8 所示。

表 7-8　PA 口输出顺序、PC 口输入状态与按下键号的关系

PA 口输出								PC 口输入	
PA7	PA6	PA5	PA4	PA3	PA2	PA1	PA0	PC1=1/PC0=0	PC1=0/PC0=1
1	1	1	1	1	1	1	0	键 0	键 8
1	1	1	1	1	1	0	1	键 1	键 9
1	1	1	1	1	0	1	1	键 2	键 A
⋮	⋮	⋮	⋮	⋮	⋮	⋮	⋮	⋮	⋮
1	0	1	1	1	1	1	1	键 6	键 E
0	1	1	1	1	1	1	1	键 7	键 F

(4) 判断闭合键是否释放　为了确保单片机对键的一次闭合只作一次处理，应等待键释放后再作处理。

采用显示子程序作为延时子程序，可以在进入键输入子程序后，显示器始终是亮的。在键输入程序中，DISUP 为显示程序调用了一次 6 ms 的延时。DIGL 为显示器的位选输出口地址和键扫描输出口地址，即 PA 口地址，DISM 为显示器专用数据存储单元首地址，即显示缓冲存储器 DISM5～DISM0(存放被显示内容)。

键输入程序如下。

```
        ORG    8200H
        MOV    DPTR，#7FFFH    ;8255A 初始化，PA 输出口，PB 输出口，PC 输入口
        MOV    A，#81H
        MOV    @DPTR，A
KEY：   ACALL  KS1             ;调用键扫描子程序
        JNZ    LK1
NI：    ACALL  DISUP           ;调用显示子程序 6 ms
        AJMP   KEY
LK1：   ACALL  DISUP
        ACALL  DISUP           ;延时 12 ms
        ACALL  KS1             ;调用键盘扫描子程序
        JNZL   K2              ;有键按下转 LK2
        AJMP   NI              ;没有键按下转 NI
LK2：   MOV    R2，#0FEH       ;从 PA0 开始扫描
        MOV    R4，#00H
LK4：   MOV    DPTR，#DIGL     ;PA 口逐列扫描
        MOV    A，R2
```

```
        MOVX   @DPTR, A
        INC    DPL
        INC    DPL           ;取 PC 口地址
        MOVX   A, @DPTR      ;读 PC 口内容
        JB     ACC.0, LONE   ;转判断第一行
        MOV    A, #00H       ;第 0 行有键闭合,首键号 0 送 A
        AJMP   LKP           ;转键处理
LONE:JB        ACC.1, NEXT   ;转判断下一行
        MOV    A, #08H       ;第一列有键闭合,首键号 08 送 A
LKP:    ADD    A, R4         ;键处理
        PUSH   A             ;键值进栈保护
LK3:    ACALL  DISUP
        ACALL  KS1
        JNZ    LK3
        POP    A             ;键值弹出栈
        RET
NEXT:INC       R4            ;列计数器加 1
        MOV    A, R2         ;判断是否扫描到最后一列
        JNB    ACC.7, KND
        RL     A             ;扫描左移一位
        MOV    R2, A
        AJMP   LK4
KND:    AJMP   KEY
KS1:    MOV    DPTR, #DIGL   ;PA 口送全"0"
        MOV    A, #00H
        MOV    @DPTR, A
        INC    DPL
        INC    DPL
        MOVX   A, @DPTR      ;读键入状态
        CPL    A
        ANL    A, #03H       ;屏蔽高 6 位(取低 2 位)
        RET
```

显示程序:

```
        ORG    8300H
DISUP:MOV      R0, #DISM     ;显示器缓冲首地址送 R0
        MOV    R3, #0DFH     ;从最高位开始显示,显示位初值送 R3
DIS0:   MOV    DPTR, #DIGL   ;显示器位选输出口地址送 DPTR
        MOVX   @DPTR, A
        INC    DPL           ;PB 口地址
        MOV    A, @R0
```

```
        ADD     A, #17H         ;显示内容送 A
        MOVC    A, @A+PC        ;转换成七段码值
        MOVX    @DPTR, A        ;送 PB 口显示字形
        MOV     R7, #02H        ;延时
DL1:    MOV     R6, #0FFH
DL2:    DJNZ    R6, DL2
        DJNZ    R7, DL1
        INC     R0
        MOV     A, R3
        JNB     ACC.0, DIS2     ;判断是否已经显示到最低位,如果是则转 DIS2
        RR      A               ;否,数位模式右移一位
        MOV     R3, A
        AJMP    DIS0
DIS2:   RET
DSEG:   DB      3FH,06H,5BH,4FH
        DB      66H,6DH,7DH,07H
        DB      7FH,6FH,77H,7CH
        DB      39H,5EH,79H,71H
```

7.4.3 可编程键盘、显示器接口芯片 8279

8279 是由 Intel 公司开发的专用可编程键盘、显示器接口芯片,可实现在单片机系统中连接键盘、显示器,完成扫描,能自动消除按键抖动、识别按键,并获得键值。8279 可大大简化系统的硬件、软件设计,减轻单片机的负担。

1. 8279 的内部结构

8279 主要由键盘输入、显示器输出及相应的寄存器和控制电路组成,如图 7-36 所示。

1) 数据缓冲器及 I/O 口控制逻辑

单片机与 8279 之间传送数据、命令和状态通过数据缓冲器(双向)完成,8279 连接单片机的数据总线 P0 口,对应引脚为 D7～D0。

单片机对 8279 通过 I/O 控制逻辑进行控制,完成对 8279 的读/写控制、芯片的选择及端口的选择。对应的引脚包括端口选择信号 A0、片选信号$\overline{CS}$、读信号$\overline{RD}$、写信号$\overline{WR}$。

2) 控制与定时寄存器及定时控制

8279 的命令字(也称为控制字)放在控制与定时寄存器中,8279 内部通过这些命令字译码产生相应的控制信号,控制各个部件相互协调工作,完成相应功能。定时与控制电路有一个 5 位计数器,对外部输入的时钟信号 CLK 分频得到内部所需的 100 kHz 时钟,提供键盘扫描和显示扫描时间。

3) 扫描计数器

键盘和显示器的扫描信号由扫描计数器提供,包括两种工作方式,一种是外部译码方式,即 4 位计数器从 SL3～SL0 输出,经外部译码器译码后形成 16 位扫描信号;另一种是内部译码方式,即计数器内部译码后从 SL3～SL0 输出 4 位扫描信号,直接用于键盘、显示器扫描,一般使用这种方式。

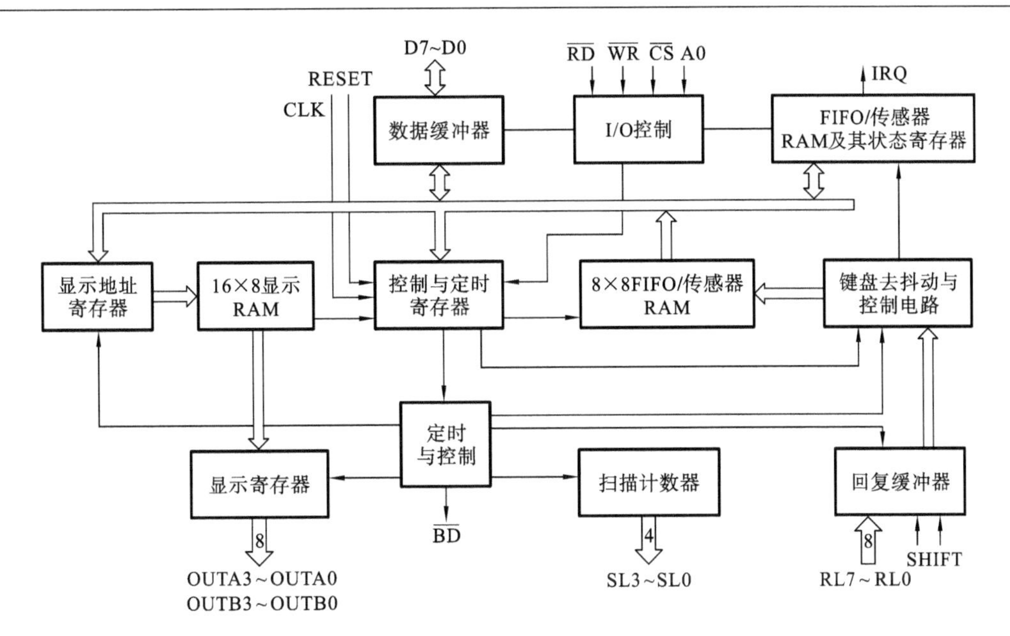

图 7-36　8279 的内部结构

4）回复缓冲器、键盘去抖动与控制电路

8 根回复线 RL7～RL0 的键盘回复信号由回复缓冲器缓冲并锁存。当有键闭合时，键盘去抖动与控制电路延时 10 ms 去抖动，并将键值存入 8279 的先进先出(FIFO)缓冲器 RAM 中。

5）FIFO/传感器 RAM 及其状态寄存器

FIFO/传感器 RAM 是一个双重功能的 8×8RAM。在键盘工作方式时，它是 FIFO 存储器，能存放 8 个键盘数据，遵循“先存先读”的原则向 CPU 提供按键的键值。此时，FIFO 状态寄存器用来存放 FIFO 存储器的状态。当 FIFO 存储器中有数据时，IRQ 将变成高电平，用于向单片机申请键盘中断。在传感器矩阵方式工作时，这个存储器用作传感器状态存储器，存放传感器矩阵中每一个传感器的状态。

6）显示 RAM 和显示地址寄存器

显示数据存放在显示 RAM 中，8279 内部提供 16 个单元的显示缓冲器，最多存放 16 个 LED 显示器的显示数据。单片机将显示数据写入显示 RAM 后，8279 控制电路会自动将显示 RAM 中的 16 个数据轮流从显示寄存器输出，与显示扫描信号配合，达到动态显示的目的。显示寄存器 8 个输出引脚为 OUTA3～OUTA0 及 OUTB3～OUTB0，组成一个字节输出显示字形码时，OUTA3～OUTA0 为高 4 位 D7～D4，OUTB3～OUTB0 为低 4 位 D3～D0。也可分为 A、B 两组输出，分别输出 4 位 BCD 码，经过外部 BCD 码译码/驱动器后接显示器。而存放单片机读/写显示 RAM 时的显示 RAM 单元的地址存放于显示地址寄存器，可由 8279 的命令字设定。

2. 8279 的引脚功能

8279 是采用双列直插封装的 40 引脚芯片，其引脚排列如图 7-37 所示，引脚功能如下所述。

D7～D0：双向数据总线，连至数据总线 P0 口。

CLK：时钟输入线，连至单片机的 ALE，经过 8279 内部计数器分频后，成为其内部时钟。此时钟的高低控制着扫描时间和去抖动时间的长短。如果 8279 内部时钟为 100 kHz，则扫描时间为 5.1 ms，去抖动时间为 10.3 ms，ALE 为 1/6 系统时钟。

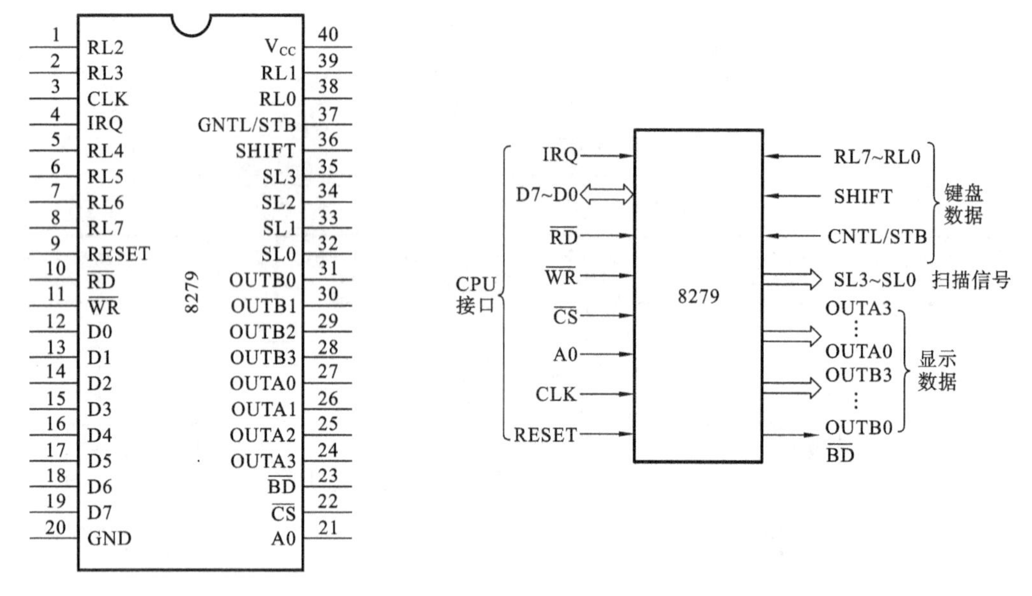

图 7-37　8279 的引脚图

RESET:复位输入线,高电平有效。

$\overline{\text{CS}}$:片选输入线,低电平有效。

A0:端口选择输入线,当 A0=1 时,CPU 写入的数据为命令字,读出的数据为状态字;当 A0=0 时,CPU 写入的数据为显示字形码,读出的数据为按键的键值。A0 与$\overline{\text{CS}}$一起接单片机的地址总线,那么 8279 有两个端口。在$\overline{\text{CS}}$=0 的前提下,A0=1 时选中控制口,A0=0 时选中数据口。

$\overline{\text{RD}}$、$\overline{\text{WR}}$:读、写信号输入线,低电平有效。

IRQ:中断请求输出线,高电平有效。有键按下,IRQ 变为高电平,可用做单片机的外部中断信号,向 CPU 发中断请求。

SL3~SL0:扫描输出线,用做键盘和显示器的扫描信号。

RL7~RL0:回复输入线,是键盘或传感器矩阵的数据输入端,内部有拉高电阻,使之保持高电平。

SHIFT:换挡信号输入线,高电平有效,是 8279 键盘数据的 D6 位,用于键盘上、下挡功能键,扩充键盘功能。

CNTL/STB:控制/选通输入线,高电平有效,是 8279 键盘数据的 D7 位,用于控制功能键,扩充键盘功能。

OUTA3~OUTA0、OUTB3~OUTB0:显示数据输出线。

$\overline{\text{BD}}$:显示消隐输出线,低电平有效,可使用熄灭命令熄灭显示器的显示。

3. 8279 的工作方式

1) 8279 的键盘工作方式

键盘有双键互锁和 *N* 键轮回两种工作方式。

(1) 双键互锁方式　双键互锁是为两键同时按下提供的保护方法。当键盘处于此方式时,若有两个键或多个键同时按下,它只识别最后一个释放的键,并把该键的键值送入 FIFO RAM 中。

(2) *N* 键轮回方式　此时,若有多个键同时按下,这些键均被识别,并按键扫描的顺序将键值送入 FIFO RAM 中。

2) 8279 的显示器工作方式

8279 内部用于存放显示数据的显示缓冲器 RAM 共有 16 个单元，每个单元都有内部地址，定义为 0～15，一个 RAM 单元对应一个 LED 显示器。如果将 LED 显示器从左往右编号 0～15，则 0 号显示器与 0 号 RAM 单元对应，以此类推。8279 最多可以连接 16 位显示器，通过写入命令字设置为连 8 位或 16 位显示器。单片机将显示数据写入显示缓冲器 RAM 时，可设置为左端输入和右端输入两种方式，左端输入为依次填入方式，右端输入为移位输入方式。

4. 8279 **的命令字**

单片机通过编程写入命令字来设置 8279。在 $\overline{CS}$＝0，A0＝1 时，单片机向 8279 写入的是命令字，共有 8 个命令字，分别写入内部的 8 个命令寄存器。

1) 键盘/显示方式设置命令字

键盘/显示方式设置命令字用来设置键盘和显示器的工作方式，格式为

D7	D6	D5	D4	D3	D2	D1	D0
0	0	0	D	D	K	K	K

(1) D7、D6、D5：方式设置命令字的特征位，8279 用高三位作不同命令字的识别，此时为 000。

(2) D4、D3：DD，用来设置显示方式，定义如下。

00：8 位显示方式，左端输入。

01：16 位显示方式，左端输入。

10：8 位显示方式，右端输入。

11：16 位显示方式，右端输入。

(3) D2、D1、D0：KKK，用来设定键盘工作方式，定义如下。

000：外部译码扫描方式，双键互锁。

001：内外部译码扫描方式，双键互锁。

010：外部译码扫描方式，N 键轮回。

011：内部译码扫描方式，N 键轮回。

100：外部译码扫描传感器矩阵方式。

101：内部译码扫描传感器矩阵方式。

110：选通输入，外部译码显示扫描方式。

111：选通输入，内部译码显示扫描方式。

当选择外部译码扫描方式时，如用 SL3～SL0 与 4-16 译码器相连，可外接 16 位显示器、8×8 键盘；如用 SL2～SL0 与 3-8 译码器相连，可外接 8 位显示器、8×8 键盘。当选择内部译码扫描方式时，只能接 4 位显示器、4×8 键盘。故当显示器超过 4 个时，内部译码方式输出的 4 个扫描信号不能满足要求，必须使用外部译码扫描方式。此命令字用得较多的是设置为 00H，是指可外接 8 个显示器，采用外部译码扫描方式，双键互锁。

2) 时钟编程命令字

时钟编程命令字用来设置分频系数，对 8279 外部输入的时钟经内部分频后产生 8279 内部时钟信号，格式为

D7	D6	D5	D4	D3	D2	D1	D0
0	0	1	P	P	P	P	P

(1) D7、D6、D5:001,时钟编程命令字的特征位。

(2) D4～D0:PPPPP 用来设定分频系数,值可在 2～31 间选择。8279 用此分频系数对 CLK 输入的外部时钟信号分频,产生 100 kHz 的内部时钟。如果 CLK 输入的时钟频率为 2 MHz,则分频系数值为 20,也就是 PPPPP=10100B,时钟编程命令字为 00110100B=34H。

3) 读 FIFO/传感器 RAM 命令字

读 FIFO/传感器 RAM 命令字用来设置待读的 FIFO RAM 单元的地址,格式为

D7	D6	D5	D4	D3	D2	D1	D0
0	1	0	AI	×	A	A	A

(1) D7、D6、D5:010,读 FIFO/传感器 RAM 命令字的特征位。

(2) D4:AI,自动加 1 标志。

(3) D2～D0:AAA,FIFO/传感器 RAM 地址。

在键盘扫描方式时,每次读取数据按先进先出的原则依次读出,与 AI、AAA 无关,此时不需要使用此命令字。在传感器或选通方式时,AAA 为 RAM 地址。当 AI=0 时,每次读完传感器 RAM 的数据后地址不变;当 AI=1 时,每次读完传感器 RAM 的数据后地址自动加 1。

4) 读显示 RAM 命令字

读显示 RAM 命令字用来设置待读的显示 RAM 单元的地址,格式为

D7	D6	D5	D4	D3	D2	D1	D0
0	1	1	AI	A	A	A	A

(1) D7、D6、D5:011,读显示 RAM 命令字的特征位。

(2) D4:AI,自动加 1 标志,当 AI=1 时,每次读数后地址自动加 1。

(3) D3～D0:AAAA,显示 RAM 单元地址,用来寻址显示缓冲器 RAM 中的一个单元。单片机读显示 RAM 单元中的数据之前,必须先用此命令字给出要读的显示缓冲器单元的地址。显示 RAM 中的数据是用来显示的,只有特殊情况下才要读出,所以该命令字常常不用。

5) 写显示 RAM 命令字

写显示 RAM 命令字用来设置将显示数据写入显示缓冲器 RAM 单元的地址,格式为

D7	D6	D5	D4	D3	D2	D1	D0
1	0	0	AI	A	A	A	A

(1) D7、D6、D5:100,写显示 RAM 命令字的特征位。

(2) D4:AI,自动加 1 标志,当 AI=1 时,每次读数后地址自动加 1。

(3) D3～D0:AAAA,显示 RAM 单元地址,用来寻址显示缓冲器 RAM 中的一个单元。单片机将显示数据写入显示 RAM 前,必须先用此命令字给出要写入的显示缓冲单元的地址。采用定位显示时,地址不自动加 1,每次写入显示数据前,都要用此命令字设置显示 RAM 的地址。

6) 显示禁止写入/熄灭命令字

显示禁止写入/熄灭命令字用来设置禁止数据写入到显示 RAM 或向显示 RAM 写入空格(即熄灭),格式为

D7	D6	D5	D4	D3	D2	D1	D0
1	0	1	×	IWA	IWB	BLA	BLB

(1) D7、D6、D5:101,显示禁止写入/熄灭命令字的特征位。

(2) D3、D2:IWA、IWB,A、B 组显示 RAM 写入屏蔽位。由于显示寄存器分成 A、B 两

组，可以单独送数，所以，用两位分别屏蔽。当 IWA=1 时，A 组显示 RAM 禁止写入，此时，单片机写入显示器 RAM 数据时，不影响 A 组显示器的显示。这种情况通常用于双 4 位显示器，实现半字节操作，如 BCD 码的显示；IWB 的用法同 IWA。

(3) D1、D0：BLA、BLB，A、B 组的消隐设置位。当 BLA=1 或 BLB=1 时，对应的 A 组或 B 组的显示熄灭；为"0"时则恢复显示。

7) 清除命令字

清除命令字用来清除键盘缓冲器 FIFO RAM 和显示缓冲器 RAM，格式为

D7	D6	D5	D4	D3	D2	D1	D0
1	1	0	CD	CD	CD	CF	CA

(1) D7、D6、D5：110，清除命令字的特征位。

(2) D4～D2：CD、CD、CD，设置显示缓冲器 RAM 的清除方式，各位定义如表 7-9 所示。

表 7-9　CD 位定义的清除方式

D4	D3	D2	清 除 方 式
1	0	×	将显示 RAM 单元全部清"0"(用于清除高电平点亮的显示器)
1	1	0	将显示 RAM 单元清成 20H
1	1	1	将显示 RAM 单元全部置"1"(用于清除低电平点亮的显示器)
0	×	×	不清除(若总清为 CA=1，则 D3、D2 仍有效)

(3) D1：CF，用于清除键盘缓冲器 FIFO RAM。当 CF=1 时，将 FIFO RAM 清空(无数据状态)，并使中断输出线 IRQ 复位。

(4) D0：CA，总清除控制位，兼有 CD 和 CF 的联合功能。当 CA=1 时，将键盘 FIFO RAM 清除为空状态，清除显示 RAM(清除方式由 D3、D2 确定)。

该命令字常用于清屏。如果要对共阴极 LED 显示器清屏(全灭)，可通过向控制口写入命令字 11000001B 或 11010001B 实现。

8) 结束中断/出错方式设置命令字

结束中断/出错方式设置命令字用来设置中断结束及出错方式，格式为

D7	D6	D5	D4	D3	D2	D1	D0
1	1	1	E	×	×	×	×

(1) D7、D6、D5：111，结束中断/出错方式设置命令字的特征位。

(2) 分工作方式的不同，有两种不同的作用。在 N 键轮回方式时，作特定错误方式设置命令字。写入此命令字中 E=1 后，8279 可工作在特殊出错方式，多个键同时按下时报错，置状态字 S/E 位为"1"，并产生中断请求信号。在传感器工作方式时，作结束中断命令字，写入此命令字中 E=1 后，IRQ 变为低电平，结束中断请求。此命令字一般不用。

(3) 以上八个命令字都有自己的特征位，写入 8279 后能自动寻址相应的命令寄存器。由于 8279 所有命令寄存器共同占用一个口地址，通过命令字的特征位，在内部寻址不同的命令寄存器，所以，编程时，所有命令字写入同一个端口——控制口。

5. 8279 的状态字及键盘数据格式

1) 8279 的状态字

单片机读 8279 的控制口，即得到 8279 的状态字。它反映了键盘缓冲器 FIFO RAM 的状态，以指示键盘数据缓冲器 FIFO RAM 中的字符数等信息。状态字的读出地址与命令字写入

地址相同($\overline{CS}$=0,A0=1),其格式为

D7	D6	D5	D4	D3	D2	D1	D0
DU	S/E	O	U	F	N	N	N

(1) D7:DU,显示无效特征位。当DU=1时,表示正在执行清除命令,对显示RAM写入无效,此时,不可对显示RAM写入数据。

(2) D6:S/E,传感器信号结束/错误特征位。工作在传感器矩阵方式时,S/E=1表示传感器的最后一个信号已进入传感器RAM;工作在*N*键轮回特殊出错方式时,S/E=1表示出现了多键同时按下的错误。

(3) D5:O,FIFO RAM溢出标志位。当O=1时,表示输入数据已经超过8个,发生了溢出。在FIFO RAM已满,再送入数据,则该位被置"1"。

(4) D4:U,FIFO RAM空标志位。当U=1时,表示FIFO RAM中没有数据。

(5) D3:F,FIFO RAM满标志位。当F=1时,表示FIFO RAM中已经装满8个键盘数据。

(6) D2～D0:NNN,表示FIFO RAM中已经存入键盘数据的个数。

通过读状态字可以了解键盘输入情况,当查询到键盘数据缓冲区有数据,单片机才可读取键值,反之不读。

2) 8279的键盘数据格式

单片机读8279的数据口,得到键盘输入数据,即键值。数据口的地址由$\overline{CS}$=0,A0=0确定。在键盘扫描方式中,按下一个键产生一个键值数据进入FIFO RAM,键值的数据格式为

D7	D6	D5	D4	D3	D2	D1	D0
CNTL	SHIFT	SCAN			RETURN		

(1) D7、D6:CNTL、SHIFT,控制键CNTL、SHIFT的状态,两者分别单独接一个按键,用于扩充键盘功能。当键盘功能少时,可不使用这两个按键,直接接地,此时,键值数据中的D7=0、D6=0。

(2) D5～D3:SCAN,扫描值,采用列扫描时为列按下键所在的列号。外部译码列扫描方式时,8条列扫描线的状态编码为扫描值000、001、010、011、100、101、110、111,即列号0～7。

(3) D2～D0:RETURN,回送值,采用列扫描时按下键所在的行号,由行线RL0～RL7的状态确定。8条行扫描线的状态编码为扫描值000、001、010、011、100、101、110、111,即行号0～7。

假设按下的键在3行5列,则行号3的编码为RETURN=011,列号5编码为SCAN=101,按键值数据格式,如果D7=0、D6=0,则此时的键盘数据为00101011B。

6. 8279键盘显示接口

8279连接键盘、显示器时,SL3～SL0为键盘的列扫描和动态显示的位扫描信号线。当选择内部译码时,每一时刻SL3～SL0中只有一位为低电平输出,直接作键盘显示器的扫描信号,此时,只能外接4位显示器和4×8的键盘。当选择外部译码时,若SL3～SL0外接4-16译码器,则译码器的16个输出可作为16位显示器的位扫描信号;若SL2～SL0外接3-8译码器,则译码器的8个输出可作8位显示器的位扫描信号,最大只能连接8×8的键盘,因为在键值的数据格式中,分别只安排了3位表示行号(RETURN)和列号(SCAN)。总的来说,8279显示器的最大配置是16位,键盘的最大配置是8×8个按键。图7-38所示的是一种常用的单

片机通过 8279 连接键盘显示器的接口电路。

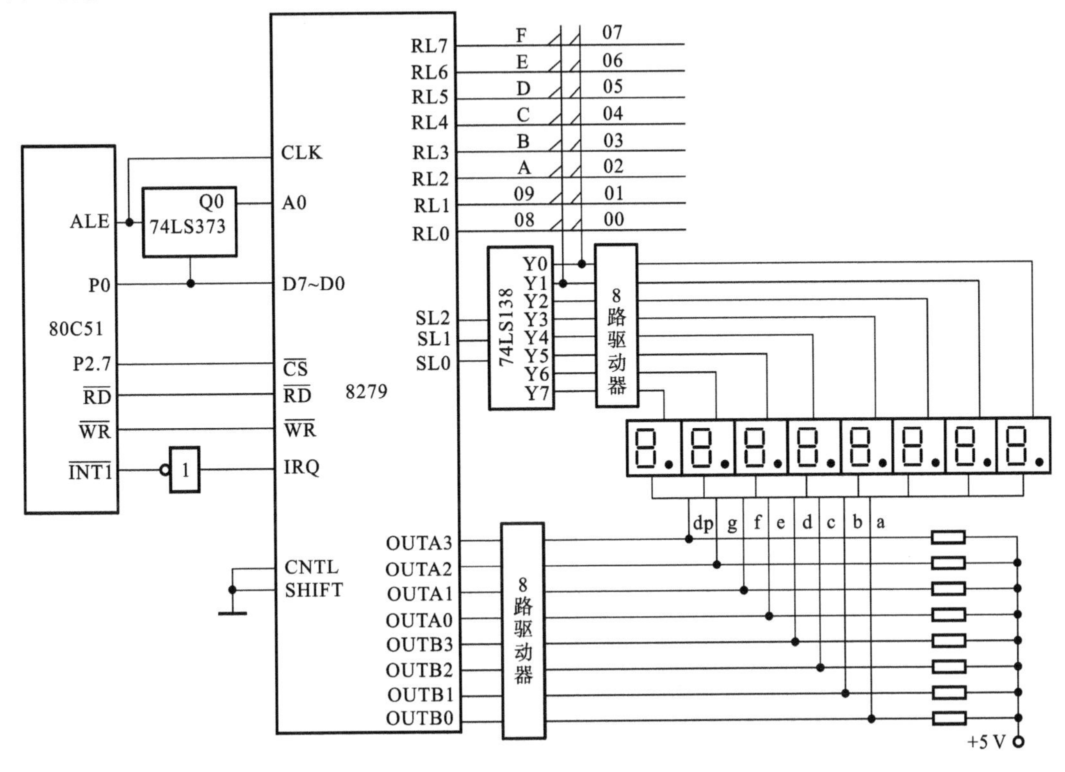

图 7-38　8279 键盘显示器接口电路

1）硬件连接

(1) 单片机与 8279 的连接　采用并行总线扩展法。

数据总线 P0 口：接 8279 的数据口 D7～D0。

地址总线的 A0：通过地址锁存器 74LS373 接 8279 的端口选择信号 A0，P2.7 接 $\overline{CS}$。

单片机的 $\overline{RD}$、$\overline{WR}$ 与 8279 的 $\overline{RD}$、$\overline{WR}$ 相连。

单片机的 ALE 接至 8279 的时钟信号 CLK。

8279 的中断请求信号 IRQ 经反相器后接单片机的外部中断 $\overline{INT1}$。

(2) 8279 与键盘显示器的连接　CNTL、SHIFT 可分别接两个独立的按键，用于扩充键盘功能。如果 CNTL 对地接一个按键，与其他键一起使用，可将键盘扩充到 256 键；如果 SHIFT 对地接一个按键，可与 8×8 的键盘配合使用，使得各个键具有上、下挡功能，将键盘扩充至 128 键。如果不使用扩充功能，两者可直接接地，如图 7-38 所示。

图 7-38 中所示为 8×2 的矩阵式键盘（可扩充到 8×8 的键盘），显示器为 8 位，采用外部译码方式，3-8 译码器的输出既作为键盘列扫描信号，又作为显示器的位扫描信号，键盘数据输入线 RL7～RL0 接矩阵键盘的行线，译码器的输入 Y1、Y0 接键盘的列线，构成 2×8 键盘。

8279 的字形码输出线 OUTB3～OUTB0、OUTA3～OUTA0 通过驱动接显示器的段选端 a、b、c、d、e、f、g、dp；扫描输出线 SL2～SL0 外接 3-8 译码器，其输出经过驱动接显示器的位选端，作为 8 个显示器的动态显示扫描信号。

2）软件程序设计

键盘显示器的扫描都是由 8279 硬件电路自动完成的，不需要设计软件实现扫描。

键盘部分的软件设计中,读取键值可采用查询方式或中断方式。采用查询方式时,每次读取键值前,先读入 8279 状态字,查看状态字中的 D3～D0 是否全为“0”,如果某位不是“0”,说明 FIFO RAM 中有数据,可读出键值;否则,继续查询。采用中断方式时,8279 的中断请求线 IRQ 需经反相器后接至单片机的外部中断引脚,FIFO RAM 中一有数据,8279 便向 CPU 发出中断申请,CPU 响应中断,在中断服务程序中读取键值。图 7-38 中的键盘一共有 16 个键,其键值依次排列为 00H～0FH,与键号一致。

如果要显示某个字符,只要将该字符的字形码写入 8279 的显示 RAM 中,在显示器上就会显示出相应的字符。

8279 有两个端口地址,即数据口(由 $\overline{CS}$=0,A0=0 确定)和控制口(由 $\overline{CS}$=0,A0=1 确定)。每个端口的操作有两个方向:写数据口为将显示的字形码写入显示 RAM,读数据口为读取键值;写控制口为写入命令字,读控制口为读取状态字。图 7-38 中的数据口的地址为 7FFEH,控制口的地址为 7FFFH。

8279 键盘显示程序如下。

```
        MOV     DPTR, #7FFFH        ;控制口地址
        MOV     A, #0D1H            ;清除命令字
        MOVX    @DPTR, A            ;写清除命令字
WAIT:   MOVX    A, @DPTR            ;读状态字
        JB      ACC.7, WAIT         ;等待清除完
        MOV     A, #00H             ;键盘显示器工作方式命令字
        MOV     @DPTR, A            ;写工作方式命令字
        MOV     A, #34H             ;分频命令字
        MOVX    @DPTR, A            ;写分频命令字
        SETB    IT1                 ;外部中断 1 下降沿触发
        SETB    EA                  ;开总中断
        SETB    EX1                 ;开放外部中断 1
        LCALL   DISP                ;调整显示子程序
          ⋮
DISP:   MOV     DPTR, #7FFFH        ;控制口地址
        MOV     A, #90H             ;设置显示 RAM 地址命令字
        MOVX    @DPTR, A            ;写设置显示 RAM 地址命令字
        MOV     R0, #30H            ;显示缓冲区首地址
        MOV     R7, #08H            ;显示 8 个位
LOOP:   MOV     A, @R0              ;读取显示数据
        MOV     DPTR, #TAB          ;字形码表首地址
        MOVC    A, @A+DPTR          ;查表得字形码
        MOV     DPTR, #7FFEH        ;数据口地址
        MOVX    @DPTR, A            ;显示字形码送显示 RAM
        INC     R0                  ;指向下一个显示数据
        DJNZ    R7, LOOP            ;送 8 个显示数据
        RET
TAB:    DB      3FH,06H,5BH,4FH,66H,6DH,7DH,07H
```

```
        DB      7FH,6FH,77H,7CH,39H,5EH,79H,71H      ;0～F字形码
PKEY:   PUSH    PSW
        MOV     DPTR, #7FFEH          ;数据口地址
        MOVX    A, @DPTR              ;读取键值
        MOV     R2, A                 ;保存键值
        POP     PSW
        RETI
```

7.4.4 LCM显示器接口技术

液晶显示器(LCD)是一种被动式显示器，本身不发光，需借助于自然光或外光源才能显示字符或图像。目前市场销售的LCD显示器都是利用液晶的扭曲向列效应原理制成的，由于它的功耗低，抗干扰能力强，并且能显示大量的信息，如文字、曲线、图形等，因而在低功耗单片机系统中大量使用。

液晶显示模块是一种将液晶显示器件、连接件、集成电路、线路板、背光源和结构件装配在一起的组件，称为LCD Module，简称LCM，中文称为液晶显示模块。目前，常用的是点阵型液晶显示模块，它包括字符型液晶显示模块(如LCD1602)和图形液晶显示模块(如LCD12864)，它们的LCD显示器通常自带驱动器，与单片机连接十分方便。

1. LCD1602引脚功能简介

LCD1602是一种典型的字符型液晶显示模块，主要用于显示字母、数字、符号等点阵式的LCD。它内部的字符发生存储器中已存储了160个不同的点阵字符图形，每一个字符都有一个固定的代码，比如大写英文字母“A”的代码是01000001B(41H)，故显示时模块把地址41H中的点阵字符图形显示出来，就可以看到“A”。目前常用16×1、16×2、20×2和40×2行的模块。

LCD1602采用标准的14脚(无背光)或16脚(带背光)接口，各引脚接口说明如表7-10所示。

表7-10　LCD1602引脚接口说明

编号	符号	引脚功能	编号	符号	引脚功能
1	V_{SS}	电源地	9	D2	数据
2	V_{DD}	电源正极	10	D3	数据
3	VL	液晶显示偏压	11	D4	数据
4	RS	数据/命令选择	12	D5	数据
5	R/W	读/写选择	13	D6	数据
6	E	使能信号	14	D7	数据
7	D0	数据	15	BLA	背光源正极
8	D1	数据	16	BLK	背光源负极

VL为液晶显示器对比度调整端，接正电源时对比度最弱，接地时对比度最高，对比度过高时可以通过一个10 kΩ的电位器调整对比度。

RS 为寄存器选择,高电平时选择数据寄存器、低电平时选择指令寄存器。

R/W 为读/写信号线,高电平时进行读操作,低电平时进行写操作。当 RS 和 R/W 共同为低电平时可以写入指令或显示地址,当 RS 为低电平、R/W 为高电平时为读忙信号,当 RS 为高电平、R/W 为低电平时可以写入数据。

E 端为使能端,当 E 端由高电平跳变成低电平时,液晶模块执行命令。

D0～D7 为 8 位双向数据线。

2. LCD1602 的指令功能

LCD1602 模块内部控制器共有 11 条控制指令,如表 7-11 所示。

表 7-11　LCD1602 控制指令表

序号	控制指令	RS	R/W	D7	D6	D5	D4	D3	D2	D1	D0
1	清显示	0	0	0	0	0	0	0	0	0	1
2	光标返回	0	0	0	0	0	0	0	0	1	*
3	置输入模式	0	0	0	0	0	0	0	1	I/D	S
4	显示开/关控制	0	0	0	0	0	0	1	D	C	B
5	光标或字符移位	0	0	0	0	0	1	S/C	R/L		
6	功能设置	0	0	0	0	1	DL	N	F		
7	置字符发生存储器(CGRAM)地址	0	0	0	1	字符发生存储器地址					
8	置数据存储器(DDRAM)地址	0	0	1	显示数据存储器地址						
9	读忙标志或地址	0	1	BF	计数器地址						
10	写数到 CGRAM 或 DDRAM	1	0	要写的数据内容							
11	从 CGRAM 或 DDRAM 读数	1	1	读出的数据内容							

控制指令介绍如下。

控制指令 1:清显示,指令码 01H,光标复位到地址 00H 位置。

控制指令 2:光标复位,光标返回到地址 00H。

控制指令 3:光标和显示模式设置。

I/D:光标移动方向,高电平右移,低电平左移。

S:屏幕上所有文字是否左移或者右移。高电平表示有效,低电平则无效。

控制指令 4:显示开关控制。

D:控制整体显示的开与关,高电平表示开显示,低电平表示关显示。

C:控制光标的开与关,高电平表示有光标,低电平表示无光标。

B:控制光标是否闪烁,高电平闪烁,低电平不闪烁。

控制指令 5:光标或显示移位。

S/C:高电平时移动显示的文字,低电平时移动光标。

控制指令 6:功能设置命令。

DL:高电平时为 4 位总线,低电平时为 8 位总线。

N:低电平时为单行显示,高电平时双行显示。

F:低电平时显示 5×7 的点阵字符,高电平时显示 5×10 的点阵字符。

控制指令 9:读忙信号和光标地址。

BF:此为忙标志位,高电平表示忙,此时模块不能接收命令或数据,如果为低电平表示不忙。

LCD 模块接口有数据总线、数据和指令读/写线。如果数据总线直接和微控制器相连，读/写信号和微控制器的读写信号相连，称为总线控制方式；如果 LCD 模块的 R/W、RS 引脚直接与单片机的 I/O 口相连，则称为 I/O 控制方式。LCD1602 的程序设计根据芯片自身初始化及指令、读/写时序的要求来实现，与单片机的接口电路及程序设计请参考相关技术资料，在此不再赘述。

7.5　A/D 及 D/A 转换器的接口技术

在单片机的控制系统中，被控或被测量对象常是一些连续变化的模拟量，这些量需要转换为单片机能处理的数字信号；单片机的处理结果也常需要转换成模拟量，以驱动相应的执行机构，实现对被控制对象的控制。能实现模拟量转换为数字量的设备称为模/数转换器(ADC)；相反，能实现数字量转换为模拟量的设备称为数/模转换器(DAC)。

7.5.1　A/D 转换器的接口技术

单片机系统通常设有模拟量输入通道，把模拟量转换成标准的数字量送给单片机进行处理。A/D 转换器就是模拟量输入通道的核心，负责模拟量与数字量间的转换。

1. A/D 转换器概述

ADC 是一种能把输入模拟电压变成与它成正比数字量的器件。按其原理可分为计数式 A/D、逐次逼近式 A/D、双积分式 A/D、并行 A/D 等。描述转换器的性能指标有分辨率、转换速度、转换精度及输出数字量格式等。在集成电路器件中普遍运用的是逐次逼近式 A/D 和双积分式 A/D。

逐次逼近法也称为二次搜索法，即首先取允许电压最大范围的一半与输入电压值进行比较，也就是首先最高位置“1”，其余位为“0”；如果搜索值在此范围内，再取该范围值的一半，即次高位置“1”；如果搜索值不在此范围内，则最高位为“0”；依次进行下去，每次比较都可以将搜索范围缩小一半。具有 n 位的 A/D 转换，经过 n 次比较，即可得到结果。这种形式的 A/D 转换器的主要优点是转换精度较高、速度快，其转换时间在几微秒到几百微秒之间，常使用的芯片如 ADC0809、AD574A 等。

双积分式 A/D 转换是将输入电压转换成时间(脉冲宽度信号)或频率(脉冲频率)，然后由定时/计数器获得数字值。其主要优点是转换精度高、抗干扰性能好、价格便宜，缺点是转换速度较慢，因此这种转换器主要用于速度要求不高的场合，常使用的芯片有 MC14433。

2. ADC0809 的接口技术

1) ADC0809 的内部结构及引脚

ADC0809 是 8 路模拟量输入的 8 位逐次逼近式 A/D 转换器件，由 8 路模拟开关、8 位 A/D转换器、三态输出锁存器和地址锁存译码器组成，如图 7-39 所示。

ADC0809 片内 8 路模拟开关根据地址译码信号来选择 8 路模拟输入，共用一个 A/D 转换器进行转换。地址锁存译码电路完成对 A、B、C 三个地址位进行锁存和译码，其译码输出用于选择某个通道与 8 位 A/D 转换器接通，完成该路模拟信号的转换，三态输出锁存器用于存放和输出转换后的数字量，当 OE 引脚变为高电平时，就可以从三态输出锁存器中取出 A/D 转换结果。

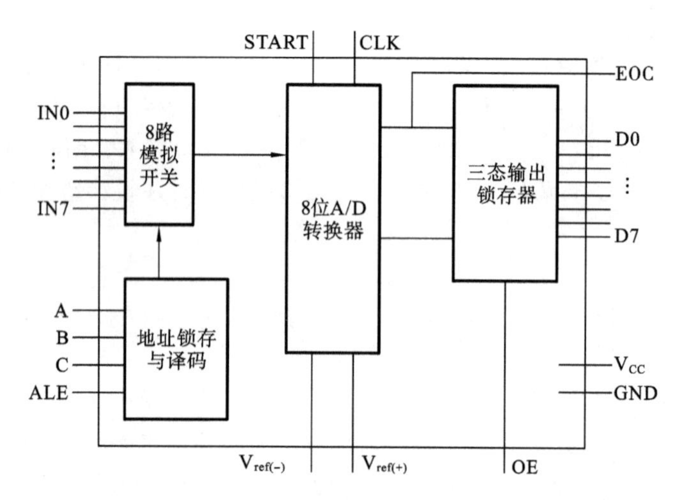

图 7-39　ADC0809 内部结构图

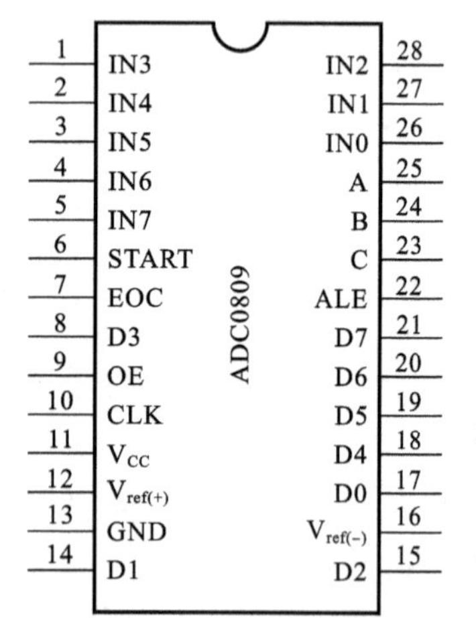

图 7-40　ADC0809 引脚图

ADC0809 是 28 条引脚的 DIP 封装，引脚如图 7-40 所示，其引脚功能如下所述。

IN0～IN7：8 路模拟输入量，用于输入被转换的模拟电压。

D7～D0：8 位数字量输出。

A、B、C：模拟输入通道地址选择线。

ALE：地址锁存允许，高电平有效，当出现由低电平跳变为高电平时将通道地址锁存至地址锁存器，经译码后控制 8 路模拟开关工作。

START：启动 A/D 转换信号，上升沿使芯片内部复位，为 A/D 转换作准备，下降沿时启动一次 A/D 转换。

EOC：转换结束信号，START 的上升沿使 EOC 变为低电平，表示 A/D 转换正在进行，A/D 转换结束，EOC 变为高电平，用于向单片机申请中断或查询。

OE：输出允许信号，高电平有效，此时打开输出三态门，将转换后的数字量送到数据总线。

CLK：时钟输入，可由单片机地址锁存信号 ALE 分频得到，要求频率范围在 10 kHz～1.2 MHz。

V_{CC}：+5 V 电源。

GND：地线。

$V_{ref(+)}$、$V_{ref(-)}$：参考电压输入，用于内部 D/A 转换，一般 $V_{ref(+)}$ 接+5 V。

2) ADC0809 与单片机的接口

ADC0809 与 MCS-51 系列单片机的一种常用接口电路如图 7-41 所示。

具体连接如下。

(1) P0.2～P0.0 通过锁存器 74LS373 与 ADC0809 的通道选择信号 C、B、A 相连。

(2) 单片机的数据总线 P0 与 ADC0809 的 8 位数字量输出 D7～D0 相连。

(3) 地址锁存信号 ALE 经 2 分频后连至 CLK。

(4) ADC0809 的 EOC 通过反相器连接至 P3.3($\overline{INT1}$)引脚。当 P3.3=0 时，表示转换结

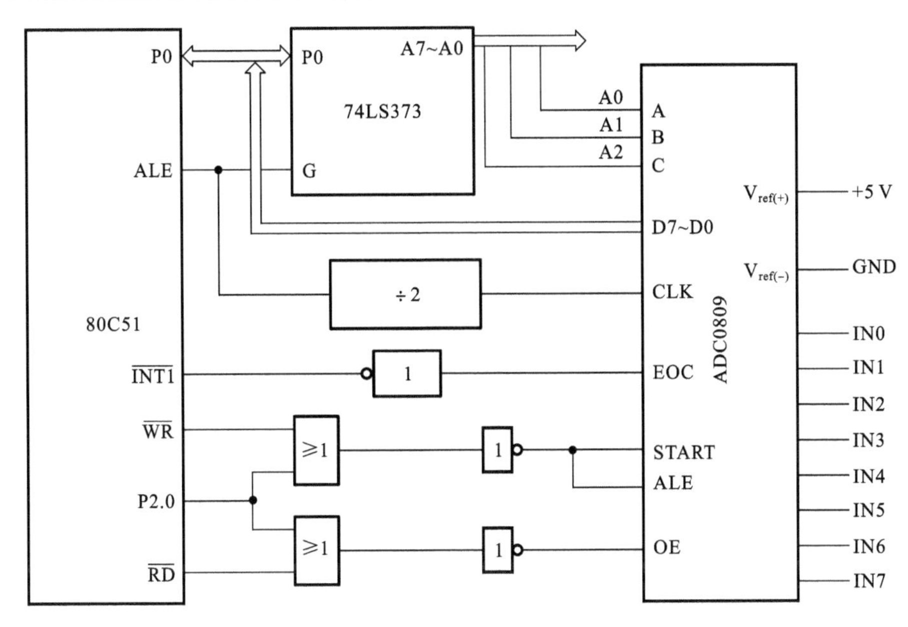

图 7-41 单片机与 ADC0809 的接口电路

束；当 P3.3=1 时，表示转换没有结束。通过查询 P3.3 的状态判断是否转换结束，或者通过中断进行判断。当转换结束后 CPU 发送读信号$\overline{WR}$给 ADC0809 的输出允许控制信号 OE，从其数据寄存器中读取数据。

(5) START 与 ALE 信号由 P2.0 与单片机的$\overline{WR}$进行或非运算后产生。启动 A/D 转换时，只要 P2.0=0，而其他地址线可取任意值，如果没有使用到的地址线均取“1”，则 8 路模拟量输入通道地址为

	P2.7～P2.1	P2.0	P0.7～P0.3	P0.2	P0.1	P0.0	十六位地址
IN0	1～1	0	1～1	0	0	0	FEF8H
IN1	1～1	0	1～1	0	0	1	FEF9H
IN2	1～1	0	1～1	0	1	0	FEFAH
⋮	⋮	⋮	⋮	⋮	⋮	⋮	⋮
IN7	1～1	0	1～1	1	1	1	FEFF

启动 A/D 转换时，只需使用一条 MOVX 指令。比如要选择 IN0 通道时，用以下两条指令实现。

```
MOV     DPTR, #0FEF8H        ;选择通道 IN0,送 ADC0809 的通道地址至单片机
MOVX    @DPTR, A             ;信号有效,启动 A/D 转换
```

此时，累加器 A 与 A/D 转换无关，可以为任意值。

(6) OE 由 P2.0 与 8051 的$\overline{RD}$进行或非运算后产生。当查询到 P3.3=0，即 A/D 转换结束后，向 ADC0809 发出允许输出信号 OE。用以下两条指令实现。

```
MOV     DPTR, #0FEF8H        ;选择相应的通道地址
MOVX    A, @DPTR             ;CPU 发送读信号
```

单片机读 A/D 转换结果要求 P2.0=0 且$\overline{RD}$=0，然后再选取好相应的模拟量通道地址。当 CPU 执行 MOVX A, @DPTR 指令时，读信号$\overline{RD}$有效，同时发送地址信号 P2.0=0，两者进行或非运算后的输出使得 OE 有效，单片机通过数据总线 P0 读取转换后的结果。

3）A/D 转换数据传送的方式

A/D 转换后的数据采取哪种方式传送给单片机取决于如何确认 A/D 转换完成。通常可采用以下三种方式。

（1）定时传送方式　对于一种特定的 A/D 转换器来说，转换时间是已知的。比如，ADC0809 的转换时间为 128 μs，可根据这个时间来设计一个延时子程序。单片机启动 A/D 转换后就调用这个延时子程序，使转换器有足够的时间进行转换，然后读取转换结果即可。

（2）查询方式　将转换结束信号 EOC 连至 I/O 口某一位上，启动 A/D 转换后，不断查询此位的状态，等待它转换为有效电平。当 EOC 为低电平时，表示转换没有结束，继续查询；当 EOC 变为高电平时，表示转换结束，可读取转换结果。

（3）中断方式　把转换结束信号 EOC 作为中端请求信号，经过外部电路（一般是反相器）后接至单片机$\overline{INT0}$或$\overline{INT1}$端口上，如图 7-41 所示。A/D 转换结束后，EOC 变为高电平，反相后为低电平，向单片机提出中断申请。单片机响应中断请求后，在中断服务程序中读取转换结果。

4）A/D 转换应用举例

例 7-14　单片机 A/D 转换硬件连接如图 7-41 所示。利用查询方式完成以下功能：从 ADC0809 的 IN1 输入模拟量，转换为数字量后存入 40H 单元。

程序段如下。

```
MAIN:MOV    DPTR，#0FEF9H       ;选择 IN1 输入模拟量
     MOVX   @DPTR ,A            ;启动 A/D 转换
LOOP:JB     P3.3，LOOP          ;利用查询方式等待转换结束
     MOVX   A，@DPTR            ;数字量送 A
     MOV    40H，A              ;数字量送 40H
```

例 7-15　设某数据采集系统中的硬件连接电路如图 7-41 所示。要求对 8 路模拟量输入信号进行检测，并将采集的数据存入片内数据存储器 40H～47H 单元。

程序段如下。

```
       ORG    0000H
       LJMP   MAIN
       ORG    0013H
       LJMP   INT_R1
       ORG    0030H
MAIN:  MOV    SP，#60H            ;设堆栈指针
       MOV    R0，#40H            ;设片内 RAM 首地址
       MOV    R7，#08             ;通道计数器
       SETB   IT1                 ;外部中断 1 为边沿触发
       SETB   EX1                 ;开放外部中断 1
       SETB   EA                  ;开放 CPU 中断
       MOV    R6，#00H            ;存放 A/D 转换标志字
       MOV    DPTR，#0FEF8H       ;指向 ADC0809 的通道 IN0
LOOP:  MOVX   @DPTR，A            ;启动 A/D 转换
WAIT:  CJNE   R6，#0FFH，WAIT     ;转换未结束，等待
       MOV    R6，#00H            ;A/D 转换后，清除标志位
```

```
        DJNZ    R7, LOOP              ;采样 8 路
         ⋮       ⋮
;利用中断方式读取转换结果
INT_R1: MOVX    A, @DPTR              ;读 A/D 转换结果
        MOV     @R0, A                ;存入片内 RAM 单元
        INC     R0                    ;指向下一个存储单元
        INC     DPTR                  ;下一个转换通道
        MOV     R6, #0FFH             ;置 A/D 转换结束标志
        RETI                          ;中断返回
;利用查询方式读取结果
AD_C:   MOV     R0, #40H              ;指向片内 RAM 首地址
        MOV     R7, #08               ;通道个数
        MOV     DPTR, #0FEF8H         ;指向 ADC0809 的 IN0
LOOP:   MOVX    @DPTR, A              ;启动 A/D 转换
WAIT:   JB      P3.3, WAIT            ;等待转换结束
        MOVX    A, @DPTR              ;读取转换结果
        MOV     @R0, A                ;存入片内 RAM
        INC     R0
        INC     DPTR
        DJNZ    R7, LOOP              ;采集 8 个通道
        RET
```

3. MC14433 的接口技术

MC14433 是基于双积分式转换原理的 $3\frac{1}{2}$位（三位半）A/D 转换器，具有抗干扰能力强、转换精度高、分辨率高（±1/1999，相当于 11 位二进制数）、价格低廉等特点，但是积分时间长，转换速度较慢（1～10 次/s），速度要求高的场合不适宜使用。目前，MC14433 在各种测量仪表中广泛应用。

1）MC14433 的内部结构及引脚

MC14433 内部由模拟电路和数字电路两部分组成，如图 7-42 所示。模拟输入电压量程为 199.9 mV 或 1.999 V 两种，对应的基准电压为＋200 mV 或 2 V；数字电路部分由逻辑控制、BCD 码及输出寄存器、多路开关、时钟及极性判别、溢出检测组成。MC14433 采用字位动态扫描 BCD 码输出方式，即千、百、十、个位 BCD 码轮流在 Q0～Q3 端输出，并在 DS1～DS4 端输出同步字位选通信号。

MC14433 的主要外接器件有时钟振荡器、外接电阻 R_t、失调补偿电容 C_0 及外接积分阻容元件 R_1、C_1。MC14433 为双列直插封装的 24 引脚芯片，其引脚如图 7-43 所示，引脚功能介绍如下。

V_{DD}：主电源，＋5 V。

V_{ee}：模拟部分的负电源，－5 V。

V_{ag}：V_{ref}和 V_x 的模拟地。

V_{ss}：数字地。

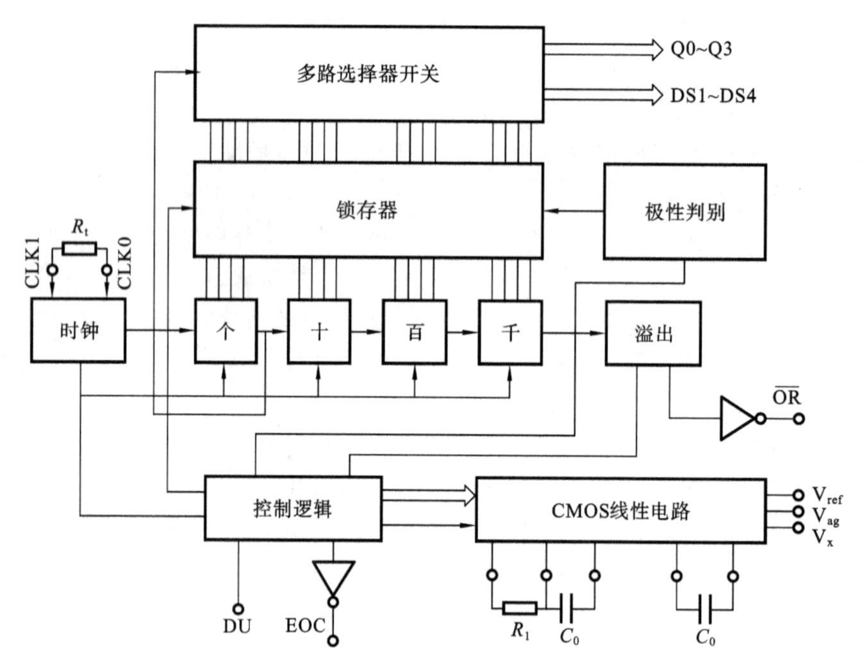

图 7-42　MC14433 的内部结构

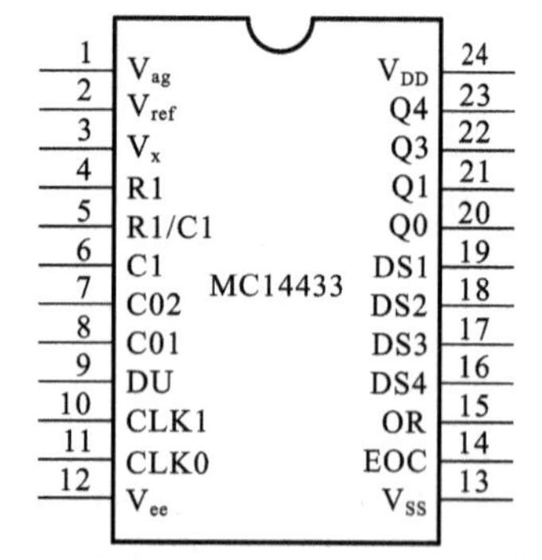

图 7-43　MC14433 引脚图

V_{ref}:基准电压输入线,值为 200 mV 或 2 V。

V_x:被测电压输入线,最大输入电压为 199.9 mV 或 1.999 V。

R1:积分电阻输入线,当 V_x 量程为 2 V 时,取 470 Ω,当 V_x 量程为 200 mV 时,取 27 kΩ。

R1/ C1:R_1、C_1 的公共端。

C01、C02:接失调补偿电容 C_0,其值约为 0.1 μF。

CLK0、CLK1:外接振荡器时钟频率调节电阻 R_t,其典型值为 470 Ω。

$\overline{OR}$:超量程状态信号输出线,低电平有效,一般为高电平,当$|V_x|>V_{ref}$时,$\overline{OR}$低电平有效。

EOC:转换结束输出线。

DU:更新转换控制信号输入线,若 DU 与 EOC 相连,则每次 A/D 转换结束后自动启动新的转换。

DS1～DS4:分别是千、百、十、个位的位选通脉冲输出线。

Q3～Q0:BCD 码输出线,动态输出千、百、十、个位值。

2) DS1～DS4 与 Q3～Q0 输出结果的关系

当 DS4=1 时,Q3～Q0 输出为个位 BCD 码值 0～9。

当 DS3=1 时,Q3～Q0 输出为十位 BCD 码值 0～9。

当 DS2=1 时,Q3～Q0 输出为百位 BCD 码值 0～9。

当 DS1=1 时,Q3～Q0 输出为千位 BCD 码值 0 或 1。

还有,当 DS1=1 时,Q3～Q0 还表示转换值的正负极性及欠量程还是超量程,Q2 表示转换极性(“0”为负,“1”为正),Q1 没有意义;Q0=1 且 Q3=0 时表示超量程,Q0=1 且 Q3=1 时表示欠量程。

各位输出结果的具体状态如下所示。

Q3Q2Q1Q0＝1××0，表示千位为 0。

Q3Q2Q1Q0＝0××1，表示千位为 1。

Q3Q2Q1Q0＝01×0，表示结果为正。

Q3Q2Q1Q0＝×0×0，表示结果为负。

Q3Q2Q1Q0＝0××1，表示输入超量程。

Q3Q2Q1Q0＝1××1，表示输入欠量程。

3) MC14433 与单片机的接口

图 7-44 所示为 MC14433 与单片机 80C51 连接的一种常用接口电路。当 MC14433 上电后，就对外输入模拟电压 V_x 进行 A/D 转换；EOC 与 DU 相连，每次转换结束都有相应的 BCD 码及相应的选通信号出现在 Q3～Q0 和 DS1～DS4 上，并能自动连续转换；MC14433 转换后的 BCD 码通过 P1 口扫描输入；EOC 经非门送 $\overline{INT1}$；当 80C51 开放允许外部中断时，每次 A/D转换结束，都发出中断请求信号，在中断服务程序中处理 A/D 转换结果。

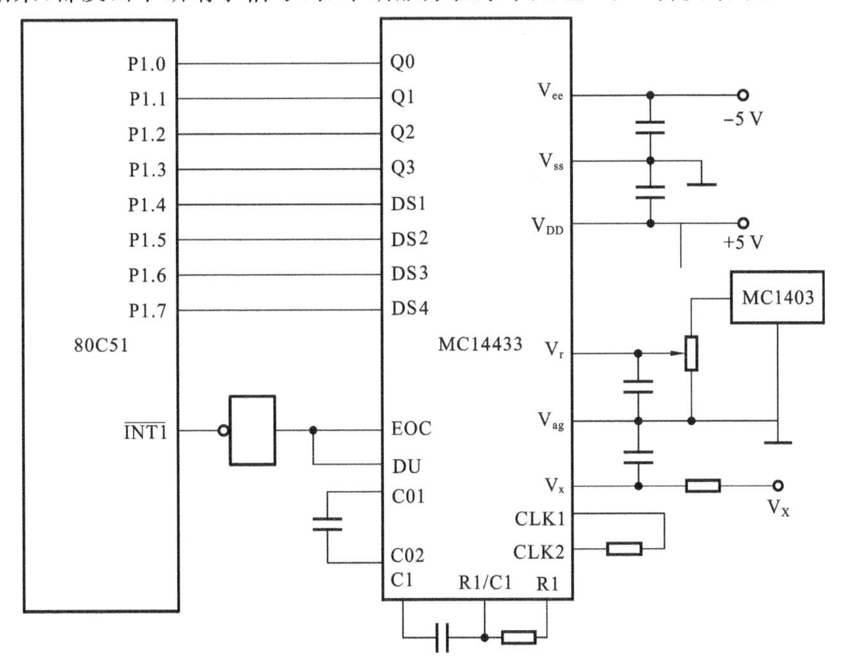

图 7-44　80C51 与 MC14433 的接口电路

7.5.2　D/A 转换器的接口技术

单片机系统通常设有模拟量输出通道，把数字量转换成模拟量，驱动被控对象或用于数据显示。D/A 转换器就是模拟量输出通道的核心，负责数字量与模拟量的转换。

1. D/A 转换器概述

DAC 按可转换的数字量位数分为 8 位、10 位、12 位等。DAC 的性能指标是具体选用 DAC 芯片型号的依据，也是衡量芯片性能的重要参数，主要包括分辨率、线性度、转换时间、输出电压范围等。分辨率是 D/A 转换器对输入量变化敏感程度的描述，与输入数字量的位数有关，位数越多，转换器对输入量变化的敏感程度也就越高，使用时根据分辨率的需要来选定转换器的位数；转换时间表示 DAC 的转换速度，一般来说 D/A 转换速度高于 A/D 转换速度，最快的转换时间可达 1 μs。D/A 转换中,参考基准电压是唯一影响输出结果的模拟参量。目前,D/A 转换芯片的种类很多,实际应用时只需根据系统的要求选用合适的 DAC 芯片及配置相应的接口电路。下面介绍常用的 DAC0832 芯片及其与 MCS-51 系列单片机的硬件连接电路、软件应用程序的设计。

2. 转换芯片 DAC0832

DAC0832 是一种常用的 DAC 芯片,是美国国家半导体公司(NS)研制的 DAC0830 系列 DAC 芯片中的一种。DAC0832 是双列直插封装的 20 引脚的 8 位 D/A 转换芯片,采用单电源供电,从+5 V~+15 V 均可正常工作,基准电压范围为-10 V~+10 V。

1) DAC0832 的内部结构及引脚功能

DAC0832 的内部结构及引脚如图 7-45 所示。由 8 位输入寄存器、8 位 DAC 寄存器、8 位 D/A 转换器以及控制逻辑电路组成,采用二次缓冲方式,这样可以在输出的同时,输入下一个数据,以提高转换速度。两个 8 位寄存器输出控制逻辑电路由三个与门组成,该逻辑电路的功能是进行数据锁存控制,当$\overline{LE}$=0 时,输入数据被锁存;当$\overline{LE}$=1 时,锁存器的输出跟随输入的数据。数据进入 8 位 DAC 寄存器,经 8 位 D/A 转换电路,就可以输出和数字量成正比的模拟电流。DAC0832 内部没有运算放大器,并且输出的是电流,使用时需外接运算放大器才能得到模拟输出电压。

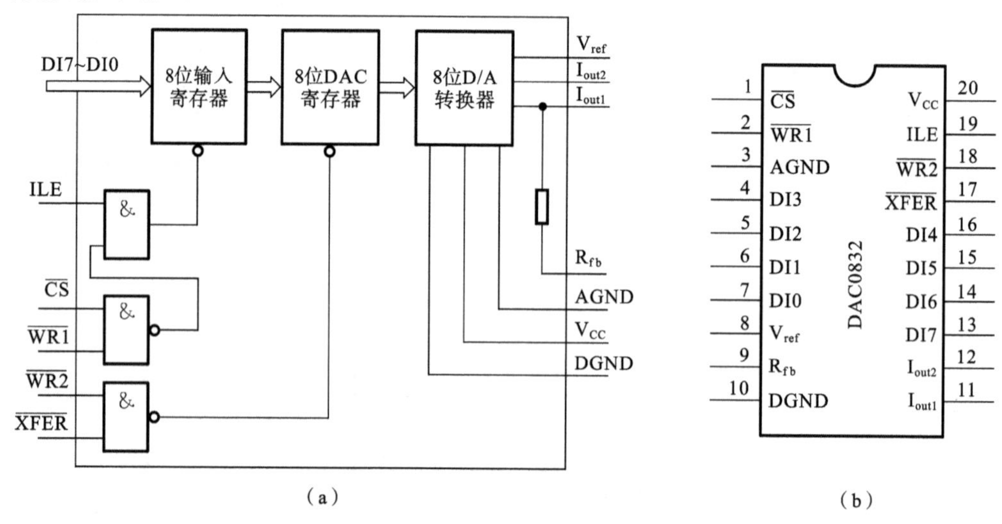

图 7-45 DAC0832 **内部结构及引脚**

(a) DAC0832 内部结构　(b)DAC0832 的引脚

DAC0832 芯片的引脚功能描述如下。

DI7~DI0:8 位数字量输入线,TTL 电平,其作用为送需转换的数字量至 DAC0832。

ILE:输入锁存允许信号,高电平有效。

$\overline{CS}$:片选信号,低电平有效,与 ILE 信号结合,可对$\overline{WR1}$是否起作用进行控制。

$\overline{WR1}$:输入寄存器的写选通输入信号,低电平有效。当$\overline{CS}$、ILE 有效,且$\overline{WR1}$=0 时,为输入寄存器直通方式;当$\overline{CS}$、ILE 有效,且$\overline{WR1}$=1 时,DI7~DI0 的数据被锁存至输入寄存器,为输入寄存器锁存方式。

$\overline{XFER}$:数据传送控制信号,低电平有效,可作为地址线使用。

$\overline{WR2}$:DAC 寄存器写选通输入信号,低电平有效。当$\overline{WR2}$=0,$\overline{XFER}$=0 时,输入寄存器

的内容传送至DAC寄存器中；当$\overline{WR2}$＝0，$\overline{XFER}$＝1时，为DAC寄存器直通方式；当$\overline{WR2}$＝1，$\overline{XFER}$＝0时，为DAC寄存器锁存方式。

I_{out1}、I_{out2}：输出电流1、输出电流2。当输入数据为全“1”时，I_{out1}端电流最大，I_{out2}端电流最小；当输入数据为全“0”时，I_{out1}端电流最小；I_{out1}端电流和I_{out2}端电流之和为一常数。

R_{fb}：反馈电阻输入引脚，反馈电阻在芯片内部。

V_{ref}：基准电压输入端，用作D/A转换的基准电压，可在－10 V～＋10 V范围内选取。

V_{CC}：电源电压，可在＋5 V～＋15 V范围内选取，通常取＋5 V。

AGND：模拟地。

DGND：数字地。

2) DAC0832的工作方式

DAC0832利用$\overline{WR1}$、$\overline{WR2}$、$\overline{XFER}$、ILE控制信号可以构成三种工作方式。

(1) 直通方式　当$\overline{WR1}$＝$\overline{WR2}$＝0时，两个寄存器处于常通状态，数据可以直接经两个寄存器进入D/A转换器进行转换。这种方式下，不能直接与系统的数据总线相连，需另外添加锁存器，所以很少使用。

(2) 单缓冲方式　当$\overline{WR1}$＝0或$\overline{WR2}$＝0时，两个寄存器之一处于直通，而另一个寄存器处于受控状态。实际使用时，如果只有一路模拟量输出，或虽然有多路模拟量输出但不要求同步输出时，就可采用单缓冲方式。

(3) 双缓冲方式　两个寄存器都处于受控状态。这种方式适用于多路模拟量同步输出。

3) DAC0832与单片机的单缓冲连接

单缓冲方式适用于一路模拟量输出或几路模拟量非同步输出的应用场合。此时，与单片机的硬件连接如图7-46所示。

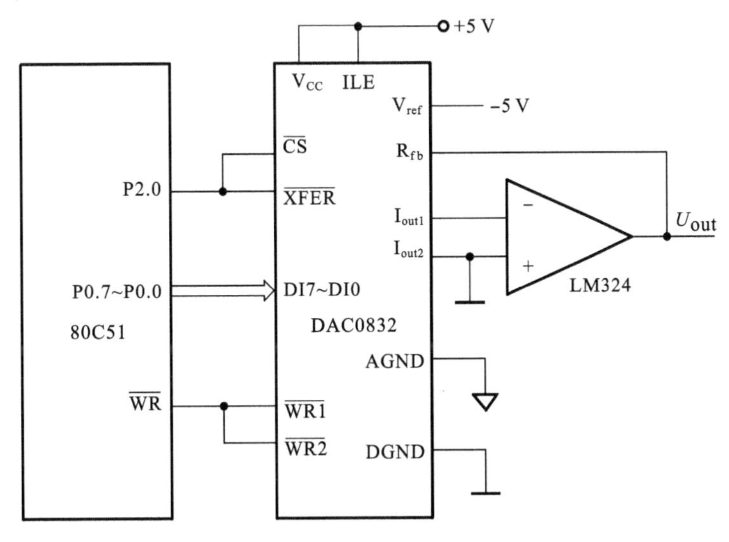

图7-46　80C51与DAC0832单缓冲方式的接口电路

(1) 数据总线的连接　80C51的P0口连至DAC0832的数据线DI7～DI0。

(2) 地址线的连接　80C51的P2.0连至DAC0832的$\overline{CS}$、$\overline{XFER}$，那么DAC0832的地址只要满足P2.0＝0即可，可见地址不唯一，如果将没有使用的地址线设为“1”，则DAC0832的地址为FEFFH。

(3) 控制线的连接　输入锁存信号ILE一般直接接＋5V电源，处于恒有效；80C51的写信号$\overline{WR}$连至DAC0832的$\overline{WR1}$和$\overline{WR2}$。

(4) 输出端的连接　因为DAC0832是电流输出型的D/A芯片,所以其输出端接运算放大器,由运算放大器产生输出电压,图7-46中采用了内置反馈电阻,若输出幅度不足,可以外接反馈电阻,也可增加运算放大器。

(5) 电源、地的连接　DAC0832的参考电压V_{ref}接−5 V,V_{CC}接+5 V,AGND、DGND分别接模拟地和数字地。

图7-46所示的硬件连接构成了两个寄存器同时受控的单缓冲方式,其实还有另外两种接法,可以使得两个寄存器中的任意一个直通,另一个受控,这两种连接方法如下。

① ILE接+5 V,$\overline{CS}$接地,$\overline{XFER}$接地址线(作为片选),8位输入寄存器直通,8位DAC寄存器受控。

② ILE接+5 V,$\overline{XFER}$接地,$\overline{CS}$接地址线(作为片选),8位DAC寄存器直通,8位输入寄存器受控。

例7-16　图7-46所示D/A转换电路,试编程实现将单片机输出的数字量通过DAC0832转换成模拟量,并从运算放大器LM324输出对应的电压。

解　输出模拟电压U_{out}与输入数字量D呈线性比例关系,即

$$U_{out}=\frac{5}{2^8}\times D=\frac{5}{256}\times D$$

单片机对DAC0832的操作与操作外部RAM一样,使用MOVX指令,需转换的数字量通过A进行转换。程序如下。

```
MOV     A, #data          ;数字量送A
MOV     DPTR, #0FEFFH     ;DAC0832的地址
MOVX    @DPTR, A          ;数字量输入DAC0832,转换为模拟量输出
```

例7-17　用DAC0832输出如图7-47所示锯齿波。

解　采用两级同时受控方式,P2.0作为DAC0832的片选,端口地址为FEFFH。单片机输出的数字量从0开始,每次加1,直到加到最大值FFH,再加1重新变为0,每次数字量输出转换成对应的模拟量输出,即可得到锯齿波波形,程序如下。

```
        ORG     0000H
        MOV     A, #00H          ;赋转换初值
        MOV     DPTR, #0FEFFH    ;DAC0832的地址
LOOP:   MOVX    @DPTR, A         ;进行D/A转换
        INC     A
        SJMP    LOOP             ;循环输出
        END
```

上述程序中可以通过加入NOP指令,或使用延时子程序来改变输出波形。

产生三角波(见图7-48)的程序如下。

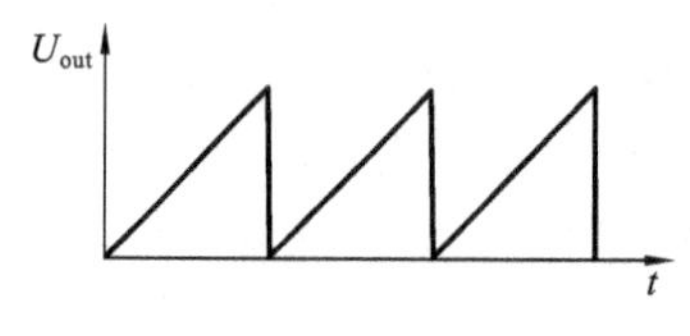

图7-47　锯齿波波形

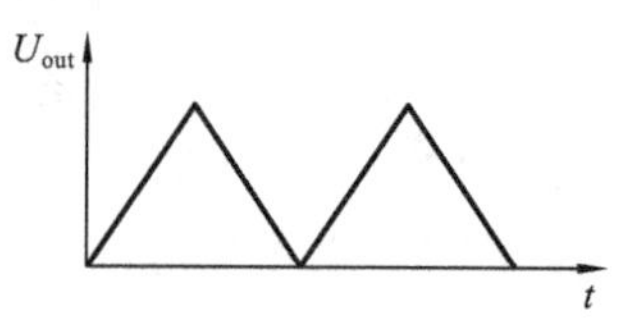

图7-48　三角波波形

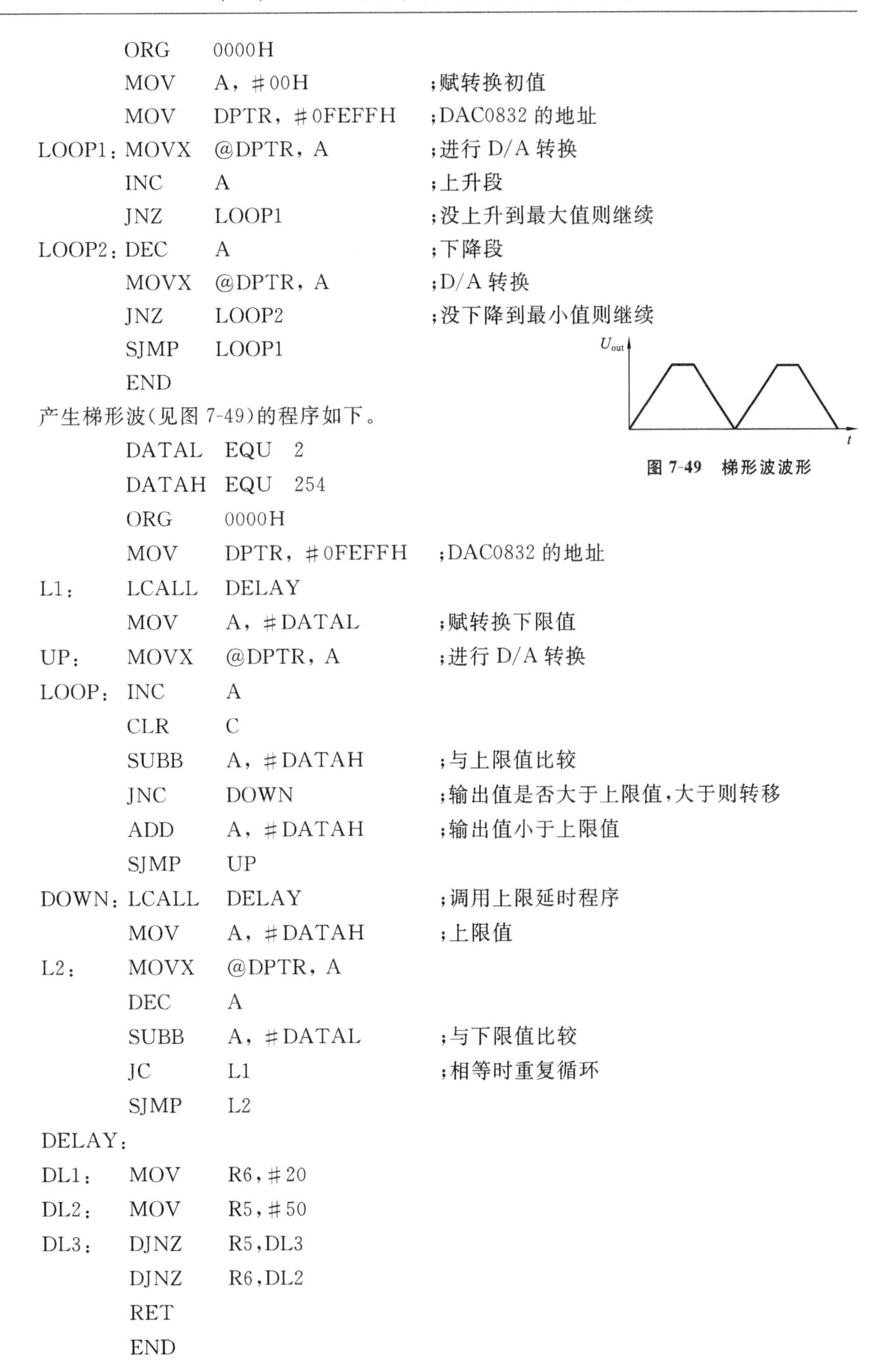

```
        ORG     0000H
        MOV     A, #00H             ;赋转换初值
        MOV     DPTR, #0FEFFH       ;DAC0832 的地址
LOOP1:  MOVX    @DPTR, A            ;进行 D/A 转换
        INC     A                   ;上升段
        JNZ     LOOP1               ;没上升到最大值则继续
LOOP2:  DEC     A                   ;下降段
        MOVX    @DPTR, A            ;D/A 转换
        JNZ     LOOP2               ;没下降到最小值则继续
        SJMP    LOOP1
        END
```

产生梯形波(见图 7-49)的程序如下。

图 7-49　梯形波波形

```
        DATAL   EQU   2
        DATAH   EQU   254
        ORG     0000H
        MOV     DPTR, #0FEFFH       ;DAC0832 的地址
L1:     LCALL   DELAY
        MOV     A, #DATAL           ;赋转换下限值
UP:     MOVX    @DPTR, A            ;进行 D/A 转换
LOOP:   INC     A
        CLR     C
        SUBB    A, #DATAH           ;与上限值比较
        JNC     DOWN                ;输出值是否大于上限值,大于则转移
        ADD     A, #DATAH           ;输出值小于上限值
        SJMP    UP
DOWN:   LCALL   DELAY               ;调用上限延时程序
        MOV     A, #DATAH           ;上限值
L2:     MOVX    @DPTR, A
        DEC     A
        SUBB    A, #DATAL           ;与下限值比较
        JC      L1                  ;相等时重复循环
        SJMP    L2
DELAY:
DL1:    MOV     R6,#20
DL2:    MOV     R5,#50
DL3:    DJNZ    R5,DL3
        DJNZ    R6,DL2
        RET
        END
```

4) DAC0832 与单片机的双缓冲连接

双缓冲方式适用于多路模拟量同时输出的应用场合，此时，输入寄存器的锁存信号和DAC 寄存器的锁存信号分开控制，每一路模拟量输出需要一片 DAC0832，多路输出就需要多片 DAC0832 进行同步输出。

例 7-18 用单片机与两片 DAC0832 构成输出图形显示器的 X、Y 偏转信号。

解 双缓冲方式的连接与单缓冲方式的连接，除了片选信号与传送控制信号外全部相同。两片 DAC0832 的输入寄存器分别由两个不同的片选信号进行连接，也就是首先将两路数据由不同的片选信号分别送入 DAC0832 的输入寄存器；而两片 DAC0832 的 DAC 寄存器的传送控制信号$\overline{XFER}$同时由一个片选信号控制，这样当选通 DAC 寄存器时，各自输入寄存器的数据就可以同时进入各自的 DAC 寄存器已达到同时进行转换，同步输出的目的。具体连接如图 7-50 所示。

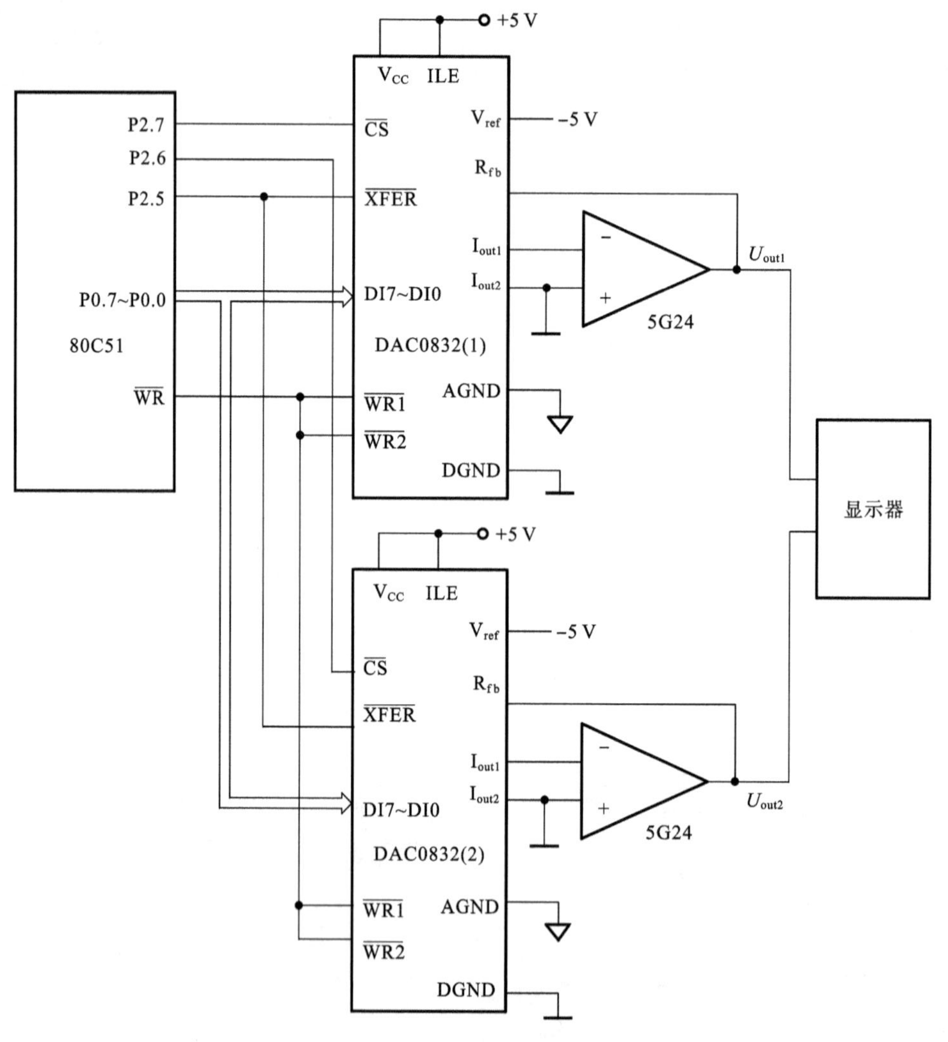

图 7-50 80C51 与 DAC0832 双缓冲方式的接口电路

单片机地址总线的 P2.7 接 DAC0832(1)的$\overline{CS}$。

单片机地址总线的 P2.6 接 DAC0832(2)的$\overline{CS}$。

单片机地址总线的 P2.5 接 DAC0832(1)、DAC0832(2)的$\overline{XFER}$。

采用这种方式连接后，DAC0832(1)输入寄存器的地址只需保证 P2.7＝0 即可，其他地址线取“1”，则为 7FFFH；DAC0832(2)输入寄存器的地址只需保证 P2.6＝0 即可，其他地址线取“1”，则为 BFFFH；DAC0832(1)、DAC0832(2)的 DAC 寄存器地址只需保证 P2.5＝0 即可，其他地址线取“1”，则为 DFFFH。

程序如下。

```
MOV     DPTR, #7FFFH        ;指向 DAC0832(1)的输入寄存器
MOV     A, #DATAX           ;X 方向的数值
MOVX    @DPTR, A            ;X 数值送 DAC0832(1)输入寄存器
MOV     DPTR, #0BFFFH       ;指向 DAC0832(2)的输入寄存器
MOV     A, #DATAY           ;Y 方向的数值
MOVX    @DPTR, A            ;Y 数值送 DAC0832(2)输入寄存器
MOV     DPTR, #0DFFFH       ;指向两片 DAC0832 的 DAC 寄存器
MOVX    @DPTR, A            ;X、Y 送入 DAC 寄存器,同时进行 D/A 变换
```

习　　题

1. MCS-51 系列单片机扩展片外存储器时，为何要加地址锁存电路？

2. 在 MCS-51 系列单片机系统扩展中，程序存储器和数据存储器共用 16 位地址线和 8 位数据线，为什么不会在数据总线上出现总线竞争现象？

3. MCS-51 系列单片机扩展系统中，外部程序存储器和外部数据存储器的地址空间允许重叠而不会发生冲突，为什么？外部 I/O 接口地址能否与外部程序存储器地址重叠？为什么？

4. MCS-51 系列单片机系统扩展时，存储器的片选方式有几种？有哪些特点？

5. 80C51 单片机系统采用 27128 扩展程序存储器，用线选法在 16 根地址线内最多可扩展几片？此时程序存储器的容量是多少？

6. 80C51 单片机系统采用 6264 扩展数据存储器，用译码法扩展数据存储器在 16 根地址线内最多可扩展几片？此时数据存储器的容量是多少？

7. 要求为 80C51 单片机扩展两片 2732 作为外部程序存储器，试画出连接电路图，并指出各扩展芯片的地址范围。

8. 要求为 80C51 单片机扩展一片 2864A，使其既可作为程序存储器又可作为数据存储器，试画出硬件连接电路图。

9. 简述键盘扫描的主要思路。

10. 简述键盘利用软件消除抖动的原理。

11. 简述 LED 动态显示和静态显示方式的特点。

12. 试画出利用 80C51 单片机的 P1 口扩展的 3×3 的行列式键盘电路图。

13. 对 LED 显示器的驱动可以采用低电平，也可以采用高电平，两种方式各有什么特点？

14. 试编程对 8255A 进行初始化，使 PA 口工作于方式 0 输入，PB 口为方式 1 输出，PC 口上半部分按方式 0 输出，下半部分按方式 1 输出。

15. 用 8255A 扩展单片机的 I/O 口，要求 8255A 的 PA 口为输入口，PA 口的每一位接一个开关，PB 口为输出口，输出的每一位接一个发光二极管。当某个开关接“1”时，相应位上的

发光二极管点亮(输出"0"时点亮),试画出硬件电路图并编写相应程序。设 8255A 的端口 PA～PC的地址为 7FFCH～7FFFH。

16. 在由 80C51 单片机和 ADC0809 组成的数据采集系统中,ADC0809 的地址为 7FF8H～7FFFH。试画出硬件连接电路图,并编程实现每隔一分钟轮流采集一次 8 个通道数据,共采集 100 次,采样值存入片外 2000H 开始的存储单元中。

17. 在由 80C51 单片机和 DAC0832 组成的系统中,DAC0832 的地址为 7FFFH,输出电压为 0～5 V。试画出硬件连接电路图,并编写产生矩形波的转换程序,要求波形占空比为 1∶4,高电平时的电压为 2.5 V,低电平时的电压为 1.25 V。

第 8 章　Keil C51 的应用程序设计基础

单片机程序可以用汇编语言编写，也可以用 C 语言编写，两者都可以在 Keil C51 环境中编程、调试、开发。Keil C51 编译器是专门为 MCS-51 系列单片机开发而研制的，支持符合 ANSI 标准的 C 语言程序设计，同时也针对 MCS-51 系列单片机的特点做了一些特殊扩展，特别适合用 C 语言为 MCS-51 系列单片机进行程序设计，所以这种语言又被称为 C51 语言。

对单片机用汇编语言和用 C 语言编程各有优缺点。

采用汇编语言程序设计时，直接针对单片机的存储空间进行地址资源的分配和程序设计，每执行一条指令对应其固定的机器码(伪指令除外)，使编程者更容易对单片机的存储空间进行合理的利用，可以有效地节约单片机的存储空间。另外，由于源程序指令数量较少，也可以大大地节约单片机执行整个程序所花费的时间，使程序的执行效率得到提高。从源程序使用的存储空间大小和扫描一次所花费的时间来看，汇编语言设计可以使程序得到优化。

Keil C51 语言是一种高级程序设计语言，既具有高级语言的优点，又具有低级语言的一些特点，可以实现对单片机硬件的直接控制。Keil C51 语言具有功能丰富、表达能力强、使用灵活方便、程序编译效率高、可移植性好等特点。Keil C51 语言是一种结构化程序设计语言，逻辑性强，可读性好。它丰富的库函数又为模块化编程奠定了基础，模块化程序设计为多人分工设计大中型程序提供了方便。总之，用 Keil C51 语言来编写目标程序可以大大缩短单片机应用系统的开发周期，增加程序可读性和可移植性。

为了帮助会用汇编语言编程和已经学过 C 语言的程序设计人员尽快掌握 Keil C51 语言的编程方法，本章结合 Keil C51 语言的特点，在对 C 语言进行介绍的基础上详细阐述了 Keil C51 语言针对 ANSI C 的扩展。

8.1　Keil C51 程序设计的基本语法

Keil C51 语言中涉及的基本语法主要有标识符、关键字、数据类型、数据存储类型、运算符等。

8.1.1　标识符和关键字

1. 标识符

Keil C51 语言中的标识符是用来标识程序中的某个对象名称的，是程序设计人员用自己定义的字符序列来命名需要辨识的对象。这些对象可以是符号常量、变量、数组、数据类型、存储方式、函数等。

标识符由字符串、数字和下划线组成，且必须以字母或下划线开头。标识符长度不得大于 32 个字符，通常是前 8 个字符有效。标识符中含有字母时，应区分大小写。

例如：H，h，_321，sum 等是合法的标识符，而 3sum，sum-是非法的，不能作为标识符使用。

虽然标识符由程序员自己定义，但由于标识符的作用是为了标识某个量，所以标识符命名时应尽量有相应的意义,以便于理解和使用。

2. 关键字

C语言中保留了一些标识符,这些保留标识符被称为关键字。程序员不能把关键字作为自己的标识符使用。

ANSI C标准中的关键字有:auto,break,case,char,const,continue,default,do,double,else,enum,extern,float,for,goto,if,int,long,register,return,short,signed,sizeof,static,struct,switch,typedef,union,unsigned,void,volatile,while,共32个。

Keil C51编译器除了支持ANSI C标准中的关键字外,还根据MCS-51系列单片机系统的特点扩展了自己的关键字,主要有:_at_,alien,bdata,bit,code,compact,data,idata,interrupt,large,pdata,reentrant,sbit,sfr,sfr16,small,using,xdata等。这些关键字都不能作为程序员的自定义标识符。

8.1.2 Keil C51的数据类型及对C语言数据类型的扩展

1. C语言的数据类型

C语言中提供的数据结构是以数据类型的形式出现的。按表达含义可分为常量和变量两种。按构造形式可分为基本数据类型和复杂数据类型。C语言的基本数据类型有整型(int)、浮点型(float)、字符型(char)和指针型(*)。

2. Keil C51对C语言数据类型的扩展

Keil C51编译器除支持以上基本数据类型外,还支持bit,sbit,sfr,sfr16等扩充数据类型。表8-1列出了Keil C51语言的各种数据类型。其中bit,sbit,sfr,sfr16为扩充数据类型。

表8-1　Keil C51语言的数据类型

数据类型	位数	字节数	值域
unsigned char	8	单字节	0～255
signed char	8	单字节	−128～127
unsigned int	16	双字节	0～65535
signed int	16	双字节	−32768～32767
unsigned long	32	四字节	$0\sim2^{32}-1$
signed long	32	四字节	$-2^{31}\sim2^{31}-1$
float	32	四字节	$10^{-37}\sim10^{38}$
*	8～24	1～3字节	对象的地址
bit	1	位	0或1
sbit	1	位	0或1
sfr	8	单字节	0～255
sfr16	16	双字节	0～65536

1) bit的用法

bit可以定义一个位标量、位变量、位类型的函数和位函数参数等,但不能定义位指针,也

不能定义位数组。它的值是一个二进制数“0”或“1”，或布尔类型的 True 和 False。如

```
bit Va_max;          // 将 Va_max 定义为一个位变量
bit fun1(            // 将 fun1 定义为 bit 类型函数
bit redled,          // 将 redled 定义为 bit 类型函数参数
bit greenled)        // 将 greenled 定义为 bit 类型函数参数
{…}
```

2) sbit 的用法

sbit 可以声明一个可位寻址的位变量。常用来定义特殊功能寄存器中的一些特定位，对于 80C51 单片机，它可以定义的有效范围为 80H～F7H。它主要有以下几种使用方法。

(1) sbit 位变量名＝位地址；如

sbit selectkey＝0x90;   //定义位地址 90H 为位变量 selectkey

(2)sbit 位变量名＝特殊功能寄存器名^位位置；如

sbit selectkey＝P1^0;

(3) sbit 位变量名＝字节地址^位位置；如

sbit selectkey＝0x90^0;

MCS-51 系列单片机是通过特殊功能寄存器 SFR 实现对其主要资源进行控制的，采用 SFR 的操作管理方式。80C51 有 21 个 SFR，用来实现对片内 13 个单元电路的运行管理。对 SFR 可以通过直接寻址和位寻址访问。利用关键字 sbit 可以实现对 SFR 的位寻址，而利用关键字 sfr 和 sfr16 可以实现对 SFR 的直接寻址。

3) sfr 的用法

sfr 的作用是声明一个 8 位的特殊功能寄存器，sfr16 的作用是声明一个 16 位的特殊功能寄存器。其使用形式分别为

sfr 特殊功能寄存器名＝地址常数；

sfr16 特殊功能寄存器名＝地址常数；

如

sfr P1＝0x90;//定义 80C51 片内地址 90H 单元是特殊功能寄存器 P1

Keil C51 语言中，虽然 sfr 后面的特殊功能寄存器名可以在符合语法的条件下任意命名，比如“sfr PP＝0x90;”但这不符合使用习惯，不方便使用，因此命名时还是要按照合理的名称来确定，便于理解，以方便编程。需要注意的是：等号后面必须是常数，不允许是带运算符的表达式，而且该常数必须在特殊功能寄存器的地址范围内(80C51 为 80H～FFH)。

8.1.3 C 语言的数据存储类型

在 C 语言中，为方便数据使用，数据本身不仅划分了不同的类型，数据的存储方式也划分了不同的类型，我们称其为数据存储类型。

按照变量的存在时间可划分为静态存储类型和动态存储类型。静态存储是指在程序运行期间分配固定的存储空间，变量在程序的整个运行时间内都存在；动态存储则是指在程序运行时根据需要进行动态分配存储空间，即只在函数调用时临时为变量分配存储单元。

按照变量的有效作用范围，可划分为局部变量和全局变量。局部变量是在一个函数内部定义的变量，它只在本函数范围内有效，也就是说只有在本函数内才能使用它们，在本函数外部是不能使用这些变量的。全局变量是指在函数外部定义的变量，它的有效作用范围为：从定

义该变量的位置开始到本源文件结束。因为全局变量是在函数外部定义的,编译时分配在静态存储区,可以被程序中的各个函数所使用。如果一个C程序由多个源程序构成,可以在文件开头用extern(例如“extern int a;”说明变量a来源于某外部文件 *.c,它可以使用这个变量)或者static(含义为本文件定义的全局变量只能用于本文件,包括有extern说明的任何其他文件都不能使用)来说明全局变量的作用范围。

和数据存储类别相关的关键字有auto(自动变量)、static(静态变量)、register(寄存器变量)、extern(外部变量)。

8.1.4 Keil C51数据存储类型对ANSI C语言数据存储类型的扩展

Keil C51中除了用到ANSI C标准中的数据存储类别关键字auto,static,register,extern等外,还扩展了一些关键字。

Keil C51语言中的变量在使用前要对变量的数据类型和数据存储类型进行定义,以便编译系统为它们分配相应的存储单元。在Keil C51语言中对变量定义的格式为

存储类型　数据类型　存储器类型　变量名;

(1) 存储类型　是变量的存储类别,用到ANSI C标准中的数据存储类别关键字auto,static,register,extern等四种数据存储类型。该项为可选项,默认为auto。

(2) 数据类型　用到的关键字为表8-1中所列出的数据类型名。

(3) 存储器类型　是变量所存放的空间存储器类别,包含data,bdata,idata,pdata,xdata,code等Keil C51语言扩展关键字。其含义见表8-2。该项为可选项。

表8-2　Keil C51存储器类型的含义

存储器类型	长　度	值　域	所在存储空间
data	1B	0～127	直接寻址的片内低128B数据存储器
bdata	1B	32～47	可位寻址的片内数据存储器16B
idata	1B	0～255	间接访问的片内数据存储器256B
pdata	1B	0～255	分页寻址的片外数据存储器256B
xdata	2B	0～65535	片外数据存储器64KB
code	2B	0～65535	程序存储器64KB

1. 关于存储器类型含义的说明

data区是指直接寻址的片内低128B数据存储器,地址范围为00H～7FH,这部分是主要的数据段。因为该区采用直接寻址方式,所以访问data区要比访问其他区的速度快。但data区空间较小,所以在用到频繁使用的数据,比如循环计数值、退出函数时空间会自动释放的局部变量,一般要放到该区。另外该区的低32B是通用寄存器,使用时应避免产生数据冲突。

bdata区是可位寻址的片内数据存储器,该区也允许按字节访问,共包括20H～2FH地址单元16字节。在该区可用bit进行位定义。如

```
bit bdata clockflag;        //在bdata区定义可位寻址变量clockflag
```

程序中遇到的其他逻辑变量都可以采用类似的方法进行位定义。

idata区是间接访问的片内数据存储器,它允许访问片内RAM的256个字节,地址范围为00H～FFH。这部分地址空间和SFR地址重叠,通过访问时对idata采用间接寻址,对

SFR 采用直接寻址来解决这个问题。

pdata 区是指分页寻址的片外数据存储器，每页 256 字节，一共 256 页，共 64K 字节，可以覆盖所有的片外数据存储器。访问时使用 MOVX @Ri，A 或 MOVX Ai，@R 指令来指定片外数据存储器的低 8 位，用 P2 口指定高 8 位，在 STARTUP. A51 文件中说明。

xdata 区是指片外数据存储器 XRAM，共 64K 字节。对 xdata 区的数据使用 MOVX @DPTR，A 或 MOVX A，@DPTR 指令访问，单片机处理时间较长，读写较慢。另外，用户扩展的外围可编程芯片的地址也位于片外数据存储器中，可以用 xdata 对其进行存储类型的定义。

code 区是指程序存储器，共 64K 字节。它用来存储程序段代码，按 16 位进行寻址。它是只读存储器(ROM)，程序运行时只能读出、不能写入，只能用 MOVC　A，@A＋DPTR 指令操作。

对于 bit 类型的变量，都放在 80C51 片内 RAM 的可位寻址区，它可以带有 data，idata，bdata 三种存储类型。

2. Keil C51 编译器在不同编译模式下的存储器类型的选择

Keil C51 编译器完全支持 MCS-51 系列单片机的硬件结构及其存储器，通过变量的存储器类型名对于每个变量可以准确地赋予其存储器类型，以便于编译时能够在单片机系统资源内定位。对函数变量存储器类型的定义见 8.3.4 节。

由于存储类型和存储器类型为可选项，在定义变量时如果省略了存储类型，则按默认项 auto 处理。如果在定义变量时省略了存储器类型，则按编译时使用的默认存储器模式 small、compact 或 large 来自动确定默认存储器类型，以确定变量的存储空间。即默认的存储器类型由 small、compact 或 large 等默认存储模式指令限制。默认存储器模式的定义形式为

```
#pragma　存储器模式
```

如

```
#pragma small　　//默认存储器模式设置为 small，默认存储器类型为 data
```

Keil C51 编译器在不同编译模式下的存储器类型见表 8-3。

表 8-3　Keil C51 编译器在不同编译模式下的存储器类型

编 译 模 式	存储器类型
small	data
compact	pdata
large	large

Keil C51 语言编译器的 small、compact 或 large 三种存储器模式的有关说明如下。

(1) small　变量及参数放入单片机片内数据存储器，默认存储器类型为 data 区，其长度为 128 字节。该区使用直接寻址，对这种变量的访问速度最快。因为堆栈必须位于片内数据存储器，所以控制堆栈长度此时显得十分重要。所有缺省变量参数均装入内部 RAM，优点是访问速度快，缺点是空间有限，只适用于小程序。

(2) compact　变量及参数放入分页寻址的片外数据存储器中，默认存储器类型为 pdata 区。特点是空间较 small 宽裕，速度较 small 慢，较 large 快，是一种中间状态。

(3) large　变量及参数放入片外数据存储器，默认存储器类型为 xdata 区。使用 MOVX @DPTR，A 或 MOVX　A，@DPTR 指令访问，这种访问数据的方法效率较低，尤其对两个或多个字节的变量，用这种方法直接影响程序的代码长度。优点是空间大，可存变量多，缺点

是速度最慢。

8.1.5 Keil C51 语言运算符

Keil C51 语言的运算符与 C 语言的运算符基本相同，主要有以下几种：赋值运算符、基本算术运算符、自增自减运算符、强制类型转换运算符、关系运算符、逻辑运算符、位运算符、逗号运算符等。

1. 赋值运算符

赋值运算符标记为“＝”，它的作用是将一个数据赋给变量，具有右结合性，其一般形式为

变量＝表达式

2. 基本算术运算符

基本算术运算符用于各种数值运算，包括“＋”(加法运算符)、“－”(减法运算符)、“*”(乘法运算符)、“/”(除法运算符)、“%”(模运算符或者求余运算符)共五种，均属于双目运算符，可以用于两个量参与的运算，都具有左结合性，即运算时遵循从左到右的结合方向，符合一般的算术运算规则。但是以下两种情况例外：除法运算时，如果是两个整数相除，结果为整数，舍去小数部分；如果是两个浮点数相除，结果为浮点数。另外，使用求余运算符时，“%”的两边必须是整型数据，结果为两数相除后的余数。

3. 自增自减运算符

自增自减运算符标记分别为“＋＋”和“－－”，也属于算术运算符，具有数值运算的功能，它们是单目运算符。与基本运算符不同，它们具有右结合性。

“＋＋”的作用是使变量的值自增 1，“－－”的作用是使变量的值自减 1。它们有以下几种常用形式。

＋＋i 的意思为变量 i 自增 1 后再参与运算。

－－i 的意思为变量 i 自减 1 后再参与运算。

i＋＋的意思为变量 i 先参与运算后，再自增 1。

i－－的意思为变量 i 先参与运算后，再自减 1。

4. 强制类型转换运算符

其一般形式为

(类型说明符)(表达式)；

其作用是把表达式的结果强制转换成类型说明符表示的类型。

5. 关系运算符

Keil C51 语言中的关系运算符用于比较两个量的运算关系，将两个量的值进行比较，判断比较的结果是否符合给定的条件，条件满足时结果为“1”，不满足时结果为“0”，只有“1”和“0”两种结果。它包括：＞(大于)、＜(小于)、＞＝(大于等于)、＜＝(小于等于)、＝＝(等于)、！＝(不等于)共六种。其中前四种运算符的优先级相同，后两种运算符的优先级相同，前四种运算符的优先级高于后两种运算符。关系运算符是双目运算符，具有左结合性。

6. 逻辑运算符

用逻辑运算符将关系表达式或逻辑量连接起来就是逻辑运算符，它用来求某个条件式的逻辑值。C51 语言中的三种逻辑运算符为：&&(逻辑与)，||(逻辑或)，！(逻辑非)。“&&”和“||”是双目运算符，具有左结合性。“!”是单目运算符，具有右结合性。与关系运算符相似，逻辑运算符的作用也是判断结果是否符合给定条件的依据，条件满足时结果为“1”，不满足时

结果为“0”，只有“1”和“0”两种结果。

7. 位运算符

Keil C51 语言中位控制类指令应用比较多。位操作的对象只能是整型和字符型数据，不能是实型数据。位运算符的作用是按位对变量进行运算，并不改变参与运算的变量的值。Keil C51 语言中的位运算符有：&(按位与)，|(按位或)，^(按位异或)，~(按位取反)，<<(左移)，>>(右移)。除“~”是单目运算符，且具有右结合性外，其余全为双目运算符，并且具有左结合性。位运算符的优先级从高到低依次为

~→<<→>>→&→^→|

8. 逗号运算符

在 Keil C51 语言中，“,”是一个特殊的运算符，又称顺序求值运算符，具有左结合性。用“,”运算符连接起来的两个或多个表达式，称为逗号表达式。

9. 条件运算符

Keil C51 语言中的条件运算符“?:”要求有三个量参与运算，是三目运算符。使用的一般形式为

逻辑表达式? 表达式 1:表达式 2

其作用是先计算逻辑表达式，当值为非“0”时，将表达式 1 的值作为整个条件表达式的值；当值为“0”时，将表达式 2 的值作为整个条件表达式的值。

10. 指针和地址运算符

变量的指针就是变量的地址，Keil C51 语言中可以定义一个指向变量的指针变量。Keil C51 语言中规定了一种指针类型的数据，与其相关的运算符是：*(取内容)和 &(取地址)两个。指针运算符为单目运算符，其含义为

变量＝*指针变量；

指针变量＝& 目标变量；

即 &a 为变量 a 的地址，*p 为指针变量 p 所指向的变量。

在 Keil C51 语言中，变量在使用前必须定义，规定其类型。指针定义的一般形式为

类型标识符 *标识符；

如

```
char *px;     //定义字符型指针变量 px
```

指针变量中只能存放地址，即指针型数据，不能将一个非指针型数据赋值给一个指针变量。

Keil C51 编译器对指针进行了扩展，分为一般指针和基于存储器的指针两种。一般指针与 C 语言中指针的定义方法基本相同。许多 Keil C51 语言的库函数、函数调用时都采用一般指针。

一般指针是指在定义一个指针时，未给出它所指对象的存储器类型，但可以指定指针本身的存储器空间位置。基于存储器的指针，是指在定义一个指针时，给出了它所指对象的存储器类型，同时也可以指定指针本身的存储器空间位置。

Keil C51 语言中一般指针的定义形式为

类型标识符 * 存储器类型 标识符；

基于存储器指针的定义形式为

类型标识符 存储器类型 1 * 存储器类型 2 标识符；

如

```
char * xdata varp1;          //定义位于 xdata 区的 char 型一般指针 varp1
char data * xdata varp2;     //定义指向 data 区的 char 型数据的指针,指针本身在 xdata 区的基于存储器的指针 varp2
```

在一般指针定义时,存储器类型为可选项,而定义基于存储器的指针时,存储器类型 2 为可选项(存储器类型 1 不能缺省,否则性质改变,变为一般指针),两者缺省时由默认的编译模式确定。

利用一般指针可以存取位于任意空间的数据,在内存中占用 3 个字节,而基于存储器的指针只占用内存 2 个字节。

一般指针和基于存储器的指针可以强行转换而改变指针类型。另外当基于存储器的指针作为一个实参传递给需要一般指针的函数时,指针自动转换为一般指针。

8.2　Keil C51 程序的基本语句

按语句的性质,Keil C51 语言的基本语句可划分为表达式语句、条件类语句、循环类语句、其他控制语句等。

8.2.1　表达式语句

Keil C51 语言是由表达式语句构成的,在一个表达式后面加上";"就构成了一个表达式语句。在其他语言中表达式不能单独存在,而在 C 语言中,任何表达式都可以以相应的表达式语句的形式存在于程序中。单独的";"也是一条语句,称为空语句(相当于汇编语言的 NOP)。当语法上需要一条语句,而又不需要任何动作时,可以采用空语句。空语句在 Keil C51 程序设计中也经常用到。

任何一条语句末尾必须加";",并以其结束。

8.2.2　条件类语句

条件类语句经常用于构成分支结构,它根据给定的条件进行判断,以决定执行某个分支的程序段。Keil C51 语言中有以下四种形式。

1. 形式 1

if(表达式)语句;

其含义为:若表达式的值为非"0"(即真),则执行紧跟在其后面的语句,否则跳过该语句执行下一条语句。

2. 形式 2

if (表达式)语句 1;
else 语句 2;

其含义为:如果表达式的值为非"0",则执行语句 1,执行完语句 1 后继续执行语句 2 后面的下一条语句(不执行语句 2);如果表达式的值为"0",则跳过语句 1,执行语句 2。

3. 形式 3

```
if (表达式 1)        语句 1;
else if (表达式 2)   语句 2;
```

```
⋮                    ⋮
else if (表达式 n)   语句 n;
else                 语句 n+1;
```

这种结构从上到下逐个对条件进行判断,一旦发现条件满足就执行相对应的语句,并跳过本结构中的其他部分,如果没有一个条件满足,则执行最后一个 else 对应的语句。

4. switch 语句

if 语句只有两个分支可供选择,要想对多个分支选择需使用 if-else-if 嵌套语句,这给使用多分支带来不便。switch 语句是多分支选择语句,可以直接处理多个分支,能很方便地解决多个分支的选择问题。其一般形式为

```
switch (表达式)
{case 常量表达式 1:      语句 1;
case 常量表达式 2:       语句 2;
⋮                        ⋮
case 常量表达式 n:       语句 n;
default           :      语句 n+1;
}
```

其含义为:将 switch 后面表达式的值与每个 case 后面的常量表达式的值逐个进行比较,若与其中一个相等,则执行该常量表达式后面的语句,若没有相等的值,则执行 default 后面的语句。

8.2.3 循环类语句

循环控制常用于反复多次进行的操作,可以节约单片机的存储器空间。Keil C51 语言中的循环类语句有 while 语句、do while 语句、for 语句和 goto 语句四种。其一般形式分别如下。

1. 形式 1

while(条件表达式)　语句;

含义为:条件表达式值为非“0”时,执行其后面的语句,否则跳过该语句,即跳出循环圈执行下一条语句。其特点是先判断表达式的值,后执行语句。因此,循环体内的语句可能不被执行。

2. 形式 2

do 语句

while(条件表达式);

含义为:先执行 do 后面的语句,然后判断条件表达式的值是否为“0”,其值为非“0”时,返回重新执行 do 后面的语句,否则跳过该语句,即跳出循环圈执行下一条语句。其特点是执行语句,后判断表达式的值。因此,循环体内的语句至少要被执行一次。

3. 形式 3

for(表达式 1;表达式 2;表达式 3)语句;或者

for(循环变量赋初值;循环条件;循环变量增值)语句;

执行过程如下。

(1) 先求解表达式 1。

(2) 再求解表达式 2,若其值为非“0”,则执行 for 语句中的内嵌语句,然后执行下面第(3)

步。若表达式值为“0”,则结束循环,执行 for 语句下面的语句。

(3) 若表达式 2 的值为非“0”,执行完 for 语句中的内嵌语句后,求解表达式 3 的值。

(4) 转回第(2)步继续执行。

(5) 跳出循环,执行 for 语句的下一条语句。

实际使用该语句时,常按“for(循环变量赋初值表达式;循环条件表达式;循环变量增值表达式)语句;”的形式使用,这“()”内的三部分之间一定要用“;”分开,且“;”不能省略,而“()”内的三项是选择项,可以根据实际使用情况省略。例如省略了“表达式 1”,只表示不对循环变量赋初值,但语法上没有错误。

4. 形式 4

goto 语句标号:

该语句是一个无条件转移语句,其中的“语句标号:”是 Keil C51 程序中的一个有效标识符,是一个整体,它们应该一起出现在同一个函数内。

goto 语句一般不单独使用,因为它会使程序层次不清,当它和 if 语句一起使用时,可以构成一个循环结构,当满足某个条件时,程序跳到标号处运行。它可以直接从最内层循环中跳出,但不能从外层循环跳入内层循环。因此,Keil C51 语言中的 goto 语句一般只被用来跳出多重循环。

8.2.4 其他控制语句

1. continue 语句

continue 语句是一种中断语句,它的作用是中断本次循环,跳过循环体中剩余的未执行语句而强制执行下一次循环。其使用形式为

continue;

continue 语句通常和条件语句 if 一起用在由 while,do-while 和 for 构成的循环体中,用于中断和加速循环,但并不跳出循环体。

2. break 语句

break 语句通常用在循环语句和开关语句中。其使用形式为

break;

当 break 语句用于开关语句 switch 时,可使程序跳出 switch 语句而执行该语句以后的语句,如果没有 break 语句,switch 语句将成为一个死循环而无法退出。

当 break 语句用于 while,do-while 循环时,可使该循环终止而执行循环体外面的语句,通常 break 语句与 if 语句(非 if-else)一起使用,满足 if 中的条件就跳出循环体。

注意:break 语句和 continue 语句的不同之处在于,continue 语句并不跳出循环体,只是中断循环,直接进行本循环体的下一次循环;break 语句用于跳出循环体,不再进行条件判断,也不再执行本循环体内的程序。break 语句使用一次只能跳出一重循环,跳出多重循环时要使用多次,所以跳出多重循环一般用 goto 语句。

3. return 语句

return 语句称为返回语句,用于终止函数的执行,并控制程序返回到调用该函数时所处的位置。其使用形式一般有以下两种

(1) return(表达式);

(2) return;

如果 return 语句带有表达式，则计算表达式的值并作为函数返回值。若 return 语句没有带表达式，则被调用函数返回主调用函数时，函数值不确定。

一个被调用函数也可以不用 return 语句，这时当程序执行到"}"处时，自动返回主调用函数。

一个被调用函数有两条或多条 return 语句时，程序执行到第一条 return 语句即返回主调用函数。

8.3　Keil C51 的函数

Keil C51 程序的基本结构有结构化程序结构和模块化程序结构。程序结构清晰，可读性强，调试方便，移植性好，编制程序的效率和编写程序的质量都很高，这都依赖于 Keil C51 语言由函数组成，其内部带有功能强大的库函数。Keil C51 语言允许用户自己定义函数，用户可以用自己的算法编写函数，然后调用这些函数。

Keil C51 语言程序由函数构成，函数间可以相互调用。main()函数称主函数。相对于主函数，把其他的函数称为其他函数。一个 Keil C51 语言程序中只能有一个主函数，不管主函数放在程序的哪个位置，程序总是从主函数开始执行。主函数可以调用其他函数，其他函数之间也可以相互调用，但任何函数都不能调用主函数。为方便讲解，下面把调用其他函数的函数称为主调用函数，被其调用的函数称为被调用函数。注意：主调用函数完全不同于主函数，它可以是主函数，也可以是其他函数。

函数以"{"开始，以"}"结束，这两者间的内容称为函数体。Keil C51 语言书写格式自由，但为增加函数可读性，"{"和"}"一般采用缩进方式书写。

8.3.1　函数的定义

从用户的角度来说，函数可分为标准库函数和用户自定义函数。标准库函数是由 Keil C51 语言编译系统提供的。用户自定义函数是用户根据自己的需要而编写的函数，它必须先定义后才能调用。从函数定义的形式上来说，函数可分为三种。

1. 无参函数的定义形式

类型标识符 函数名()

{

函数体语句

}

其中：

"类型标识符"是指函数返回值的类型，一般无参函数被调用时无参数输入，也没有函数返回值，因此可以不写类型标识符。

函数名后的"()"表示这是一个无参函数，此圆括号不能省略。

2. 有参函数的定义形式

类型标识符 函数名(形式参数表列)

{

函数体语句

}

其中：

“类型标识符”是指函数返回值的类型。返回值类型可以是各种基本数据类型或者指针类型。如果没有定义类型标识符，则默认返回值类型为 int(整型类型)。一个函数只能有一个返回值。有参函数也可以没有函数返回值，此时类型标识符用“void”表示。

“形式参数表列”(简称形参)中列出的是在主调用函数与被调用函数之间传递数据的形式参数定义。有参函数被调用时，要提供实际的输入参数，并且说明与实际参数一一对应的形式参数，在函数被调用结束时返回结果供调用它的函数使用。

3. 空函数的定义形式

类型标识符 函数名()

{ }

一般来说，空函数的目的是为了以后程序功能的扩充。

8.3.2 函数的调用

1. 函数调用的形式

函数调用的一般形式为

函数名(实际参数表列)；

其中：

“函数名”指被调用的函数。

“实际参数表列”(简称实参)是指主调用函数传递给被调用函数的实际参数，其数量、类型、顺序必须与函数定义时的形式参数一致，以便将实际参数的值正确地传递给形式参数。“实际参数表列”中可以包含多个实际参数，各个参数之间用逗号隔开。如果调用的是无参函数，因为没有形式参数，所以也可以没有实际参数，但函数名后的“()”仍不能省略。

2. 函数调用的方式

按函数在程序中出现的位置来分，Keil C51 语言有以下三种函数调用方式。

1) 函数语句

在主调用函数中，把函数作为一条语句，形式为

函数名()；

例如

MotorRun( )；

这是无参调用，主调用函数不需要被调用函数返回带回返回值，只要求它完成一定的操作。

2) 函数表达式

函数出现在一个表达式中，这种表达式称为函数表达式。这时主调用函数要求被调用函数带回一个确定的值以参加表达式的运算。例如

c=2 * max(a,b)；

函数 max 是表达式的一部分，它的返回值与 2 相乘后把积赋给 c。

3) 函数参数

函数调用作为一个函数的实参，即在主调用函数中将函数调用作为另一个调用函数的实际参数。这种在调用一个函数的过程中又调用另外一个函数的方式，称为嵌套函数调用。

8.3.3　对被调用函数的说明

一个函数被调用时，需同时满足以下条件 1 和条件 2，或者条件 1 和条件 3。

条件 1　不管被调用函数是库函数还是用户自己定义的函数，被调用函数必须是已经存在的函数。

条件 2　如果被调用函数是库函数，应该在本文件的开头用 #include 命令将被调用的库函数所需要的信息包含到本文件中。

条件 3　如果被调用函数是用户自定义函数，则该函数与调用它的函数（即主调用函数）必须在同一个文件中。一般还应在主调用函数中对被调用函数进行说明，以下两种情况例外。

(1) 如果被调用函数的定义出现在主调用函数之前，可不进行说明。因为编译系统已经知道了已定义的函数类型，会自动处理。

(2) 习惯的常规性做法是：在所有函数定义之前，在文件的开头，在主函数的外部先说明函数的类型，再编写主函数，最后再编写其他函数。这样各个主调用函数就不用对其调用的函数再进行说明。这种方法称为"先说明，后调用"。

需要强调的是：对被调用函数的说明不同于对函数的定义。可以从以下两个方面区分。

从内容上，函数说明只是为了说明被调用函数返回值的类型；而函数定义是要编写出包括函数体在内的所有本函数的内容。

从形式上，函数说明在"()"后面要有";"作为结束标志；而函数定义的"()"后面没有";"，而是函数体内容，因为圆括号不是函数定义的结束，还需要继续进行函数定义。

8.3.4　Keil C51 编译器对 ANSI C 函数的扩展

1. 函数定义的扩展

Keil C51 函数除了具有 C 语言函数的所有特点外，Keil C51 编译器还具有选择函数的编译模式、定义再入函数、定义中断函数、指定函数使用的工作寄存器组等扩展功能。

Keil C51 中函数定义的一般形式为

```
类型标识符 函数名(形式参数表列) 编译模式 reentrant interrupt n using m
{
函数体语句
}
```

其中编译模式和 reentrant，interrupt n，using m 选项为 Keil C51 对 ANSI C 的扩展。以下进行详细说明。

编译模式标识符为 small，compact，large 三者之一，用于指定函数内变量和参数的存储器空间。该项为可选项，缺省时按文件开头指定的默认编译模式处理。

reentrant 用于定义再入函数，一般在中断函数和非中断函数共用一个函数时将该函数定义为再入函数。

interrupt n 用于定义中断函数，其中 n 为中断号，其取值范围为 0～31，取决于单片机芯片型号，例如 80C51 的 n 可在 0～4 之间选取。

using m 用于确定该函数的工作寄存器组，即确定该函数所使用的工作寄存器 R0～R7 的实际地址。该项为可选项，缺省时该函数所使用的工作寄存器组与主调函数相同。其取值范围为 0～3，共 4 组，每组 8 个工作寄存器。合理选择函数的工作寄存器，可便于参数传递或者避免参数地址冲突引起的程序错误。

2. Keil C51 语言的中断函数

Keil C51 语言的中断函数是通过关键字 interrupt 来定义的,interrupt 的后面用 n 来指定中断源序号和中断程序的入口地址。当对应的中断响应时,Keil C51 编译器根据中断号自动生成一条无条件转移指令 LJMP addr16 跳转到中断函数入口向量地址处执行程序。在函数定义时 interrupt n 是可选项,它只用于定义中断函数,但定义中断函数时必须使用关键字 interrupt,其一般使用形式为

```
类型标识符 函数名(形式参数表列)编译模式 interrupt n using m
{
函数体语句
}
```

例如:

```
void INT1_KEY( ) interrupt 1 using 3
{
函数体语句
}
```

中断函数虽然不能直接调用中断函数,但可以调用其他函数,此时两者所使用的工作寄存器组要相同。

3. Keil C51 语言的库函数

Keil C51 语言在 ANSI C 函数的基础上扩展了若干适合其使用的库函数,这些函数都具有特定的功能,用户可以根据自己的需要通过头文件把它包含进来,以便于程序的编制和调试。

Keil C51 编译器提供的库函数主要包括以下几种:绝对地址访问库函数 absACC. h,字符库函数 ctype. h,内部库函数 intrins. h,数学库函数 math. h,SFR 访问库函数 reg51. h,标准库函数 stdlib. h,输入/输出库函数 stdio. h,字符串处理库函数 string. h 等。

其功能详见附录 C。

8.4 Keil C51 的编译预处理

Keil C51 预处理功能是指编译系统在程序扫描前对特殊命令进行的预处理工作。Keil C51 程序中的宏定义、文件包含等都放在函数外,位于源文件的前面,我们称其为预处理部分。这些命令称为预处理命令,预处理命令均以“#”开头。宏语句末尾没有“;”。

8.4.1 宏定义

Keil C51 程序中用一个标识符来表示一个字符串,称为宏,该标识符称为宏名。在编译系统预处理时,对程序中的宏名用宏定义中的字符串去替代,称为宏展开。宏分为有参数和无参数两种。虽然 Keil C51 语言中对宏名没要求大、小写之分,但一般用大写字母表示,以区别于变量名,且大写与小写的宏名表示含义不同。

1. 无参数的宏定义

无参数的宏定义的一般形式为

＃define 标识符 字符串

如

＃define PORTA0x7CFF //定义某外围器件端口 A 的地址为 7CFFH

我们可以用它来定义符号常量、端口地址等，上例中以后就可以用可辨识的符号 PORTA 来代替 0x7CFF。使用无参数的宏名代替一个字符串，可以减少程序中重复书写某些字符串的工作量。需特别注意的是：宏定义不是 Keil C51 语句，不用在其末尾加“;”。

宏定义必须写在函数之外，其作用域为宏定义指令之后到本源程序结束，如果要终止其作用域，可以用＃undef 命令。其一般形式为

＃undef 宏名

2. 有参数的宏定义

Keil C51 语言允许宏带有参数，此时称为有参数的宏。它不再是进行简单的字符串替换，还进行参数替换。宏的使用包括宏定义和宏调用两个过程。

宏定义的一般形式为

＃define 宏名(形式参数表) 字符串

宏调用的一般形式为

宏名(实际参数表);

使用有参数的宏时应注意以下几个方面。

(1) 宏定义时，宏名与带参数的括号之间不应加空格，否则将空格以后的字符都作为替代字符串，此时原本要作为参数的参数表也变成了字符串的一部分，把有参数的宏变成了无参数的宏。

(2) 要区分有参数的宏与函数的区别，两者在本质上是不同的。函数调用时，要先求出实参表达式的值，然后代入形参；而有参数的宏只是进行字符替换，不求实参的值。函数调用是在程序运行时处理的，分配临时的内存单元；宏展开是在编译时进行的，宏展开时不占用内存单元。对函数中的形参和实参都要进行类型定义，最终两者类型必须一致(不一致时要进行类型转换)；而宏不存在类型问题，宏名和宏参数都没有类型(可从其定义和调用形式中看出)，它们都只是一个符号代表，展开时代入指定的字符即可。调用函数后可得到一个返回值；而宏不进行值的传递，更没有返回值。函数调用占用运行时间；宏替换不占用运行时间，而占用编译时间。函数调用不会把源程序变长；而宏每次展开都会使源程序变长。

8.4.2 文件包含

文件包含是指处理一个源文件时，可以将另外一个源文件包含进来，也就是把另外一个文件包含到本文件中。

文件包含的一般形式为

＃include "文件名" 或 ＃include ＜文件名＞

两者的寻找范围不同。用双引号形式的，系统先在引用包含文件的源文件所在的文件目录中寻找要包含的文件，若找不到，再检索其他目录；用尖括号形式的，系统在包含文件目录中去查找(此目录可由用户在编程时设置)，而不在源文件中查找。通常用双引号比较保险，不会找不到文件，除非该文件不存在。

一条 include 命令只能指定一个被包含文件，如果要包含多个文件，可以使用多条 include 命令。

Keil C51 在 ANSI C 的基础上,提供了许多适合其使用的若干库函数,这些函数都可以通过 include 命令将有关的库函数包含进来,也可以通过 include 命令把用户自定义的函数包含进来。程序设计时,一个大的程序可以分为多个模块,由多个程序员分别编写。此时就可以用到文件包含。有些固定的符号常量可用宏定义表示后组成一个文件,大家用#include 命令将这些符号常量包含到自己的源文件中,以避免重复劳动。

例如:用 Keil C51 语言编程时,一般用#include " reg51.h",#include " reg52.h "或#include " reg552.h "命令来把 SFR 库函数的内容包含到源程序中。因为 reg51.h 文件中用特殊寄存器名定义了 80C51 中所有 SFR 寄存器的绝对地址,所以编程访问 SFR 寄存器时,就可以直接使用寄存器名作为其实际地址使用。

8.4.3　条件编译

一般来说,源程序中的所有行都应该参加编译,但如果只希望其中一部分内容参加编译,可使用 ifdef,ifndef,if,else,endif 等关键词进行条件编译。

Keil C51 语言对于程序段的条件编译功能,有利于程序的移植,增加程序使用的灵活性。

8.5　Keil C51 编译器的绝对地址访问

在设计单片机程序时,设计人员对操作系统的绝对地址存储空间进行访问显得十分重要。Keil C51 编译器提供的绝对地址访问方式主要有利用基于存储器的指针变量访问、利用扩展关键字_at_访问、使用预定义宏指定变量的绝对地址和连接定位控制命令等。

8.5.1　基于存储器的指针变量访问绝对地址

先定义一个基于存储器的指针变量,然后对该变量赋以存储器绝对地址值,就可以实现对绝对地址的访问。如

```
void main( )
{
char data  * pvi;          //定义一个指向 data 存储器区的指针
pvi=0x40;                  //指针 pvi 赋值,指向 data 存储器区绝对地址 40H
 * pvi=0xff;               //将数据 0xff 送到 data 存储器区地址 40H 内
}
```

8.5.2　利用关键字_at_进行绝对地址访问

Keil C51 编译器扩展的关键字可以用来对变量的存储器空间进行绝对地址寻址,一般格式为

存储器类型 数据类型 标识符 _at_ 地址值;

即直接在数据定义后加上_at_地址值就可以。使用时注意:

(1) 绝对变量不能被初始化。

(2) bit 型函数及变量不能用_at_指定。

如

```
idata int var_1 _at_ 0x40;          //指定 int 型变量定位于 idata 区地址 40H
```

xdata char text[10] _at_0x2000;　　　//指定 text 数组从 xdata 区地址 2000H 开始

如果外部绝对变量是 I/O 端口等可自行变化的数据，使用时要在变量前加 volatile 关键字进行描述。

8.5.3　使用预定义宏指定变量的绝对地址

在程序中，首先用“#include <absACC.h>”来使用头文件 absACC.h 中定义的宏来访问绝对地址，然后再用#define 语句定义其硬件译码地址，这样就可以实现用预定义宏来指定变量的绝对地址。Keil C51 编译器中的预定义宏包括以下几种。

CBYTE　　（访问 code 区，char 型）
DBYTE　　（访问 data 区，char 型）
PBYTE　　（访问 pdata 区或 I/O 口，char 型）
XBYTE　　（访问 xdata 区或 I/O 口，char 型）
CWORD　　（访问 code 区，int 型）
DWORD　　（访问 data 区，int 型）
PWORD　　（访问 pdata 区或 I/O 口，int 型）
XWORD　　（访问 xdata 区或 I/O 口，int 型）

利用下列指令可访问片外数据存储器地址 2000H。

```
#include <absACC.h>
xval=XBYTE[0x2000];
XBYTE[0X2000]=20;
```

利用下面的例子可实现某特定操作。

```
#include <absACC.h>
#define CON8255 XBYTE[0x3fff]     //定义 8255 的命令字端口地址为 CON8255,指
                                  向片外 RAM3fff H 地址单元
#define ADC0809 XBYTE[0x1ff8]     //定义 ADC0809 的命令字端口地址,指向片外
                                  RAM1ff8H 地址单元
CON8255=0x80;                     //向 xdata 区存储器地址 3fffH 中写入数据 80H
ADC0809=0;                        //启动一次 A/D 转换
```

习　　题

1. 针对 80C51 的特点，Keil C51 编译器对数据类型扩展的关键字有哪些？它们的功能各是什么？

2. 针对 80C51 的特点，Keil C51 编译器对数据存储类型扩展的关键字有哪些？它们的功能各是什么？

3. bit 类型的变量都放在 80C51 芯片的哪些区？它可以用到的存储类型有哪些？

4. 说明以下变量所在的存储器空间。

```
int data var_1;
extern float xdata a, b, c;
sbit CY=PSW^7;
```

sfr TCON＝0x88；

5. 说明以下指针所指向的存储器空间以及指针本身所在的存储器空间。

long code ＊xdata i_p；

int data ＊idata j_p；

6. return 语句的作用是什么？如果被调用函数中有多个 return 语句，将怎么执行？

7. Keil C51 编译器对中断函数中函数参数的存储器类型怎么确定？写出中断函数定义的一般形式。

8. 有参数的宏与函数的区别有哪些？

9. 使用预定义宏指定变量的绝对地址的具体方法是什么？

第9章　Proteus 虚拟仿真设计

9.1　Proteus 简介

Proteus 软件是世界上著名的 EDA 工具(仿真软件),来自英国的 Labcenter 公司,由 John Jameson 在英国于 1988 年创立。Proteus 从原理图布图、代码调试到单片机与外围电路协同仿真,一键切换到 PCB 设计,真正实现了从概念到产品的完整设计。它是目前唯一将电路仿真软件、PCB 设计软件和虚拟模型仿真软件三合一的设计平台。Proteus 独一无二的仿真功能,广泛应用于全球众多电子企业的生产和研发之中,它的用户遍布了全球 50 多个国家,至今已有诸多国际知名企业和国内约 300 多所高校使用 Proteus 进行科研、教学、设计和研发。

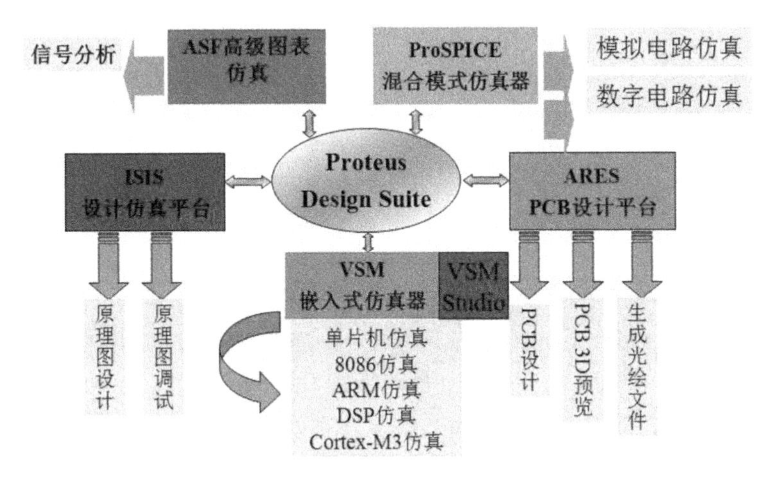

图 9-1　Proteus **系统软件架构**

从图 9-1 中可以看出,Proteus 分为 ISIS(智能原理图输入系统)和 ARES(高级布线编辑软件)两大应用程序。应用程序 ISIS 中主要进行原理图设计和原理图的调试,而在 ARES 中则进行 PCB 设计、3D 模型预览和生成制板文件(Gerber 文件及 ODB++文件)。Proteus 的仿真引擎分为两个部分:一个 Prospice 混合模式仿真器(结合了 SPICE3F5 模拟电路仿真器内核和快速事件驱动数字电路仿真器),它使得 Proteus 可以同时仿真模型电路和数字电路;另一个是 VSM 嵌入式仿真器,它使得 Proteus 不仅可以仿真 51、AVR、PIC、MSP430、Basic Stamp 和 HC11 等多种 MCU,还可以仿真 GAL Device(AM29M16 等)、DSP(TI TMS320F2802X)、ARM(Philip ARM7)/cortex 和 8086(Intel)等。

在 Proteus 7.x 版本,完成一个工程时要分为单独的项目和不同阶段进行设计(如:原理图设计和仿真要在 ISIS 中进行,PCB 设计在 ARES 中进行)。软件模块(ISIS 和 ARES)之间的通信和交互是有限的,基本上是在同一个方向。

Proteus 8 结构上最重要的变化是 ISIS 和 ARES 两个原本分开的应用模块又细分成了多个 DLL(dynamic link library)应用模块,这些新的应用模块都可以通过定义的接口,以更加灵

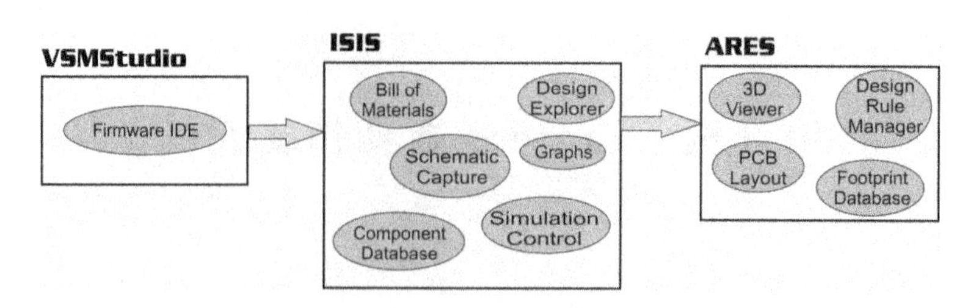

图 9-2　Proteus 7.x 开发过程

活的方式与对方沟通。Proteus 的数据库已经完全重新设计,从而形成了一个共同的数据库。由于该数据库包含了项目中使用的部件的信息(例如:包含原理图元件和 PCB 信息,以及系统和用户的属性),所有的应用程序模块 (ISIS, ARES, BOM, etc.) 可以访问相同的数据库,因此系统变得更灵活和具有实时交互性(例如:在一个应用程序更改模块能自动反映在其他应用程序模块中)。

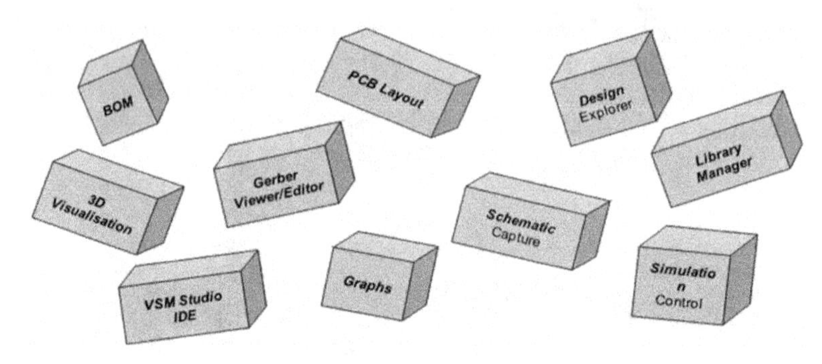

图 9-3　Proteus 8 结构模块图

Proteus 8 有唯一的应用程序架构,所有的应用程序模块和通用的数据库已经被整合到一个框架内。Proteus 8 的框架本质上是一个应用程序包含多个选项卡,如图 9-4 所示,一般情况下,用户只有一个窗口,但可以拖动界面上的标签来创建新的窗口。

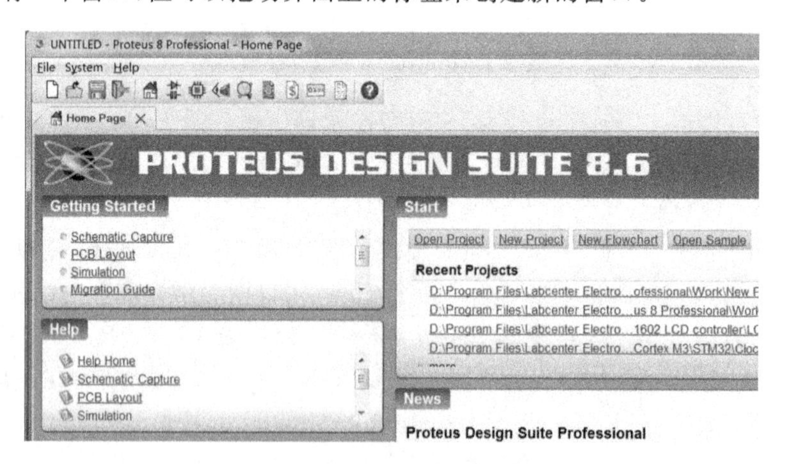

图 9-4　Proteus 8 启动界面

9.1.1　Proteus 8 使用简介

Proteus VSM Studio IDE 组合了混合模式 SPICE 电路仿真、动画器件及微处理器模型,可以实现完整的基于微控制器设计的协同仿真。Proteus 软件第一次使得在物理原型被构建之前进行开发及测试设计成为可能。使用 Proteus 虚拟系统模型(VSM)工具,可以改变产品的设计周期,从而降低开发成本、缩短产品投入市场时间。

传统的单片机系统设计过程如图 9-5 所示,软件开发和系统测试要在 PCB 板和物理样机完成之后才能够开始,由 PCB 图到 PCB 成板一般要 2～3 周的时间延迟,如果硬件设计出错,那么整个设计过程都要重新来过。假如开发人员既设计硬件又设计软件,那么如果硬件能够像软件设计那样容易修改,设计人员将会受益。在一些大的项目里,软件设计与硬件设计这两个过程是分开的,只要原理图设计完成,软件设计者就可以开始自己的工作,没有必要等待一个实际物理原型的出现。利用 Proteus VSM,电路原理图完成后就可以进行软件开发,在物理样机完成前,硬件设计和软件设计能够完美地结合在一起,其设计过程如图 9-6 所示。利用 Proteus VSM,在 PC 机上就能实现原理图电路设计、电路分析与仿真、单片机代码级调试与仿真、系统测试与功能验证以及形成 PCB 文件的完整嵌入式系统设计与研发过程。

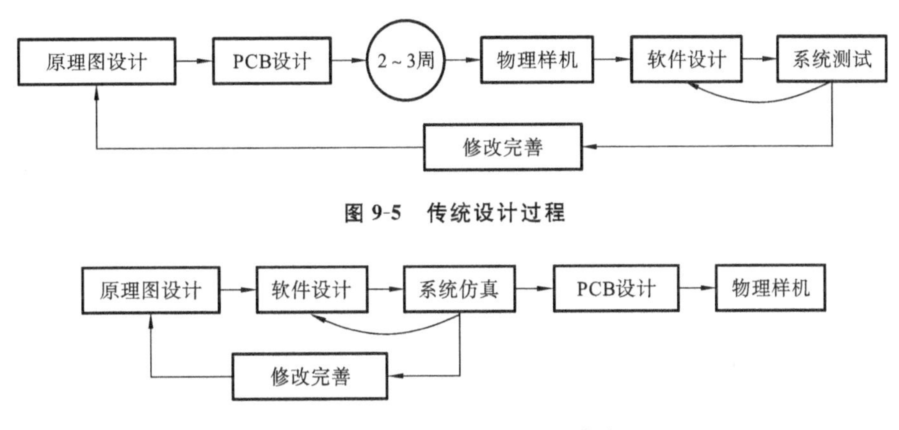

图 9-5　传统设计过程

图 9-6　使用 Proteus VSM 设计过程

VSM Studio IDE 是 Labcenter 公司对 Proteus VSM 的一种补充而提出的,这是为了使用户更加快速和简易地对固件支持的目标处理器进行程序的编写和编译。在仿真过程中,当按下暂停时在 Proteus VSM 仿真界面会跳出原代码的窗口,在那里你可以单步调试、设置断点及查看变量等。在仿真过程中,或许你常常单步调试代码,且只对一部分的电路的功能进行仿真验证,Proteus 8 的其他活动窗口中提供了在 VSM Studio IDE 仿真过程中只对部分电路原理图进行仿真的功能。

在默认条件下,Proteus 8 的所有只读目录安装到 C:\Program Files ,所有读写目录(如 Libraries) 安装到 C:\ProgramData。Proteus 8 所有工程数据都储存在一个目录(＊. pdsprj)下,一个独立的工作区文件存储位置的帧标签。Proteus 8 所有工程数据都储存在一个目录(＊. pdsprj)下,一个独立的工作区文件存储位置的帧标签。应用程序模块工具栏位于Proteus 主页构架的顶端,Proteus 8 的主页是一个新的应用程序模块,它是导入或创建项目,以及启动帮助和下载软件更新的起点。

Proteus 8 新建项目设计流程如图 9-7 所示,VSM Studio IDE 导入项目流程图如图 9-8 所示。图 9-9(a)～(i)展示了在 Proteus 8.6 版本中新建项目的过程。

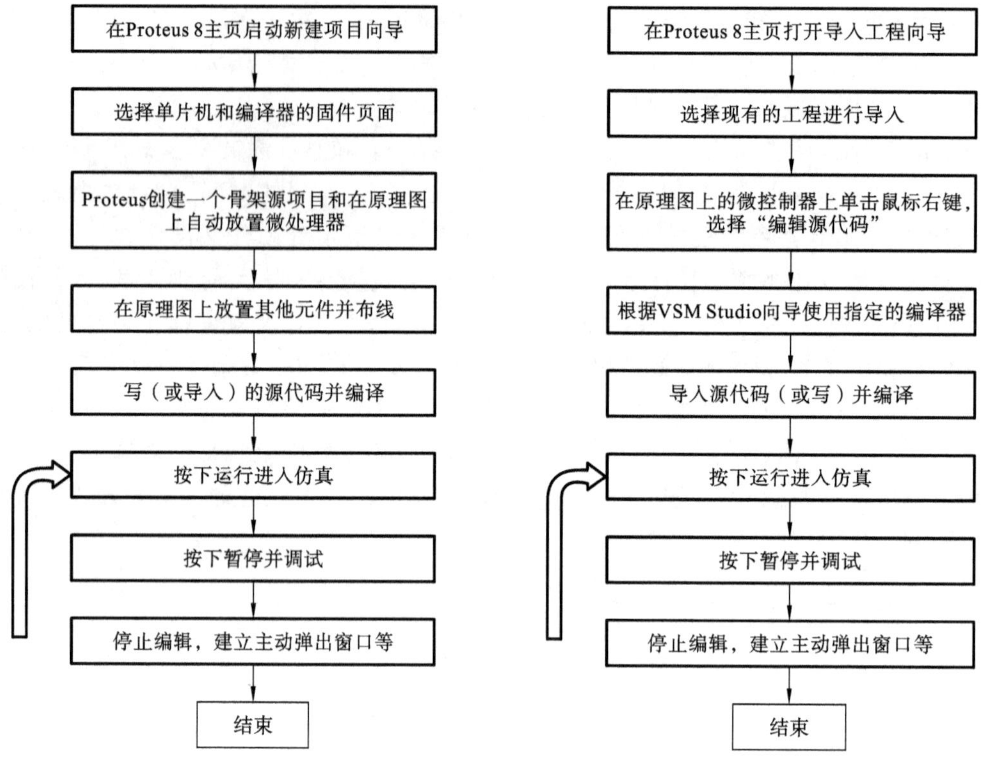

图 9-7　VSM Studio IDE **新建项目流程图**　　　**图 9-8**　VSM Studio IDE **导入项目流程图**

在 Proteus 8.6 主页中选择新建项目，选择默认原理图设计模板，建立两层双面 PCB 板，然后设置 PCB 板层参数，建立过孔，预览 PCB 板尺寸。接着需要创建固件项目，在图 9-9(h)中选择 8051 系列，选择控制器具体型号 80C51，选择编译器 ASEM-51，最后给出所建立项目的总体描述，包括原理图、PCB 板、固件信息。点击结束按钮，进入项目设计界面，如图 9-10 所示，点击不同选项卡，可进入原理图编辑界面、PCB 板图设计界面、源代码设计界面。

(a) Home Page

(b) New Project

图 9-9　**在** Proteus 8.6 **版本中新建项目的过程**

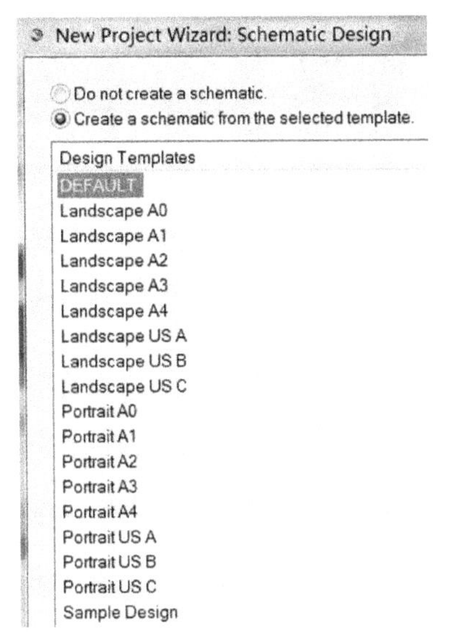

(c) Schematic Design

New Project Wizard: PCB Layout

Do not create a PCB layout.
Create a PCB layout from the selected template.

Layout Templates
Arduino MEGA 2560 rev3
Arduino UNO rev3
DEFAULT
Double Eurocard (2 Layer)
Double Eurocard (4 Layer)
Extended Double Eurocard (2 Layer)
Extended Double Eurocard (4 Layer)
Generic Eight Layer 1.6mm (5 x Signal, 3 x Plane)
Generic Four Layer 1.6mm (2 x Signal, 2 x Plane)
Generic Single Layer
Generic Six Layer 1.6mm (4 x Signal, 2 x Plane)
Single Eurocard (2 Layer)
Single Eurocard (4 Layer)
Single Eurocard with Connector

(d) PCB Layout

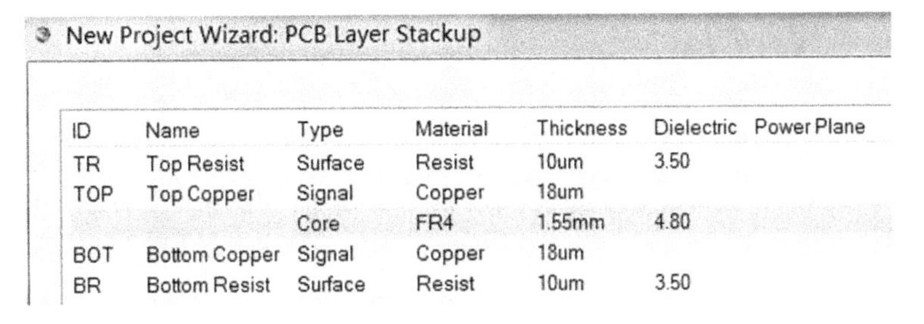

(e) PCB Layer Stackup

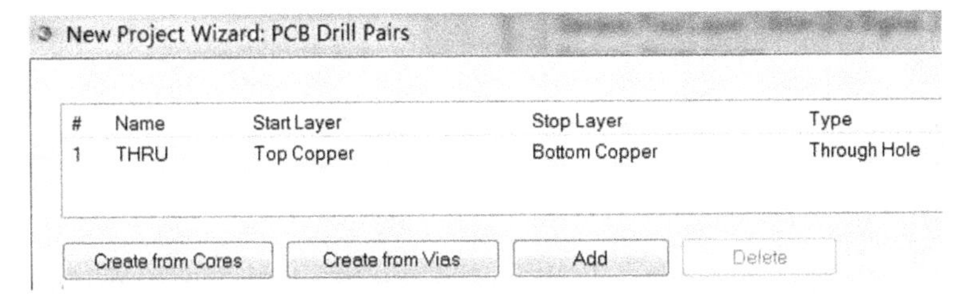

(f) PCB Drill Pairs

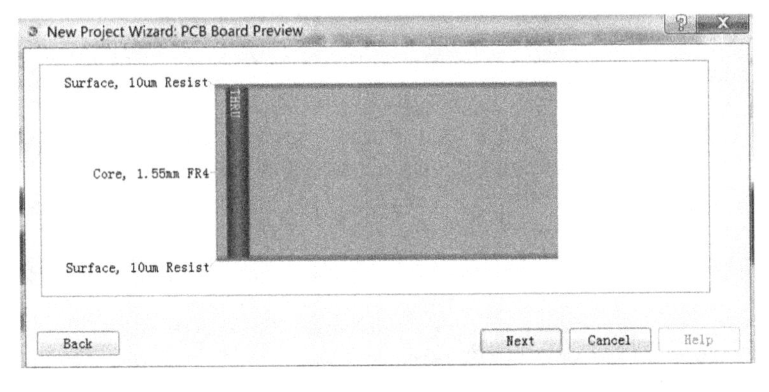

(g) PCB Board Preview

续图 9-9

New Project Wizard: Firmware

No Firmware Project
Create Firmware Project
Create Flowchart Project
Family　8051
Controller　80C51
Compiler　ASEM-51 (Proteus)　Compilers...
Create Quick Start Files

(h) Firmware

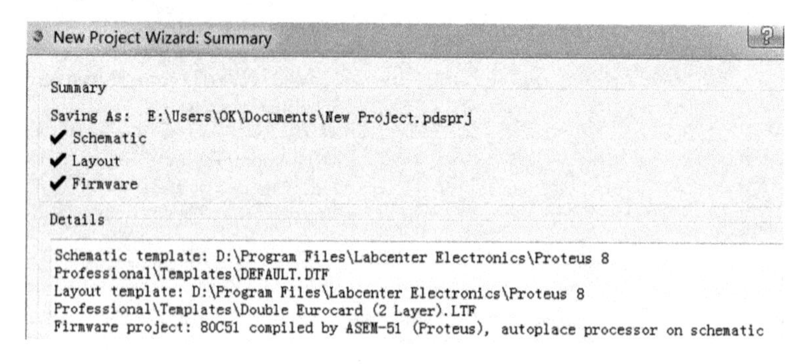

(i) Summary

续图 9-9

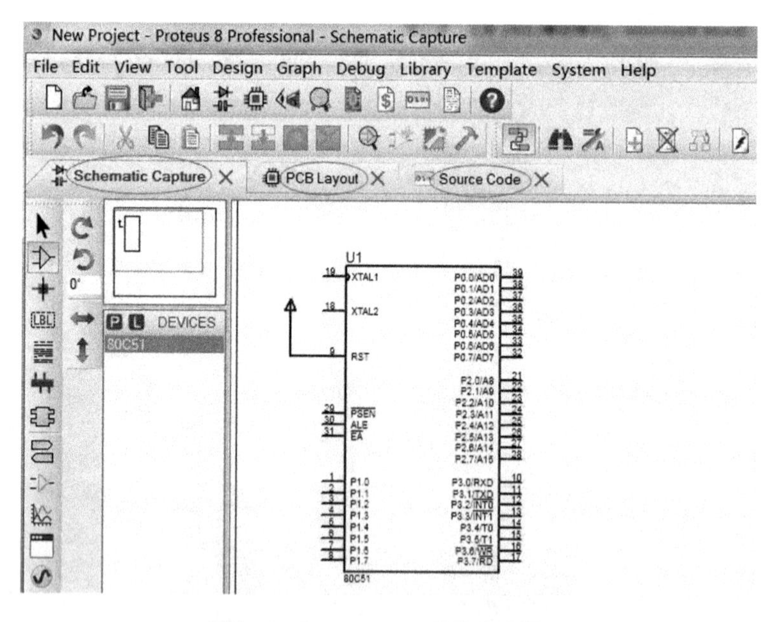

图 9-10　Proteus 8.6 **项目设计界面**

9.2　Proteus Schematic Capture 原理图设计与仿真

在 Proteus 新建工程项目后,点击 Schematic Capture 选项卡(见图 9-10),则进入 Proteus Schematic Capture 原理图设计与仿真环境,主要包括标题栏、菜单栏、标准工具栏、绘图工具栏、预览窗口、元件列表窗口、对象方向控制栏、电路图编辑窗口、仿真控制按钮及状态栏等。

9.2.1　Proteus Schematic Capture 菜单栏

1. File 菜单

该菜单主要完成文件的新建、打开、存储、导入、导出、打印等功能。

2. Edit 菜单

此菜单完成剪切、查找、复制等操作。

3. View 菜单

此菜单中包含了对图形编辑窗口的各种显示控制操作。例如：Grid，控制栅格显示方式；Origin，设置原点；X Cursor，设置光标显示方式；Snap，设置捕获方式；Zoom，窗口缩放显示等。

4. Tool 菜单

该菜单为工具菜单，包含 7 个子菜单功能。主要为自动布线（Wire Auto Router）、搜索标签（Search and Tag）、属性分配工具（Property Assignment Tool）、全局注解（Global Annotator）、导入文件数据（ASCII Data Import）、电气规则检查（Electrical Rule Check）、编译网络标号（Netlist Compiler）、编译模型（Model Compiler）。

5. Design 菜单

此菜单为工程设计菜单，包含了 10 个子菜单功能。主要有编辑设计属性（Edit Design Properties）、编辑原理图属性（Edit Sheet Properties）、编辑设计说明（Edit Design Notes）、配置电源（Configure Power Rails）、新建原理图（New Sheet）、删除原理图（Remove Sheet）、转到原理图（Goto Sheet）、转到上一层原理图（Goto Previous Root）、转到下一层原理图（Goto Next Root）等。

6. Graph 菜单

该菜单可针对打开的图形仿真界面中的内容进行编辑控制。主要功能包括编辑仿真图形（Edit Graph）、增加观测跟踪曲线（Add Trace）、仿真图形（Simulate Graph）、查看日志（View Log）、导出数据（Export Data）、清除数据（Clear Data）、一致性分析（Conformance Analysis（All Graphs））、批处理模式一致性分析（Batch Mode Conformance Analysis）。

7. Debug 菜单

此菜单为调试菜单，功能包括控制系统是否运行、以何种方式进行仿真以及单步运行时的控制等。

8. Library 菜单

该菜单有 9 个子菜单。主要包括选取元器件（Pick Parts from Libraries）、自制元器件（Make Device）、自制符号（Make Symbol）、外封装设置工具（Packaging Tool）、释放元件（Decompose）、导入 BSDL 文件，对库进行编译（Compile to Library）、放置选用的库元件（Place Library）、查看封装错误（Verify Packaging）以及库元件管理（Library Manager）等。

9. Template 菜单

此为模板菜单，主要是对原理图属性及样式的设置，包括转到主图（Goto Master Sheet）、设置整幅原理图的默认属性（Set Design Colors）、设置图形曲线颜色（Set Graph &Trace Colours）、设置图形样式（Set Graphic Styles）、设置文字样式（Set Text Styles）、设置 2D 图形默认格式（Set 2D Graphics Defaults）、设置连接点样式（Set Junction Dots）、使用默认模板更新当前文档（Apply Styles from Template）、保持当前设计为模板（Save Design as Template）。在

进行原理图绘制时,软件有一套设置好的默认通用属性设置。用户可以根据一些特殊要求修改,以适应自己的设计要求。

10. System **菜单**

该菜单可实现查看系统信息,检测更新文件信息,设置系统环境、路径、原理图纸大小以及设置仿真各项参数等系统设置功能。刚开始用 Proteus 软件时,这个菜单中的内容最好是在逐步弄清楚各项功能后再设置改变,否则可能会导致在软件应用中出现问题。

11. Help **菜单**

这是 Proteus 软件的帮助菜单,包括 Schematic Capture 帮助、Simulation 帮助、VSM 帮助、示例文件等,为用户提供了一些在绘制原理图时可能遇到的问题进行指导。如用户进入后键入问题关键词就可看到相关的帮助性说明。

9.2.2　Proteus Schematic Capture 绘图工具栏

Proteus 软件的工具栏包括标准工具栏与绘图工具栏两大部分。其中,标准工具栏中包含了一些文件处理常用的工具、屏幕缩放以及与元件 PCB 封装相关的一些工具;而绘图工具栏则包含了模式选择工具以及普通字符曲线绘制工具。将鼠标放置在图标上 2 秒钟,Proteus 会给出相应的提示信息。设计人员在使用时,若选择模式选择工具,则应根据需要先单击工具图标,然后再在对象选择器窗口中出现的对话框中选择需要的具体工具进行下一步操作;若选择标准工具栏,如剪切某些元件,则应先用鼠标在图形绘制窗口中选中需要进行操作的元件或对象,然后再单击剪切工具,下面对常用工具栏进行简要介绍。

1. 模式选择工具( )

(1) Selection Mode:普通光标选择模式。

(2) Component Mode:元件选取模式。

(3) Junction Dot Mode:放置连接点。

(4) Wire Label Mode:网络标号放置模式。

(5) Text Script Mode:脚本放置模式。

(6) Buses Mode:绘制总线模式。

(7) Subcircuit Mode:子电路绘制模式。

2. 配件工具( )

(1) Terminals Mode:终端对象选择模式。

(2) Device Pins Mode:器件引脚绘制工具。

(3) Graph Mode:仿真图表工具箱,对象选择列出各种仿真分析所需的图表。

(4) Tape Recorder Mode:录音机工具,对设计电路分割仿真时采用此模式。

(5) Generator Mode:信号发生器工具箱,对象选择列出各种激励源。

(6) Voltage Probe Mode:电压探针,可显示各探针处的电压值。

(7) Current Probe Mode:电流探针,可显示各探针处的电流值。

(8) Virtual Instruments Mode:虚拟仪器工具箱,对象选择列出各种虚拟仪器。

3. 2D 图形工具( )

(1) 2D Graphics Line Mode:绘制各种直线。

(2) 2D Graphics Box Mode:绘制各种方框。

(3) 2D Graphics Circle Mode：绘制各种圆形。

(4) 2D Graphics Arc Mode：绘制各种圆弧。

(5) 2D Graphics Closed Path Mode：绘制各种多边形。

(6) A 2D Graphics Text Mode：绘制各种文本。

(7) 2D Graphics Symbols Mode：绘制符号。

(8) 2D Graphics Markers Mode：绘制坐标原点。

4. 方向工具( )

(1) Rotate Clockwise：顺时针旋转 90°。

(2) Rotate Anti-Clockwise：逆时针旋转 90°。

(3) X-Mirror：水平翻转。

(4) Y-Mirror：垂直翻转。

5. 仿真工具栏( )

(1) Play：运行。

(2) Step：单步运行。

(3) Pause：暂停。

(4) Stop：停止。

9.2.3 Proteus Schematic Capture 原理图编辑

1. 选取元件

单击元件列表上的按钮 P 或者直接按键盘 P 键，就会弹出元器件选择窗口(Pick Devices)，如图 9-11 所示。窗口中的 Category 列表框中列出了 Proteus 提供的各种元器件所属的类别，选择不同的类、子类，元器件列表区域将列出对应类别的元器件，同时在 Results 列表区域给出元器件所在的库文件名及元器件的基本信息。在 Schematic Preview 预览区可以看到元器件的外形；而在 PCB Preview 区域可以看到此元器件的 PCB 封装图。以放置 AT89C51 为例，在 Category 列表框中选择 Microprocessor ICs 类，则 Sub-category 列表框会出现不同系列的微处理器类别，选择 8051 Family 子类，Proteus 会在 Results 列表区域中给出找到的 84 个 8051 系列的器件模型，选择 AT89C51，在原理图预览区和 PCB 预览区会显示相应的原理图外形和 PCB 封装，若将鼠标停留在器件上 2 秒钟，Proteus 会给出 AT89C51 的提示信息，例如所属元件库、所属类、制造商等信息。

另外的一种选择元器件的方法是在 Keywords 编辑框中输入所需元件的型号等关键内容，Proteus 会自动在元件库中搜索，并在 Results 窗口中显示与关键词相匹配的元件名称及相关参数描述信息。例如在 Keywords 编辑框中输入 89C51，Results 窗口中会给出找到的 8 个器件模型列表，单击其中的 AT89C51 进行选择。

当找到与设计要求相符的元件时，在结果窗口中双击该元件或单击 OK 按钮，即可将该元器件添加到元件列表窗口中。

2. 放置元件

在元件列表窗口中，单击要放置的元器件，在编辑窗口中单击一下，此时鼠标处有一个红色的元器件虚影跟随鼠标移动，在合适的位置再单击一下鼠标左键，就可以放置一个元器件，单击右键或按 Esc 键可以取消元件的放置。

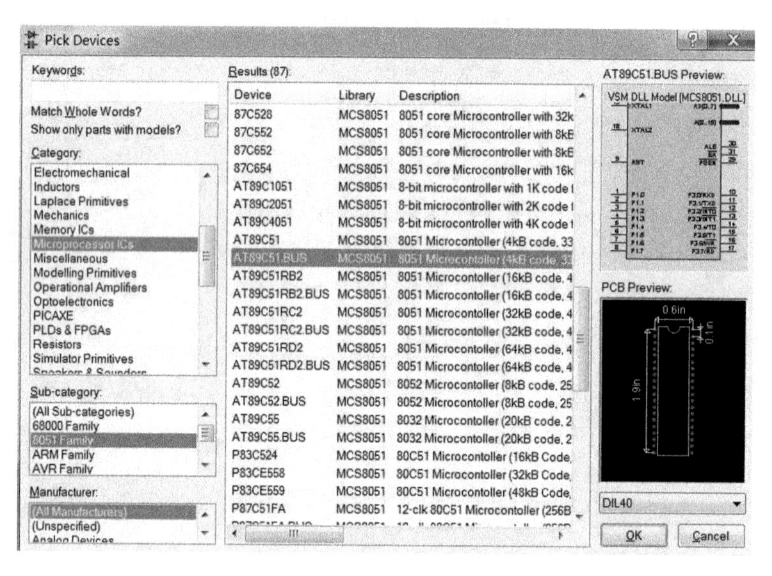

图 9-11　元器件选择窗口

3. 选中元件

用鼠标左键单击元件可以选中元件。该操作将使元件呈高亮显示。选中元件后可以对其进行编辑等操作。选中元件时该元件上的垂连线全部被选中。

对于活动的元件,如开关 Button 等,如要选中可单击鼠标左键,拖出一个框,并将该元件全部框住,便可选中,如图 9-12 所示。要选中一组元件,可以通过按下 Ctrl 键,然后依次选中要选择的元件。也可以通过按住鼠标左键拖出一个框的方式,但只有完全位于框内的元件才能被选中,如图 9-13 所示。在空白处单击鼠标左键可以取消所有元件的选择。

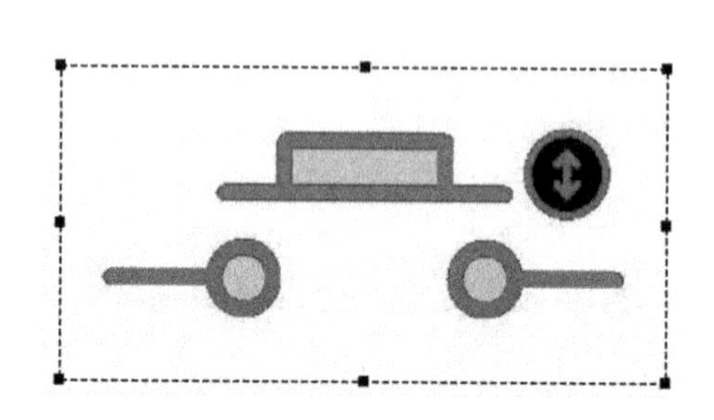

图 9-12　活动元件的选择

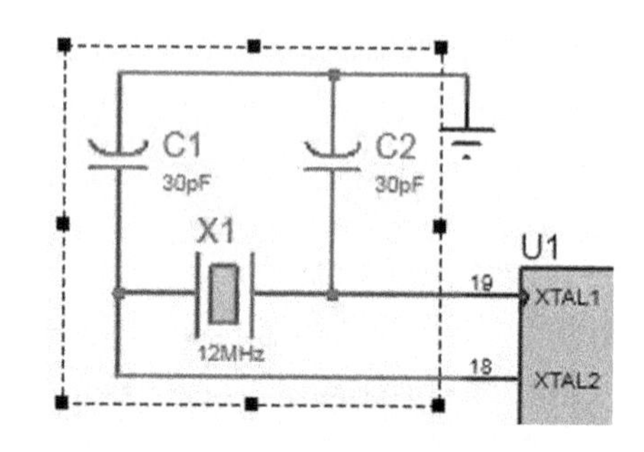

图 9-13　一组元件的选择

4. 删除元件

用鼠标选中元件后,可以按 Delete 键删除元件;或者在要删除的对象上单击鼠标右键,在弹出的下拉式菜单中选择 Delete Object 选项;或者在元件上连续双击鼠标右键即可删除元件。

5. 调整元件方向

根据电路设计的要求,元件的方向往往需要进行旋转设置。旋转元件可选择在元件放置到图形编辑窗口前进行,也可以在放置到图形编辑窗口后再进行。

放置前就旋转元件时,应先在对象选择窗口中单击元件,再单击旋转按钮,这样通过查看元件预览窗口中元件的形态就可知道元件旋转的效果。将元件放置到图形编辑窗口后旋转时，可先将鼠标指针移动到需旋转的元件处，然后用鼠标右键单击选择弹出的旋转选项内容。

6. 编辑元件

用鼠标双击对象，弹出编辑对话框，可以通过对话框对对象属性进行编辑。在元器件比较集中的地方，可以将鼠标移至对象上方，然后按 Ctrl＋E 快捷键，打开 Edit Component 对话框，或者将鼠标移到对象上方，单击鼠标右键，在弹出的下拉菜单中选择 Edit Properties 选项。

7. 编辑网络标签

元件、端点和连线都可以像元件一样进行编辑操作。使用网络标号，对应的网络标号之间是相互连接的。单击网络标号 LBL，将鼠标移动到元件的端点或连线上，此时光标变成十字形。然后单击鼠标左键，此时会弹出 Edit Wire Label 对话框，如图 9-14 所示。在 String 编辑框中可以输入新的网络标号，也可以在 String 编辑框的下拉菜单中选择已有的网络标号。

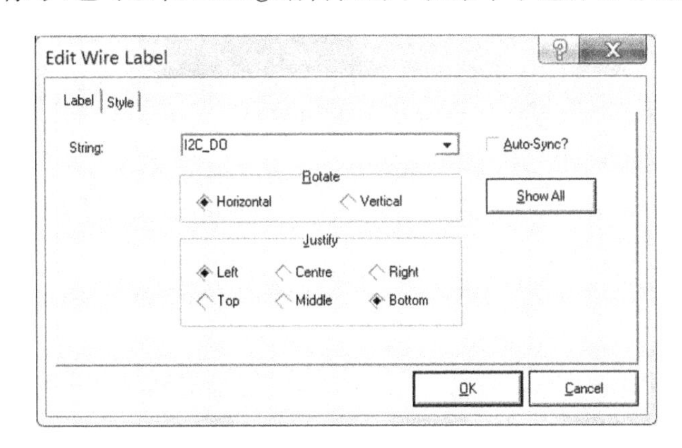

图 9-14 Edit Wire Label 对话框

8. 连线

原理图中的导线具有电气连接意义。在产生网络表时，Proteus 是根据导线或网络标号的连接完成的。原理图中的总线不具有电气特性，总线的作用在于提示、指引用户快速找到导线中相应网络标号的位置。

两个元件之间导线的连接步骤如下：

单击第一个元器件的连接点，移动鼠标，此时会在连接点引出一根导线；如果想要 Proteus ISIS 自动画出导线路径，只需要单击另一个连接点，Proteus 会自动完成两个连接点的连接。如果用户想自己决定走线路径，只需在拐点处单击，Proteus 会记住该路径，如果在走线过程中按下 Ctrl 键，可以改变走线的方式。

单击工具箱中的 Junction Dot 按钮 ✦，可以在电路中添加连接点，连接点可以精确地连接导线，具有电气特性。

9. 电气规则检查

当电路原理图绘制完成，需要进行电气规则检查，选择 Tools 菜单→Electrical Rule Check，Proteus 会对原理图进行电气规则检查并给出检查报告，包括设计文件名称、存放路径、版本号、作者、创建时间、修改时间、电气规则错误提示信息等，设计人员应该根据提示信息对电路原理图进行修改，直至无错误信息。

9.2.4 Proteus Schematic Capture 单片机系统仿真过程

Proteus 强大的单片机系统设计与仿真功能，使它成为单片机系统应用开发和改进手段

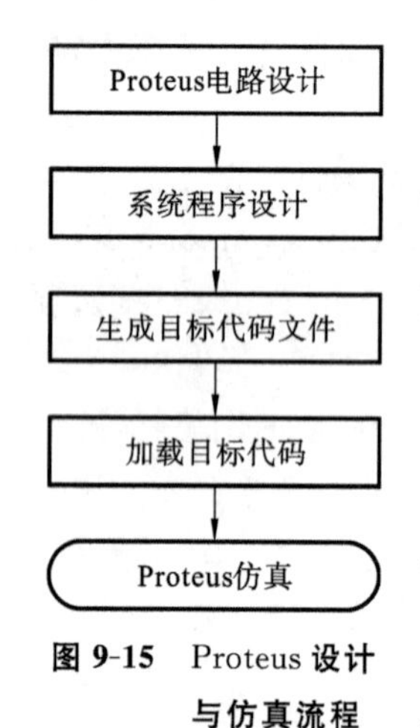

图 9-15　Proteus 设计与仿真流程

之一,其应用系统仿真过程主要分为三步:

(1) 在 Proteus Schematic 平台上进行单片机系统电路设计、选择元器件、接插件、连接电路并进行电气规则检查等。

(2) 利用第三方开发工具或 Proteus 提供的编辑环境进行单片机应用系统源程序设计、编辑、编译、代码级调试并生成目标代码文件(*.hex)。

(3) 在 Proteus Schematic 平台上将目标代码文件加载到单片机系统中,并实现单片机系统的实时交互、协同仿真。Proteus VSM 仿真在相当程度上反映了实际单片机系统的运行情况。

单片机系统的 Proteus 设计与仿真流程如图 9-15 所示。

Keil 与 Proteus 的整合调试可以实现系统的总调,在该系统中,Keil 作为软件调试界面,Proteus 作为硬件仿真和调试界面,在 Keil 中调用 Proteus 进行 MCU 外围器件的仿真步骤如下:

(1) 正确安装 Keil μVision 4 与 Proteus 8。

(2) 安装 vdmagdi 插件,该插件可实现与 Keil 的联调,需要注意的是安装 vdmagdi 插件时要正确选择 Keil 的安装路径。

(3) 打开 Proteus,画出电路原理图,在 Proteus 的 debug 菜单中选中 Enable remote debug monitor。

(4) 在 Keil 软件中编写 MCU 的程序,在 Keil 软件上单击 Project→Options for Target 选项,或者使用快捷键 Alt+F7,出现如图 9-16 所示页面。默认的 Debug 设置为 Use Simulator,现在需要修改设置。在右栏上部的下拉菜单里选中“Proteus VSM Simulator”,并且还要点击一下“Use”前面的小圆点以选中该项。接下来点击右侧的“Setting”按钮,设置通信接口,如图 9-17 所示。在“Host”后面添上“127.0.0.1”,表示使用本机地址,如果使用的不是同一台电脑,则需要在这里添上另一台电脑的 IP 地址(另一台电脑也应安装 Proteus),在“Port”后面添加“8000”。这样就可以在 Keil 中实现对 Proteus 的控制,断点、单步、连续运行等都可以实现。

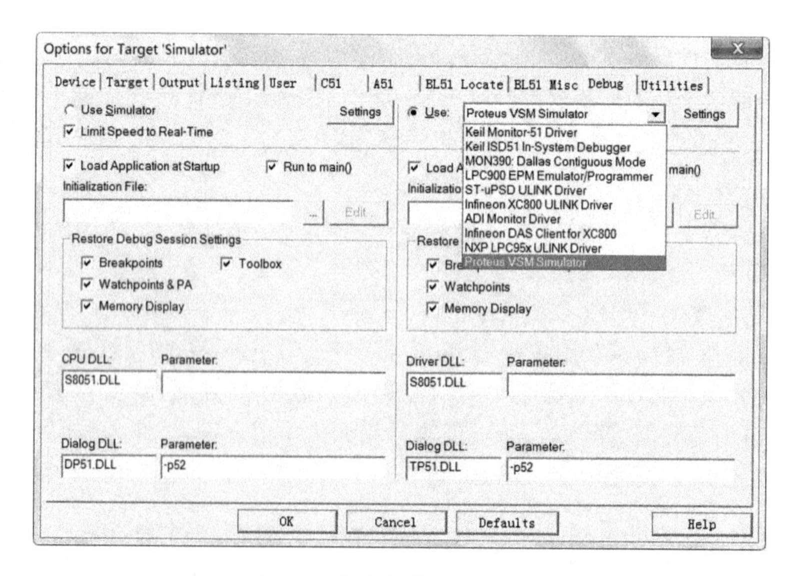

图 9-16　Keil 软件 Debug 设置

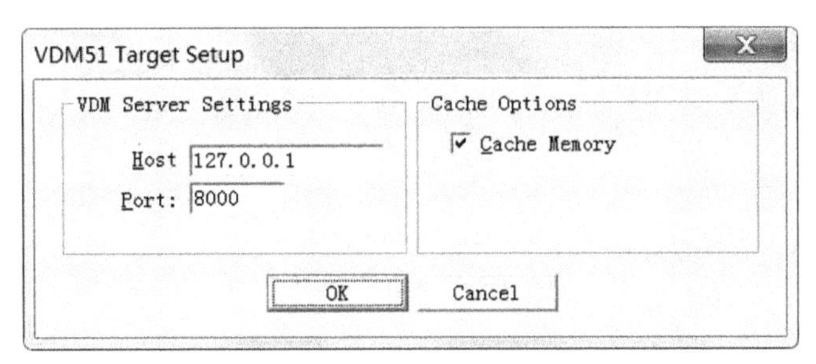

图 9-17　通信接口设置

9.3　Proteus 应用实例

9.3.1　花样流水灯设计

1. 设计任务及思路

本设计任务要求设计一个 8 位流水灯，彩灯点亮过程如下：第一轮显示时，首先点亮左侧第 1 个彩灯，然后点亮第 2 个、第 3 个，直到第 8 个，从而完成一次由左至右点亮的过程，然后所有的灯全亮，再全部熄灭；第二轮显示时，首先点亮左侧前 2 个灯，然后点亮第 2、3 两个灯，然后第 3、4 两个灯，直到最右侧两个灯点亮移出，然后所有的灯全亮，再全部熄灭；第三轮显示时，首先点亮左侧前 3 个灯，然后点亮第 2、3、4 三个灯，然后点亮第 3、4、5 三个灯，直到最右侧三个灯点亮移出，然后所有的灯全亮，再全部熄灭；三轮过后，返回第一轮显示并且循环下去。

2. 硬件设计

本设计硬件电路比较简单，主要由单片机和 LED 显示电路组成。单片机 P1 口引脚经反相驱动器接 LED 的负极，LED 正极通过限流电阻接到电源上。当需要点亮某个彩灯时，应使与之连接的单片机引脚输出高电平，硬件原理图如图 9-18 所示。

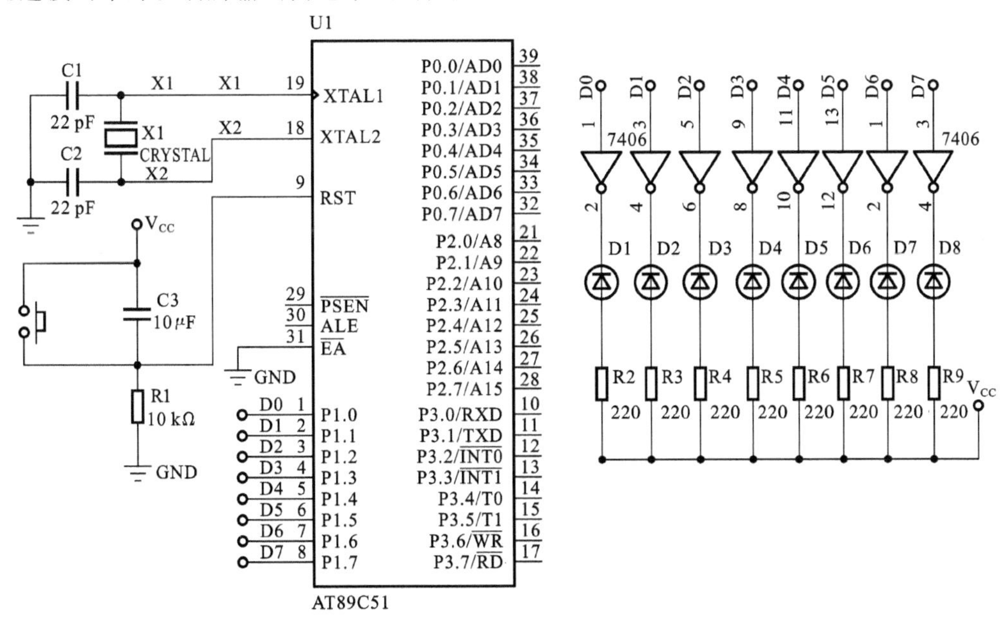

图 9-18　流水灯硬件原理图

3. 程序设计

系统程序流程图如图 9-19 所示。

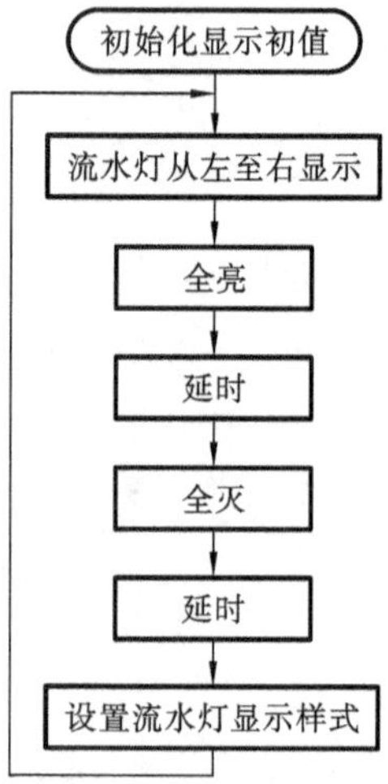

初始化显示初值 → 流水灯从左至右显示 → 全亮 → 延时 → 全灭 → 延时 → 设置流水灯显示样式 → (返回 流水灯从左至右显示)

图 9-19　流水灯程序流程图

参考程序：

```
#include <at89x51.h>
#define  uchar  unsigned char
#define  uint  unsigned int
// 延时子程序(晶振频率 12 MHz,12 个振荡周期,以 ms 为单位进行延时)
void  Delayms(uint ms)
{   uint x,y;
    for(x=0;x<=ms;x++)
    {   for(y=0;y<=120;y++);   }
}
void  main(void)
{   uchar  m,n=0x01;                //初始化
    uchar  k=0;
    while(1){
        for(m=0;m<8;m++)            //产生流水灯效果
            {
            P1=n;
            Delayms(500);           //延时 0.5 秒
            n=n<<1;
            }
            k=k+1;
            P1=0xff;                //全亮
            Delayms(500);
            P1=0x00;                //全灭
            Delayms(500);
            if(k%3==0)
                {n=0x01;}           //第一轮流水灯样式
            else if(k%3==1)
                {n=0x03;}           //第二轮流水灯样式
            else
                {n=0x07;}           //第三轮流水灯样式
            }
}
```

4. 仿真调试

按照图 9-16 介绍的方法，在 Keil C 中建立工程，输入上述程序，进行编译、连接，在工程的输出信息选项中，选中 Create HEX File，如图 9-20 所示，生成.hex 文件；在 Proteus 软件中双击 AT89C51 单片机，在弹出的属性编辑框中为单片机加载.hex 程序，如图 9-21 所示，单击

Program File 右侧的文件选择按钮，加载 Keil 软件生成 led. hex 文件。

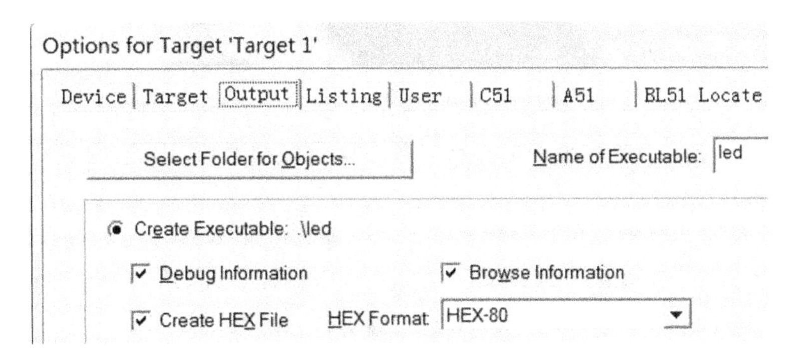

图 9-20　Keil 输出文件设置

图 9-21　Proteus 中加载. hex 文件

在 Keil 软件中选择 Debug→Start Debug 启动 Keil 与 Proteus 的联调，我们可以把 Keil 软件和 Proteus 软件的界面拖动到合适大小以方便调试工作，如图 9-22 所示。在调试工程中，可以使用单步、进入循环、跳出循环等调试手段。通过 Keil 软件可以观察源代码以及语言代码的执行过程，通过 Proteus 界面可以观察系统的模拟执行情况。

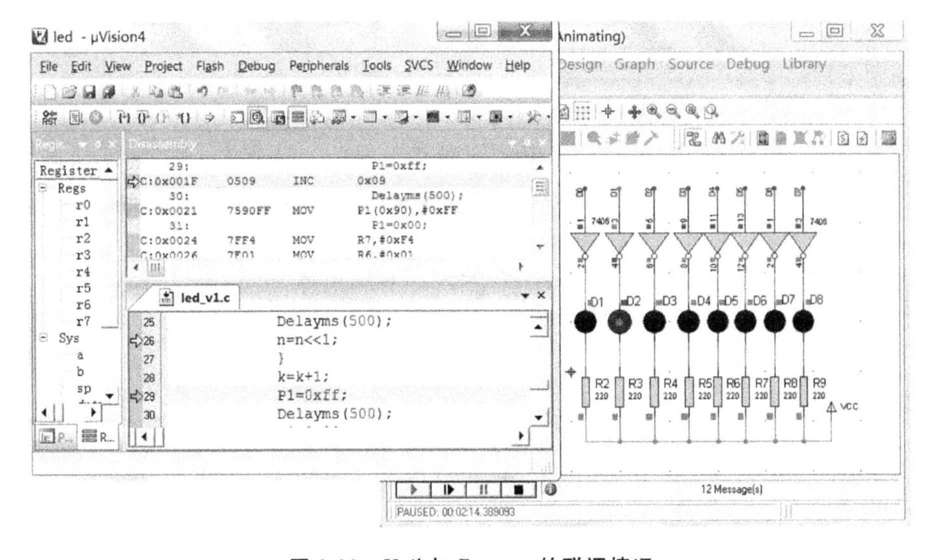

图 9-22　Keil 与 Proteus 的联调情况

9.3.2　交通灯控制系统设计

1. 设计任务及思路

随着经济与社会的发展,社会汽车保有量急剧增加,道路上行驶的汽车也变得越来越多,为了协调通行,常用交通控制系统来指挥路口各方向车辆的通行,因此,交通灯成为城市里最常见的交通控制系统之一。

道路路口有很多种类型,如丁字路口灯、十字路口灯。相应地,交通灯有 3 方向控制灯、4 方向控制灯类型,控制的方向越多,交通控制系统所具有的功能就越复杂。

这里介绍一种 4 方向交通控制系统的设计,设计任务如下:

十字路口按方位可以分为东、南、西、北四个方向,每一个方向上,对于车辆而言,有直行、左转、右转三种通行方式;而对于行人而言,只有通行或不能通行两种情况。国内汽车均采用靠右通行的原则,因此,一般情况下,右转弯是不需要交通控制灯的,且可以与直行同时进行;而左转弯时,车辆必然挡住直行车辆的行进,因此,不能与直行同时进行。也就是说,当南北方向车辆允许通行时,东西方向的车辆应当禁止通行。而且,当南北方向车辆允许直行时,此方向上的左转应当禁止;反之,当南北方向车辆允许左转时,此方向上的直行应当禁止。南北方向车辆的直行通行时间与左转通行时间之和即为此方向的车辆通行总时间,同时也是东西方向车辆的禁止通行时间。

为了方便控制,通行时间应当还可以实现人工设置。可见,系统设计中应当有 4 个方向控制电路,每个方向都应有车辆与行人通行的指示灯和通行时间指示器,而且系统还应有通行时间设置按键。

2. 硬件设计

(1) 总体方案设计。

根据以上的设计任务与思路分析可知,此交通灯控制系统应包含有单片机、交通指示灯、数字显示器、按键等几个部分,系统框图如图 9-23 所示。

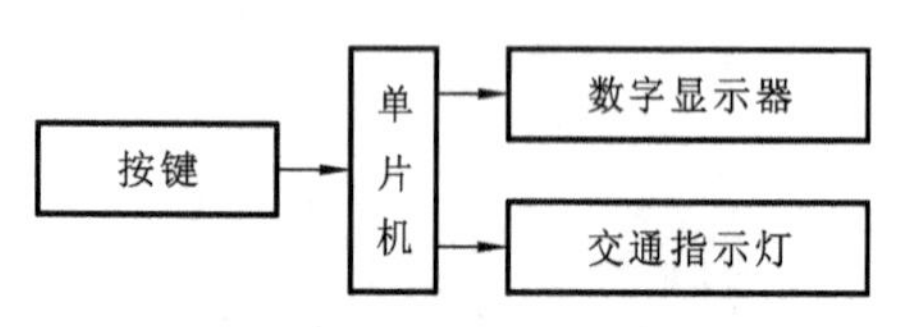

图 9-23　交通灯控制系统框图

交通指示灯的颜色应当有红、绿、黄三种颜色。红灯亮表示禁止通行,绿灯亮表示允许通行,黄灯亮表示即将禁止通行。数字显示器则用来显示当前通行或禁止的时间,常用数码管来显示。

(2) 单片机电路设计。

在本书中,采用 Atmel 公司的 AT89C51 单片机进行仿真设计。由于交通灯控制系统中有车辆指示灯、行人指示灯、通行时间显示器以及设置按键控制对象,因此,单片机设计时,应合理考虑各控制对象的引脚分配。本书利用 P1 口和 P3 口连接交通指示灯,P0 口和 P2 口引脚连接通行时间显示器,P2 口的部分引脚连接设置按键,引脚分配如表 9-1 所示,电路设计如图 9-24 所示。

(3) 交通指示灯电路设计。

交通指示灯有车辆指示灯与行人指示灯两类,颜色有红色、绿色和黄色三种。仿真设计采用发光二极管作为指示灯。每一种指示灯仅一个控制信号,因此,单片机的控制信号一端接绿灯,再通过反相器接红灯,可方便实现该种(左转或直行)指示灯红灯与绿灯的转换。

表 9-1　AT89C51 引脚分配表

引　脚	连 接 设 备	说　明
P1.4	左转指示灯	南北
P1.5	直行指示灯	南北
P1.6	黄灯	南北
P3.0	通行指示灯	南北人行道
P1.3	等待指示灯	南北人行道
P1.0	左转指示灯	东西
P1.1	直行指示灯	东西
P1.2	黄灯	东西
P3.1	通行指示灯	东西人行道
P1.7	等待指示灯	东西人行道
P0	LED	数据总线
P2.0～P2.5	LED	位选信号
P2.6～P2.7	按键	键盘

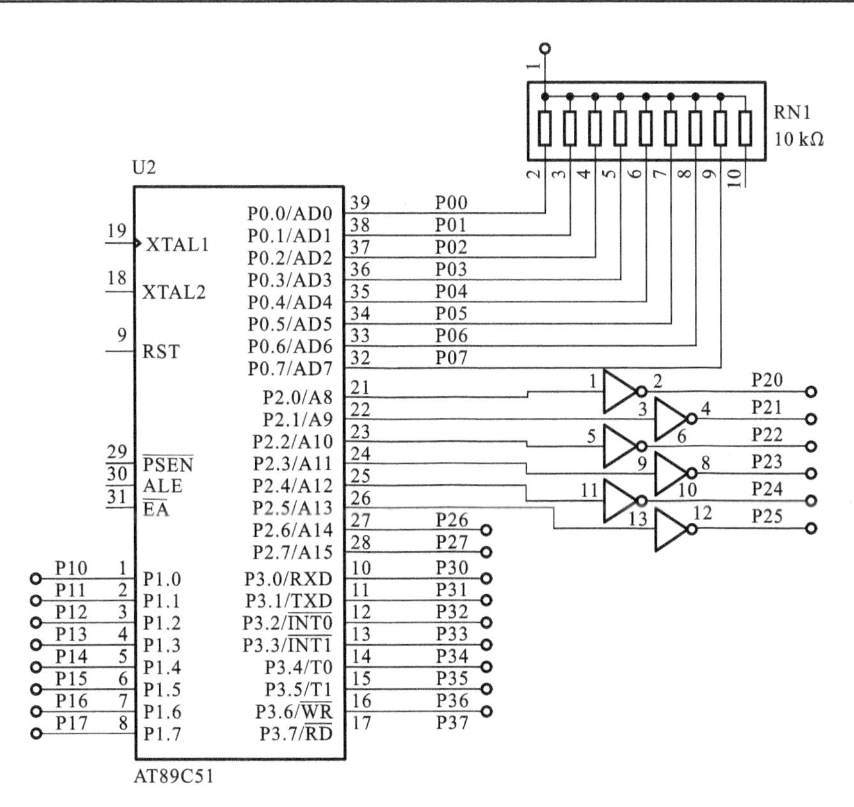

图 9-24　单片机电路设计

例如，用 P1.4 控制南北方向的车辆左转指示灯，将 P1.4 连接到红色发光二极管的阳极，P1.4 通过反相器接绿色发光二极管的正极，阴极共地。此时，当 P1.4 输出高电平时，红色发光二极管发光，绿色发光二极管熄灭；反之，当 P1.4 输出低电平时，绿色发光二极管发光，红色发光二极管熄灭，从而实现南北方向左转的控制。同理可用 P1.5 控制直行指示灯，而黄色指示灯用 P1.6 直接控制，南北方向的车辆通行指示灯设计如图 9-25 所示。

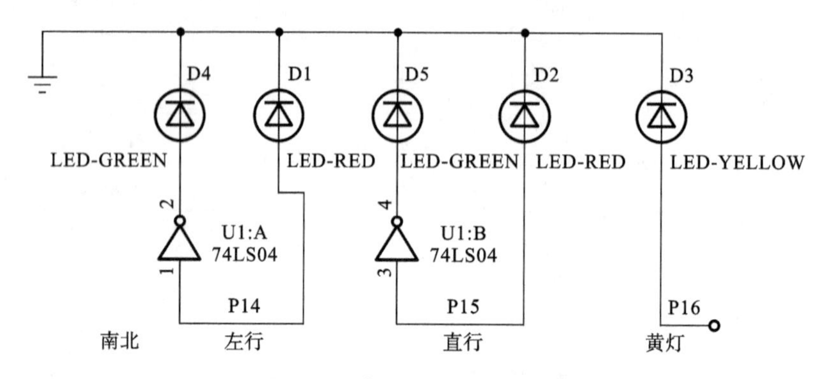

图 9-25　车辆指示灯电路设计

图 9-26 为南北方向人行道指示灯的电路图。其中 D6 为绿色发光二极管，D7 为红色发光二极管，分别用 P1.3 和 P3.0 控制这两个灯。

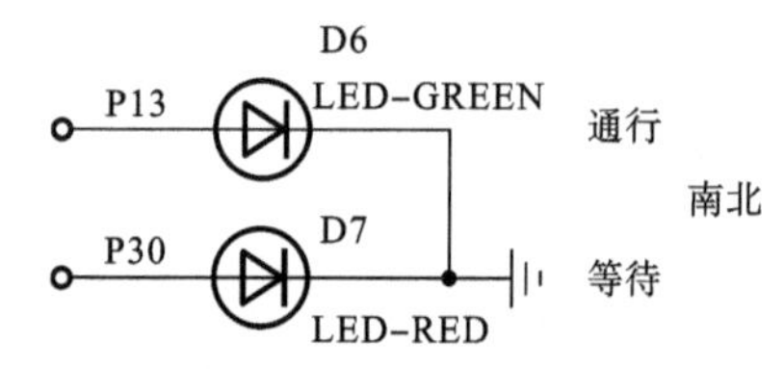

图 9-26　南北人行道指示灯电路图

东西方向车辆通行指示灯和人行道指示灯的电路图与南北方向的完全相同，指示控制的单片机引脚不同，可参见表 9-1。

(4) 通行时间显示电路设计。

目前实际使用的交通灯控制系统中的通行时间一般为 0～99 s，因此，本设计中采用了 2 位七段数码管来完成显示功能。这里采用的是两位一体的共阴极七段数码管，如图 9-27 所示。两位一体的七段数码管中，数据通道是公用的，通过两个位选信号引脚来控制两个数码管进行显示。

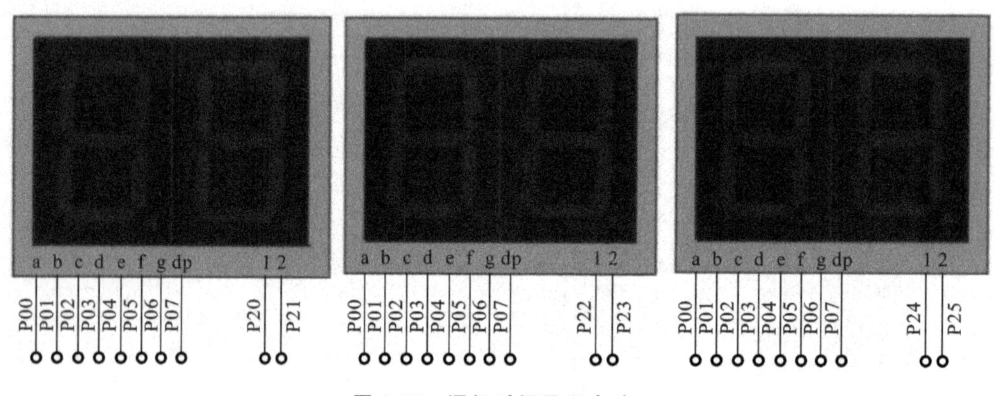

图 9-27　通行时间显示电路

单片机 P0 口作为数码管显示数据的基本输出通道，P0.0～P0.7 分别连接到数码管的 8 个字段位 a、b、c、d、e、f、g、dp。P2.0～P2.5 引脚作为数码管显示电路的位选信号。其中 P2.0、P2.1 分别控制南北方向通行时间显示数码管的十位和个位选通口，P2.2、P2.3 分别控制东西方向通行时间显示数码管的十位和个位选通口。

系统还提供了一个扩展的数码管显示器，共用 P0 口，使用 P2.4 和 P2.5 作为位选信号，配合按键电路可扩展系统功能，例如设置和调整系统通行时间，系统的按键电路如图 9-28 所示。按键信号接入单片机的外部中断引脚 P3.2。

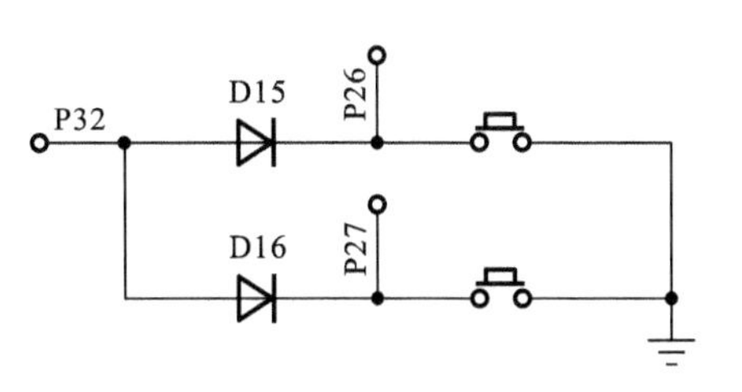

图 9-28　按键电路原理图

3. 软件设计

(1) 系统功能分析。

根据前面的设计任务要求可知，交通灯控制系统包含如下功能：

能以两位数显示 4 个方向的通行时间，并可通过按键调整通行时间；通行时间分两段显示，一段为左转通行时间，一段为直行通行时间，且显示的时间以倒计时方式进行；在通行指示灯工作时，显示器能正确显示各段通行剩余时间。当南北方向通行时，东西方向应当亮红灯；当东西方向通行时，南北方向应当亮红灯。当由南北通行即将变为东西通行时，黄灯指示灯亮；南北方向先左转指示灯亮绿灯，然后左转指示灯亮红灯，南北直行指示灯亮绿灯，同时南北人行道指示灯亮绿灯，之后南北直行指示灯、南北人行道指示灯亮红灯，之后变为东西方向通行。

本系统中，设定车辆左行时间为 15 s，车辆直行时间为 20 s，黄灯指示时间为 3 s，则根据上文对任务功能的分析，可得到表 9-2 所示路口通行时间与通行状态的划分。

表 9-2　路口通行状态表

南北方向	状态	状态 1	状态 2	状态 3	状态 4	状态 5	状态 6
	时间	15 s	20 s	3 s	15 s	20 s	3 s
南北方向	车辆左转指示灯	绿灯	红灯	红灯	红灯	红灯	红灯
	车辆直行指示灯	红灯	绿灯	红灯	红灯	红灯	红灯
	黄灯	灭	灭	亮	灭	灭	灭
	人行道绿灯	灭	亮	灭	灭	灭	灭
	人行道红灯	亮	灭	亮	亮	亮	亮
东西方向	车辆左转指示灯	红灯	红灯	红灯	绿灯	红灯	红灯
	车辆直行指示灯	红灯	红灯	红灯	红灯	绿灯	红灯
	黄灯	灭	灭	灭	灭	灭	亮
	人行道绿灯	灭	灭	灭	灭	亮	灭
	人行道红灯	亮	亮	亮	亮	灭	亮

(2) 程序流程。

系统程序包括主程序、通行时间显示中断服务程序、通行指示灯任务处理程序、按键处理程序等。交通灯显示流程如图 9-29 所示。

通行时间显示中断服务程序流程如图 9-30 所示。通行时间显示由定时器 T0 中断服务程序进行刷新显示。程序首先给定时器 T0 赋初值，然后判断标志位，是东西向通行还是南北向通行，最后在相应的通行方向上显示剩余的通行时间。

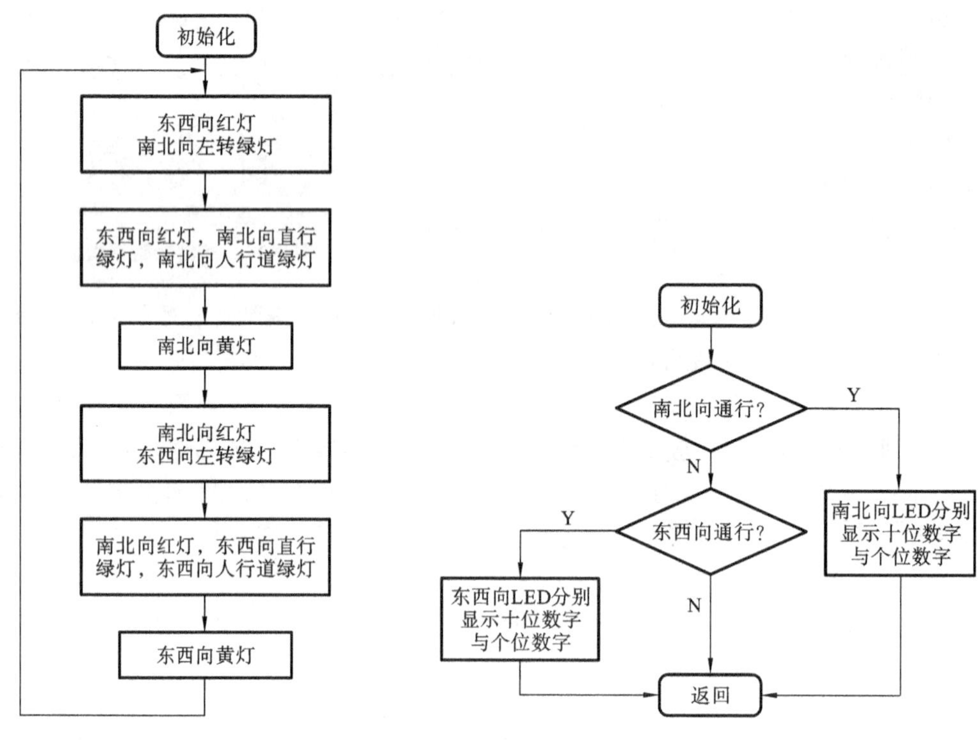

图 9-29　指示灯显示流程图　　　　图 9-30　通行时间显示中断服务程序流程图

系统程序如下，由于篇幅所限，此处给出了控制位定义、通行状态定义、通行指示灯任务处理程序、通行时间显示中断服务程序等主要程序，T0、T1 初始化程序，按键程序等略。

```
#include <at89x51.h>
#define  uchar  unsigned char
#define  uint  unsigned int
#define Preload (65536-(uint)((50 * OSC_FREQ)/(OSC_INST * 1000)))
//延时 50 ms 计数器初值
#define PreloadH (Preload / 256)
#define PreloadL (Preload % 256)
#define OSC_FREQ (12000000)                 //晶振频率
#define OSC_INST (12)                       //振荡周期
/* * * * * 定义各个控制位 * * * * * */
sbit sn_left=P1^4;                          //南北左行
sbit sn_go=P1^5;                            //南北直行
sbit sn_yellow=P1^6;                        //南北黄灯
sbit sn_man_green=P1^3;                     //南北人行道绿灯
sbit sn_man_red=P3^0;                       //南北人行道红灯
sbit ew_left=P1^0;                          //东西左行
sbit ew_go=P1^1;                            //东西直行
sbit ew_yellow=P1^2;                        //东西黄灯
sbit ew_man_green=P3^1;                     //东西人行道绿灯
```

```
sbit ew_man_red=P1^7;                    //东西人行道红灯
sbit sn_led1=P2^0;                       //南北 LED 十位控制位
sbit sn_led2=P2^1;                       //南北 LED 个位控制位
sbit ew_led1=P2^2;                       //东西 LED 十位控制位
sbit ew_led2=P2^3;                       //东西 LED 个位控制位
sbit time_led1=P2^4;                     //附加 LED 十位控制位
sbit time_led2=P2^5;                     //附加 LED 个位控制位
sbit key1=P2^6;                          //功能按键 1
sbit key2=P2^7;                          //功能按键 2
/*****定义共阴极 LED 字段码 0~9******/
uchar code table[]={0x3F,0X06,0X5B,0X4F,0X66,0X6D,0X7D,0X07,0X7F,0X6F};
uint count;                              //秒计数器
uchar flag,second;                       //通行标志,显示数据变量
ucharT0h,T0l;                            //定时器 T0 计数初值变量
//延时子程序(晶振频率 12MHz)
void Delayms(uchar ms)
{
    uchar i;
  while(ms--)
    {  for(i=0;i<120;i++);}
}
void state1()
{
    sn_left=0;                           //南北左行绿灯
    sn_man_green=0;                      //南北人行道绿灯关
    sn_man_red=1;                        //南北人行道红灯亮
    sn_go=1;                             //南北直行红灯
    sn_yellow=0;
    ew_man_green=0;                      //东西人行道绿灯关
    ew_man_red=1;                        //东西人行道红灯亮
    ew_left=1;                           //东西左行红灯
    ew_go=1;                             //东西直行红灯
    ew_yellow=0;
}
void state2()
{
    sn_left=1;                           //南北左行红灯
    sn_man_green=1;                      //南北人行道绿灯亮
    sn_man_red=0;                        //南北人行道红灯关
    sn_go=0;                             //南北直行绿灯
```

```
    sn_yellow=0;
    ew_man_green=0;                    //东西人行道绿灯关
    ew_man_red=1;                      //东西人行道红灯亮
    ew_left=1;                         //东西左行红灯
    ew_go=1;                           //东西直行红灯
    ew_yellow=0;
}
void state3()
{
    sn_left=1;                         //南北左行红灯
    sn_man_green=0;                    //南北人行道绿灯关
    sn_man_red=1;                      //南北人行道红灯亮
    sn_go=1;                           //南北直行红灯
    sn_yellow=1;                       //南北黄灯亮
    ew_man_green=0;                    //东西人行道绿灯关
    ew_man_red=1;                      //东西人行道红灯亮
    ew_left=1;                         //东西左行红灯
    ew_go=1;                           //东西直行红灯
    ew_yellow=0;
}
void state4()
{
    sn_left=1;                         //南北左行红灯
    sn_man_green=0;                    //南北人行道绿灯关
    sn_man_red=1;                      //南北人行道红灯亮
    sn_go=1;                           //南北直行红灯
    sn_yellow=0;                       //南北黄灯关
    ew_man_green=0;                    //东西人行道绿灯关
    ew_man_red=1;                      //东西人行道红灯亮
    ew_left=0;                         //东西左行绿灯
    ew_go=1;                           //东西直行红灯
    ew_yellow=0;
}
void state5()
{
    sn_left=1;                         //南北左行红灯
    sn_man_green=0;                    //南北人行道绿灯关
    sn_man_red=1;                      //南北人行道红灯亮
    sn_go=1;                           //南北直行红灯
    sn_yellow=0;                       //南北黄灯关
```

```
    ew_man_green=1;                          //东西人行道绿灯亮
    ew_man_red=0;                            //东西人行道红灯关
    ew_left=1;                               //东西左行红灯
    ew_go=0;                                 //东西直行绿灯
    ew_yellow=0;
}
void state6()
{
    sn_left=1;                               //南北左行红灯
    sn_man_green=0;                          //南北人行道绿灯关
    sn_man_red=1;                            //南北人行道红灯亮
    sn_go=1;                                 //南北直行红灯
    sn_yellow=0;                             //南北黄灯关
    ew_man_green=0;                          //东西人行道绿灯关
    ew_man_red=1;                            //东西人行道红灯亮
    ew_left=1;                               //东西左行红灯
    ew_go=1;                                 //东西直行红灯
    ew_yellow=1;                             //东西黄灯亮
}
void isr_t0() interrupt 1
{
    TH0=T0h;
    TL0=T0l;
    if(flag==1|flag==2|flag==3)              //显示南北方向剩余时间
{   P0=table[second/10];
    sn_led1=1;
    Delayms(1);
    sn_led1=0;
    P0=table[second%10];
    sn_led2=1;
    Delayms(1);
    sn_led2=0;
}
    if(flag==4|flag==5|flag==6)              //显示东西方向剩余时间
{
    P0=table[second/10];
    ew_led1=1;
    Delayms(1);
    ew_led1=0;
    P0=table[second%10];
```

```
        ew_led2=1;
        Delayms(1);
        ew_led2=0;
    }}
    /***定时器T1定时50ms中断服务程序,顺序完成各个状态下指示灯的控制***/
    void isr_t1() interrupt 3
    {
        count++;
        TH1=PreloadH;
        TL1=PreloadL;
        TR1=1;
        switch(flag)
        {   case 1:
            {
                state1();
                if(count==20)
                {
                    count=0;
                    if(second>0)
                    {       second--;       }
                    else
                    {       second=20;      flag=2;     }
                }
        } break;
        case 2:
        {   state2();
            if(count==20)
            {
                    count=0;
                    if(second>0)
                    {       second--;       }
                    else
                    {
                    second=3;
                    flag=3;
                    }
            }
        } break;
        case 3:
        {     state3();
```

```
    if(count==20)
    {   count=0;
        if(second>0)
        {       second--;       }
        else
        {
        second=15;
        flag=4;
        }
    }
} break;
case 4:
{       state4();
    if(count==20)
    {
        count=0;
        if(second>0)
        {       second--;       }
        else
            {
            second=20;
            flag=5;
            }
        }
    } break;
    case 5:
    {       state5();
        if(count==20)
        {
            count=0;
            if(second>0)
            {       second--;       }
            else
            {
            second=3;
            flag=6;
            }
        }
    } break;
    case 6:
```

```
    {     state6();
          if(count==20)
          {
               count=0;
               if(second>0)
               {     second--;     }
               else
               {
               second=15;
               flag=1;
               }
          }
          } break;
          default:break;
    }
}
void Init_T0(uchar mode t0)          //定时器 0 初始化
{
    TMOD1=modet0;
    TH0=T0h;
    TL0=T0l;
    EA=1;
    ET0=1;
    TR0=1;
}
void Init_T1(uchar modet1)           //定时器 1 初始化
{
    TMOD1=(modet1<<4);
    TH1=PreloadH;
    TL1=PreloadL;
    EA=1;
    ET1=1;
    TR1=1;
}
void main()
{
    flag=1;                          //状态标志初始化为 1
    second=15;                       //初始化南北左转时间 15 s
    count=0;                         //设定计数初值
    Init_T1(1);                      //设定定时器 T1,方式 1,定时 50 ms
```

```
    Init_T0(0);                    //设定定时器 T0,方式 0,定时 5 ms
    T0h=0x1c;                      //定时器 T0 赋初值
    T0l=0x66;
    sn_led1=0;                     //初始化各个指示灯状态
    sn_led2=0;
    ew_led1=0;
    ew_led2=0;
    time_led1=0;
    time_led2=0;
    while(1);
}
```

4. 系统调试

在 Proteus 中完成电路原理图设计，在 Keil 软件中输入系统程序，编译后生成. hex 文件，然后在 Proteus 中加载进行联合调试。系统仿真如图 9-31 所示，在此图中，只截取了西、北两个方向的电路仿真状态，由前所述可知，南、东状态与西、北完全一致。当前的仿真状态是南北方向车辆直行，LED 显示剩余 16 s，同时南北方向的人行道绿灯亮，行人可以通行，而东西方向指示灯全部为红灯，不显示时间，读者也可以修改程序，使得东西方向也显示时间。经过调试，系统设计满足预计的功能要求。

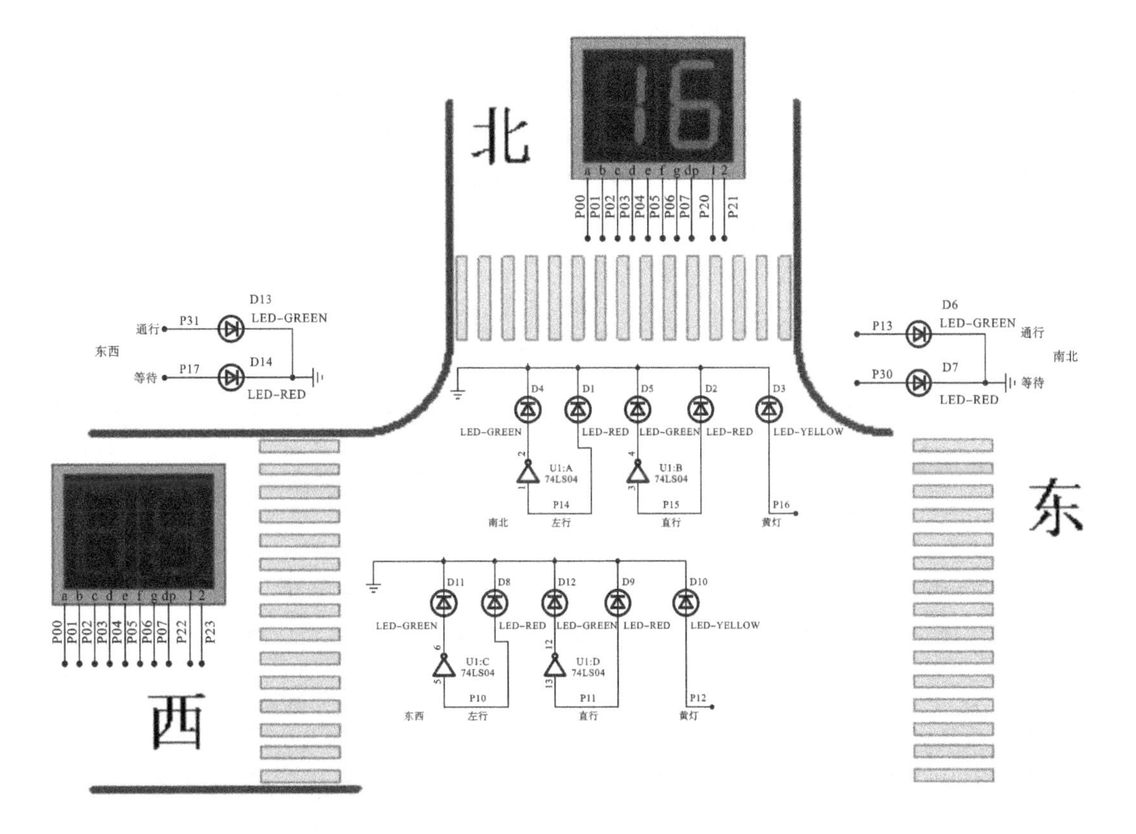

图 9-31　Proteus 中的仿真界面

9.3.3　数字电压表设计

1. 设计任务及思路

本设计任务要求测量 8 路 0～5 V 的直流电压,并在四位 LED 数码管上轮流显示各路电压的测量值,其中第一位 LED 数码管显示路数,后三位显示测量电压,显示范围为 0.00 V～5.00 V。8 路用数字表示分别为 0～7,测量误差为 0.02 V。

2. 硬件设计

(1) 总体方案设计。

根据以上的设计任务与思路分析可知,此数字电压表系统应包含有单片机、A/D 转换电路、四位 LED 显示器等,系统框图如图 9-32 所示。

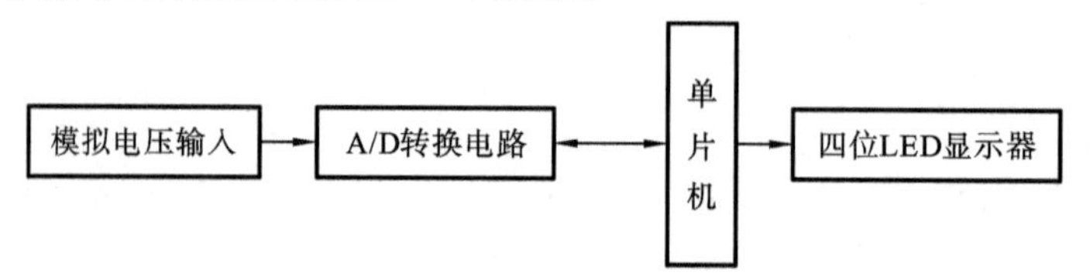

图 9-32　数字电压表系统框图

(2) 单片机电路设计。

单片机采用 Atmel 公司的 AT89C51 进行仿真设计。在单片机设计时,应合理考虑各控制对象的引脚分配。本书采样“三总线”的方式连接 ADC0809 与单片机,其中 P0 口作为地址、数据复用总线,低 8 位地址信号由 74LS373 进行锁存,其中低 3 位地址信号连接到 ADC0809 的 ADD-A、ADD-B、ADD-C 引脚,高 8 位地址信号由 P2 口提供,其中使用P2.7提供 ADC0809 的片选信号,配合$\overline{WR}$(P3.6)和$\overline{RD}$(P3.7)信号完成 ADC0809 的读写操作。由上述分析可得到 ADC0809 的模拟量输入通道 IN0～IN7 的地址为 0X7FF8～0X7FFF。利用 P2.0～P2.6 为四位 LED 显示器提供段码输入信号,利用 P1.0～P1.3 提供 LED 显示器的位选信号,P1.4 连接小数点位,单片机电路连接如图 9-33 所示。

(3) A/D 转换电路设计。

由于 ADC0809 片内没有时钟发生器,因此需要外部提供时钟信号。单片机的 ALE 引脚为“三总线”器件提供地址锁存信号,其频率是单片机频率的 1/6,而 ADC0809 允许的时钟频率范围为 10～1280 kHz,典型值为 640 kHz,因此,可以将 ALE 信号经过一定的分频(例如 2 分频或 4 分频)得到 ADC0809 所需的时钟频率。在本书中,单片机系统时钟频率为 12 MHz,在 ALE 端得到的频率为 2 MHz,采用一个 D 触发器对 ALE 进行 2 分频可得到满足 ADC0809 转换要求的时钟信号。若时钟过高产生转换错误,则可进行 4 分频,得到 500 kHz 的时钟频率。

ADC0809 的数据输出端 OUT1～OUT7 连接到单片机“三总线”中的数据总线上,ADC0809 的 8 路模拟量输入通道 IN0～IN7 接采样电路,其中 IN0～IN3 连接到电位器的可调输出端,可手动微调;IN4～IN7 连接到 Proteus 自带的直流信号发生器,信号发生器的值分别设定为 2.18 V、5.00 V、4.14 V、3.11 V。读者也可以根据需要对这 8 路输入信号进行扩展,例如可接压力传感器进行压力的测量,或接光敏电阻采集光强,A/D 转换电路如图 9-34 所示。

(4) LED 显示电路设计。

LED 显示电路采用四位一体的共阴极 7 段数码管,为了更直观地观察测量值与真实值的误差,在 LED 显示器旁边采用 Proteus 提供的直流电压表检测 8 路输入电压的真实值,LED 显示电路如图 9-35 所示。

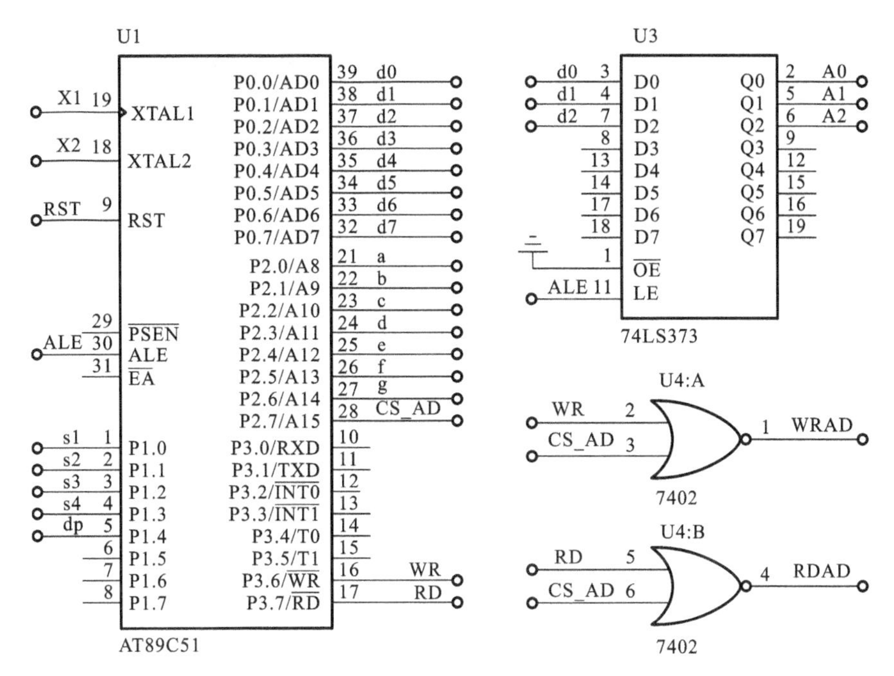

图 9-33　单片机电路图

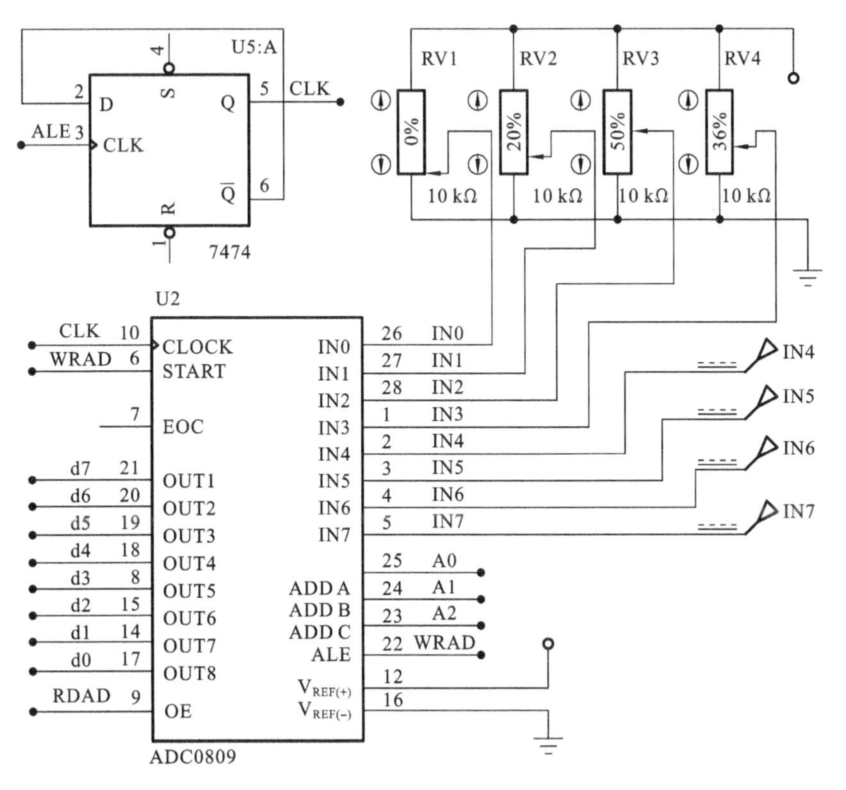

图 9-34　A/D 转换电路

3. 软件设计

(1) 系统功能分析。

数字电压表系统主要包括两部分功能：一是采集 8 路模拟量输入信号并计算模拟电压；二

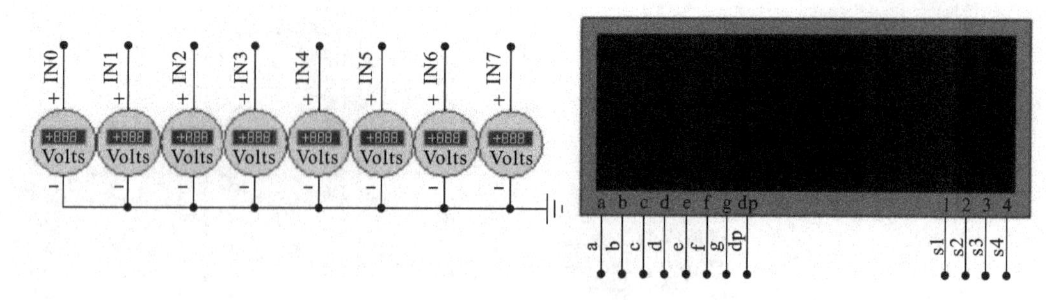

图 9-35　LED 显示电路

是将每一路电压值进行刷新显示。

(2) 程序流程。

系统程序包括主程序、显示刷新子程序、物理量转换子程序、定时器中断服务程序等。显示刷新子程序流程如图 9-36 所示,依次完成 4 个 LED 数码管的动态刷新显示。

定时器中断服务程序流程图如图 9-37 所示。T1 定时器为 50 ms 定时,利用软件计数器实现 1 秒定时,每秒钟进行一次 8 通道的 A/D 转换,并将采集到的数字量转换为电压值。

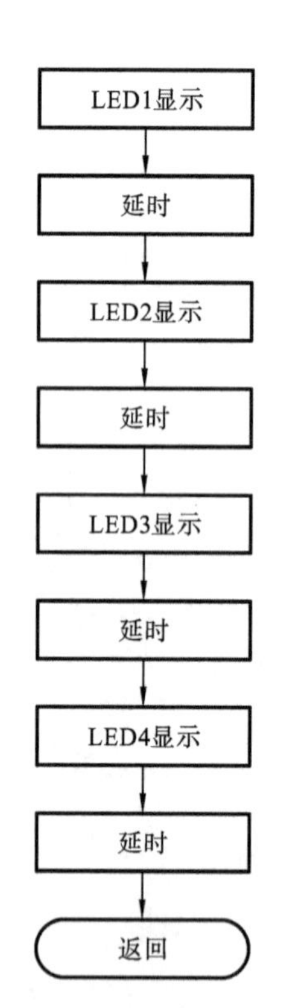

图 9-36　显示刷新子程序流程

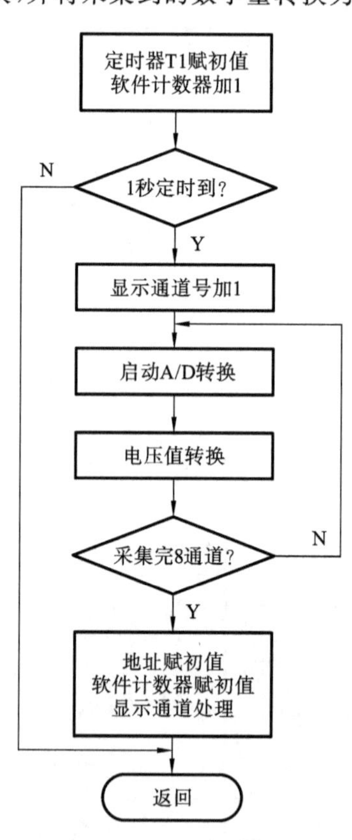

图 9-37　定时器中断服务程序流程

系统软件程序如下,省略了 T1 初始化程序。

```
#include <at89x51.h>
#define  uchar  unsigned char
#define  uint  unsigned int
#define Preload (65536- (uint)((50 * OSC_FREQ)/(OSC_INST * 1000)))
```

```
#define PreloadH (Preload / 256)
#define PreloadL (Preload % 256)
#define OSC_FREQ (12000000)         //晶振频率
#define OSC_INST (12)               //振荡周期
uchar xdata *ADaddr;                //定义 AD 转换器外部地址
uchar ADnum[8],dispdata[4];         //定义 ADC 转换数字量存放空间及显示缓冲区
float ADval[8];                     //定义 ADC 测量电压值变量空间
uchar ch,count;                     //定义 ADC0809 通道号及软件计数器
/*****定义数码管的位选信号******/
sbit  LED1=P1^0;
sbit  LED2=P1^1;
sbit  LED3=P1^2;
sbit  LED4=P1^3;
sbit  dp=P1^4;                      //小数点控制位
/*****定义共阴极 LED 字段码 0~9******/
uchar codetable[]={0x3F,0X06,0X5B,0X4F,0X66,0X6D,0X7D,0X07,0X7F,0X6F};
void Delayms(uchar ms)              //延时子程序(晶振 12 MHz)
{  uchar  i;
  while(ms--)
  {  for(i=0;i<120;i++);}
}
void Delayus(uchar us)              //延时子程序(晶振 12 MHz)
{  while(us--)  {}}
void decodenum(uchar ch)            //将数字量转化为物理量,并存放在显示缓冲器中
{ uint temp;
  temp=(uint)(ADval[ch]*100);
  dispdata[0]=table[ch];            //第一位为通道号
  dispdata[1]=table[temp/100];      //取个位数字
  dispdata[2]=table[temp/10%10];//取小数点后第一位数字
  dispdata[3]=table[temp%10];       //取小数点后第二位数字
}
void disp(void)                     //依次显示 4 个 LED 数码管
{  P2=dispdata[0];
   LED1=0;dp=0;
   Delayms(1);
   LED1=1;
   P2=dispdata[1];
   LED2=0;dp=1;
   Delayms(1);
   LED2=1;
   P2=dispdata[2];
```

```
        LED3=0;dp=0;
        Delayms(1);
        LED3=1;
        P2=dispdata[3];
        LED4=0;dp=0;
        Delayms(1);
        LED4=1;
    }
    /***定时器T1定时50 ms中断服务程序,每秒钟进行一次8通道AD转换采样***/
    void isr_t1() interrupt 3
    {   uchar i;
        TH1=PreloadH;
        TL1=PreloadL;
        count++;
        if(count==20)
        {   ch++;
        for(i=0;i<8;i++)
        {   *ADaddr=0;
            Delayus(150);                       //延时150 μs可保证ADC0809转换完成
            ADnum[i]=*ADaddr;                   //采集数据
            ADval[i]=ADnum[i]*0.0196;           //转换为电压值,5/255约等于0.196
            ADaddr++;                           //8个通道的电压采集
        }
        count=0;
        ADaddr=0x7FF8;
        if(ch>7){ch=0;}
        }
    }
    void main(void)
    {   Init_T1(1);                             //初始化定时器1,方式1,定时50 ms
        ADaddr=0x7FF8;                          //设定ADC地址
        ch=0;                                   //ADC通道号置初值
        count=0;
        while(1){
        switch(ch)                              //依次采样8个通道电压值并显示
        {   case 0:
            {   decodenum(0);
                disp();
                }break;
                case 1:
                {   decodenum(1);
```

```
            disp();
            } break;
            case 2:
            {  decodenum(2);
            disp();
            }break;
            case 3:
            {  decodenum(3);
            disp();
            }break;
            case 4:
            {  decodenum(4);
            disp();
            }break;
            case 5:
            {  decodenum(5);
            disp();
            }break;
            case 6:
            {  decodenum(6);
            disp();
            }break;
            case 7:
            {  decodenum(7);
            disp();
            }break;
            default:break;
            }
        }
}
```

4. 系统仿真

在 Proteus 中完成电路原理图设计，在 Keil 软件中输入系统程序，编译后生成.hex 文件，然后在 Proteus 中加载程序进行联合调试。系统仿真界面如图 9-38 所示，图 9-38(a)所示为 ADC0809 采集 8 路电压值的采样电路，调整 RV1～RV4 分别为满量程的 0%，20%，50%以及 35%，则对应 IN0～IN3 输入的真实值分别为 0 V，1 V，2.5 V 和 1.8 V。输入信号的真实值可以由电压表直接读出，测量值由 LED 数码管显示，仿真界面中截取了两路电压信号的采集显示效果，其中中间界面为 IN3 路电压值的测量显示界面，第一位数码管显示路数为“3”，后三位显示该路模拟量的测量电压为“1.80”；图 9-38(b)所示为 IN5 路电压值的测量显示界面，第一位数码管显示路数为“5”，后三位显示该路模拟量的测量电压为“4.99”，可见，IN5 路的测量结果与真实值存在 0.01 V 的测量误差，其原因是因为在软件程序进行电压转换时，利用公式 $V=D\times0.0196$ 计算得出模拟电压值，式中 D 为 A/D 转换器转换后的数字量，V 为计算出的模拟电压值,而 0.0196 是 5/255 的近似值,因此最大测量误差不会超过 0.02。经过调试,系统软件工作正常,能完成 8 路电压的巡回采集与显示。

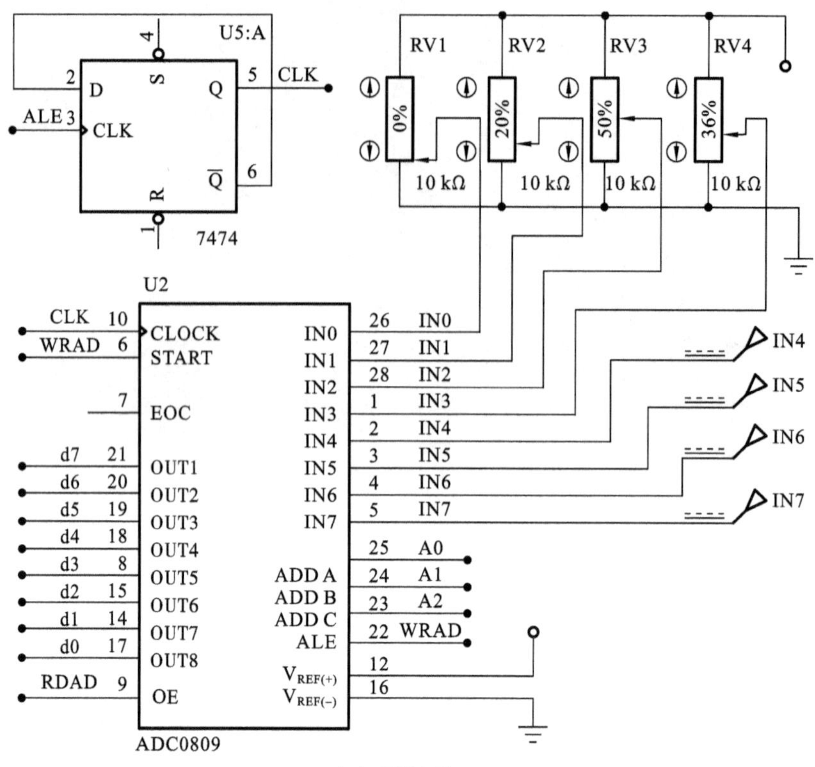

(a) 采样电路

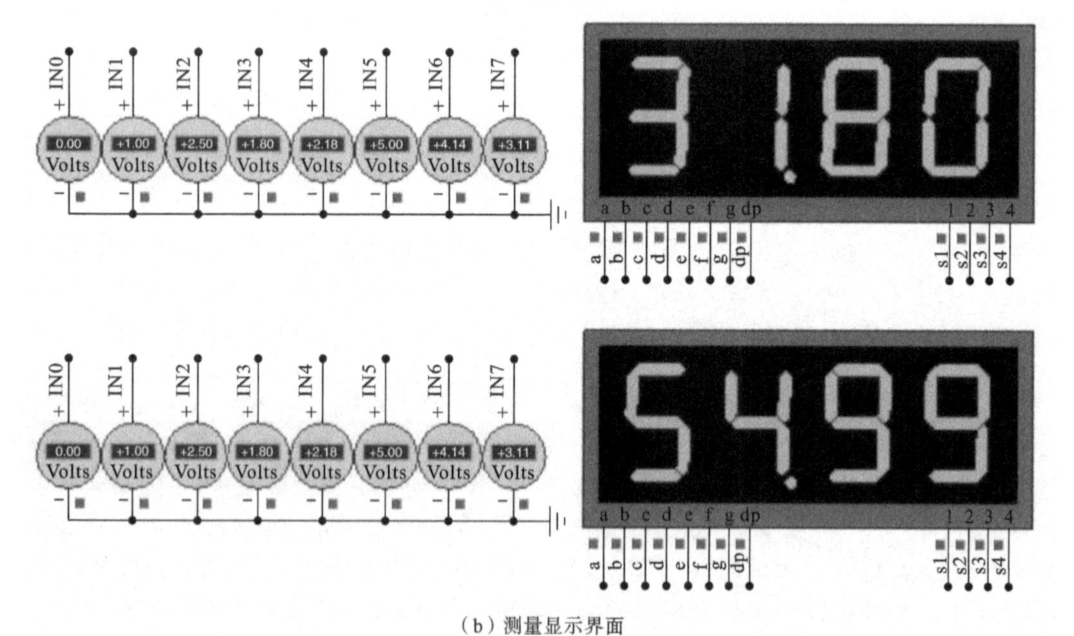

(b) 测量显示界面

图 9-38　数字电压表仿真界面

附录 A　Keil μVision4 菜单及功能说明

1. File 菜单

菜 单 项	快 捷 键	功 能 说 明
New	Ctrl+N	创建一个新的文件
Open	Ctrl+O	打开一个已存在的文件
Close		关闭当前打开的文件
Save	Ctrl+S	保存当前文件
Save As		以新文件名保存当前文件
Save All		保存所有打开的文件
Device Database		打开器件数据库
Print Setup		打印设置
Print	Ctrl+P	打印
Print Preview		打印预览
Exit		退出开发平台

2. Edit 菜单

菜 单 项	快 捷 键	功 能 说 明
Undo	Ctrl+Z	撤销上一次编辑操作
Redo	Ctrl+Shift+Z	恢复被撤销的编辑操作
Cut	Ctrl+X	剪切选定的内容，并移到剪贴板中
Copy	Ctrl+C	将被选定的内容复制到剪贴板中
Paste	Ctrl+V	将剪贴板中的内容粘贴到当前位置
Indent Selected Text		向右缩排所选行文本
Unindent Selected Text		向左缩排所选行文本
Toggle Bookmark	Ctrl+F2	给光标所在的行加/减标记
Goto Next Bookmark	F2	使光标跳到下一个标记所在的行
Goto Previous Bookmark	Shift+F2	使光标跳到上一个标记所在的行
Clear All Bookmarks		清除所有行标记
Find	Ctrl+F	在当前文件中查找指定的字符串
Replace	Ctrl+H	替换指定的字符串
Find in Files		在多个文件中查找指定的字符串
Goto Matching Brace		转移到匹配的花括号处

3. View 菜单

菜　单　项	功 能 说 明
Status Bar	显示底边状态条
File Toolbar	显示文件操作工具条
Build Toolbar	显示创建工具条
Debug Toolbar	显示文件操作工具条
Project Window	打开工程项目窗口
Output Window	打开输出窗口
Source Browser	打开资源浏览器
Disassembly Window	打开/关闭反汇编窗口
Watch & Call Stack Window	打开/关闭观察窗口
Memory Window	打开/关闭存储器窗口
Code Coverage Window	打开/关闭代码覆盖窗口
Performance Analyzer Window	打开/关闭性能分析窗口
Symbol Window	打开/关闭符号窗口
Serial Window ＃1	打开/关闭串行口＃1 窗口
Serial Window ＃2	打开/关闭串行口＃2 窗口
Toolbox	打开/关闭工具箱
Periodic Window Update	定期对窗口更新
Workbook Mode	选择编辑窗口显示模式
Options	编辑器、颜色、字体和快捷键设置

4. Project 菜单

菜单项	快捷键	功 能 说 明
New Project		创建新工程项目
Import μVision1 Project		引入 μVision1 工程项目
Open Project		打开工程项目
Close Project		关闭工程项目
File Extensions, Books and Environment		修改文件扩展名、增加说明信息及访问路径设置
Target, Groups, Files		增加目标、组和文件
Select Device for Target 'Simulator'		为目标仿真器选择器件
Remove Item		移除被选项
Options for Target 'Simulator'		目标仿真模式参数设定
Clear Group and Files Options		清除组和文件选项
Build target	F7	编译和连接项目中更新的文件
Rebuild all target files		重新编译和连接项目中所有文件
Translate		仅对文件进行编译,不连接
Stop build		停止创建

5. Flash 菜单

菜　单　项	功能说明
“Download”命令	下载单片机程序
“Erase”命令	擦除程序存储器
“Configure Flash Tools”命令	配置工具

6. Debug 菜单

菜　单　项	快　捷　键	功能说明
Start/Stop Debug Session	Ctrl+F5	启动/停止调试期
Go	F11	全速运行
Step	F10	单步执行
Step Over	Ctrl+F11	过程单步
Step out of current function	Ctrl+F10	执行完当前函数(子程序)
Run to cursor line		运行到光标所在的行
Stop Running		停止运行
Breakpoints		设置断点
Insert/Remove Breakpoint		插入/移除断点
Enable/Disable Breakpoint		打开/关闭断点
Disable All Breakpoints		关闭所有断点
Show Next Statement		给出下一条语句
Enable/Disable Trace Recording		允许/禁止迹记录
View Trace Records		观察迹记录
Memory Map		打开存储器映像窗口
Performance Analyzer	Ctrl+V	设置性能分析
Inline Assembly		打开在线汇编窗口
Function Editor		函数编辑器

7. Peripherals 菜单

菜　单　项	功能说明
Reset CPU	复位 CPU
Interrupt	中断系统窗口
I/O-Ports	I/O 端口窗口
Serial	串行口窗口
Timer	定时器窗口

8. Tools 菜单

菜　单　项	功 能 说 明
Setup PC-Lint	建立静态代码检查工具
Lint	静态代码检查
Lint All C-Source Files	检查所有 C 源程序文件静态代码
Setup Easy-Case	建立 Easy-Case
Start/Stop Easy-Case	启动/停止 Easy-Case
Customize Tools Menu	定制工具菜单

9. SVCS 菜单

菜　单　项	功 能 说 明
Configure Version Control	组构软件版本控制系统

10. Window 菜单

菜　单　项	功 能 说 明
Cascade	使文档窗口叠层排列
Tile Horizontally	使文档窗口排成行
Tile Vertically	使文档窗口排成列
Arrange Icons	排列图标
Spilt	分离窗口
Close All	关闭所有打开的窗口

11. Help 菜单

菜　单　项	功 能 说 明
μVision Help	μVision 帮助
Open Books Window	打开用户指南
Simulated Peripherals for…	仿真外部设备说明
Internet Support Knowledgebase	互联网在线帮助
Contact Support	联系支持中心
Check for Update	更新查找
About μVision	显示版本信息

附录 B　MCS-51 系列单片机指令表

MCS-51 系列单片机指令系统所用符号及其含义如下。

addr11　　11 位地址
addr16　　16 位地址
bit　　位地址
rel　　相对地址
direct　　直接地址单元(RAM、SFR、I/O)
#data　　立即数
Rn　　工作寄存器 R0～R7
A　　累加器
Ri　　i=0,1,数据指针 R0 或 R1
X　　片内 RAM 中的直接地址或寄存器
@　　间接寻址方式中,表示间址寄存器的符号
(X)　　在直接寻址方式中,表示直接地址 X 中的内容
　　在间接寻址方式中,表示间址寄存器 X 指出的地址单元中的内容
→　　数据传送方式
∧　　逻辑与
∨　　逻辑或
∀　　逻辑异或
√　　对标志产生影响
×　　不影响标志

十六进制代码	助记符	功能	对标志影响				字节数	周期数
			P	OV	AC	CY		
		算术运算指令						
28～2F	ADD A,Rn	A+Rn→A	√	√	√	√	1	1
25	ADD A,direct	A+(direct)→A	√	√	√	√	2	1
26,27	ADD A,@Ri	A+(Ri)→A	√	√	√	√	1	1
24	ADD A,#data	A+data→A	√	√	√	√	2	1
38～3F	ADDC A,Rn	A+Rn+CY→A	√	√	√	√	1	1
35	ADDC A,direct	A+(direct)+CY→A	√	√	√	√	2	1
36,37	ADDC A,@Ri	A+(Ri)+CY→A	√	√	√	√	1	1
34	ADDC A,#data	A+data+CY→A	√	√	√	√	2	1
98～9F	SUBB A,Rn	A−Rn−CY→A	√	√	√	√	1	1
95	SUBB A,direct	A−(direct)−CY→A	√	√	√	√	2	1
96,97	SUBB A,@Ri	A−(Ri)→CY→A	√	√	√	√	1	1

续表

十六进制代码	助 记 符	功 能	对标志影响				字节数	周期数
			P	OV	AC	CY		
94	SUBB A,#data	A−data−CY→A	√	√	√	√	2	1
04	INC A	A+1→A	√	×	×	×	1	1
08～0F	INC Rn	Rn+1→Rn	×	×	×	×	1	1
05	INC direct	(direct)+1→(direct)	×	×	×	×	2	1
06,07	INC @Ri	(Ri)+1→(Ri)	×	×	×	×	1	1
A3	INC DPTR	DPTR+1→DPTR					1	2
14	DEC A	A−1→A	√	×	×	×	1	1
18～1F	DEC Rn	Rn−1→Rn	×	×	×	×	1	1
15	DEC direct	(direct)−1→(direct)	×	×	×	×	2	1
16,17	DEC @Ri	(Ri)−1→(Ri)	×	×	×	×	1	1
A4	MUL AB	A・B→AB	√	√	×	0	1	4
84	DIV AB	A/B→AB	√	√	×	0	1	4
D4	DA A	对 A 进行十进制调整	√	×	√	√	1	1
逻 辑 运 算 指 令								
58～5F	ANL A,Rn	A∧Rn→A	√	×	×	×	1	1
55	ANL A,direct	A∧(direct)→A	√	×	×	×	2	1
56,57	ANL A,@Ri	A∧(Ri)→A	√	×	×	×	1	1
54	ANL A,#data	A∧data→A	√	×	×	×	2	1
52	ANL direct,A	(direct)∧A→(direct)	×	×	×	×	2	1
53	ANL direct,#data	(direct)∧data→(direct)	×	×	×	×	3	2
48～4F	ORL A,Rn	A∨Rn→A	√	×	×	×	1	1
45	ORL A,direct	A∨(direct)→A	√	×	×	×	2	1
46,47	ORL A,@Ri	A∨(Ri)→A	√	×	×	×	1	1
44	ORL A,#data	A∨data→A	√	×	×	×	2	1
42	ORL direct,A	(direct)∨A→(direct)	×	×	×	×	2	1
43	ORL direct,#data	(direct)∨data→(direct)	×	×	×	×	3	2
68～6F	XRL A,Rn	A∀Rn→A	√	×	×	×	1	1
65	XRL A,direct	A∀(direct)→A	√	×	×	×	2	1
66,67	XRL A,@Ri	A∀(Ri)→A	√	×	×	×	1	1
64	XRL A,#data	A∀data→A	√	×	×	×	2	1
62	XRL direct,A	(direct)∀A→(direct)	×	×	×	×	2	1
63	XRL direct,#data	(direct)∀data→(direct)	×	×	×	×	3	2
E4	CLR A	0→A	√	×	×	×	1	1
F4	CPL A	$\overline{A}$→A	×	×	×	×	1	1
23	RL A	A 循环左移一位	×	×	×	×	1	1
33	RLC A	A 带进位循环左移一位	√	×	×	√	1	1

续表

十六进制代码	助记符	功能	对标志影响				字节数	周期数
			P	OV	AC	CY		
03	RR A	A循环右移一位	×	×	×	×	1	1
13	RRC A	A带进位循环右移一位	√	×	×	√	1	1
C4	SWAP A	A半字节交换	×	×	×	×	1	1
		数据传送指令						
E8～EF	MOV A,Rn	Rn→A	√	×	×	×	1	1
E5	MOV A,direct	(direct)→A	√	×	×	×	2	1
E6,E7	MOV A,@Ri	(Ri)→A	√	×	×	×	1	1
74	MOV A,#data	data→A	√	×	×	×	2	1
F8～FF	MOV Rn,A	A→Rn	×	×	×	×	1	1
A8～AF	MOV Rn,direct	(direct)→Rn	×	×	×	×	2	2
78～7F	MOV Rn,#data	data→Rn	×	×	×	×	2	1
F5	MOV direct,A	A→(direct)	×	×	×	×	2	1
88～8F	MOV direct,Rn	Rn→(direct)	×	×	×	×	2	2
85	MOV direct1,direct2	(direct2)→(direct1)	×	×	×	×	3	2
86,87	MOV direct,@Ri	(Ri)→(direct)	×	×	×	×	2	2
75	MOV direct,#data	data→(direct)	×	×	×	×	3	2
F6,F7	MOV @Ri,A	A→(Ri)	×	×	×	×	1	1
A6,A7	MOV @Ri,direct	(direct)→(Ri)	×	×	×	×	2	2
76,77	MOV @Ri,#data	data→(Ri)	×	×	×	×	2	1
90	MOV DPTR,#data16	data16→DPTR	×	×	×	×	3	2
93	MOVC A,@A+DPTR	(A+DPTR)→A	√	×	×	×	1	2
83	MOVC A,@A+PC	PC+1→PC,(A+PC)→A	√	×	×	×	1	2
E2,E3	MOVX A,@Ri	(Ri)→A	√	×	×	×	1	2
E0	MOVX A,@DPTR	(DPTR)→A	√	×	×	×	1	2
F2,F3	MOVX @Ri,A	A→(Ri)	×	×	×	×	1	2
F0	MOVX @DPTR,A	A→(DPTR)	×	×	×	×	1	2
C0	PUSH direct	SP+1→SP, (direct)→(SP)	×	×	×	×	2	2
D0	POP direct	(SP)→(direct), SP−1→SP	×	×	×	×	2	2
C8～CF	XCH A,Rn	A←→Rn	√	×	×	×	1	1
C5	XCH A,direct	A←→(direct)	√	×	×	×	2	1
C6,C7	XCH A,@Ri	A←→(Ri)	√	×	×	×	1	1
D6,D7	XCHD A,@Ri	A.0～3→(Ri).0～3	√	×	×	×	1	1

续表

十六进制代码	助记符	功能	对标志影响				字节数	周期数
			P	OV	AC	CY		
位操作指令								
C3	CLR C	0→CY	×	×	×	√	1	1
C2	CLR bit	0→bit	×	×	×		2	1
D3	SETB C	1→CY	×	×	×	√	1	1
D2	SETB bit	1→bit	×	×	×		2	1
B3	CPL C	$\overline{\text{CY}}$→CY	×	×	×	√	1	1
B2	CPL bit	$\overline{\text{bit}}$→bit	×	×	×		2	1
82	ANL C,bit	CY∧bit→CY	×	×	×	√	2	2
B0	ANL C,/bit	CY∧$\overline{\text{bit}}$→CY	×	×	×	√	2	2
72	ORL C,bit	CY∨bit→CY	×	×	×	√	2	2
A0	ORL C,/bit	CY∨$\overline{\text{bit}}$→CY	×	×	×	√	2	2
A2	MOV C,bit	bit→CY	×	×	×	√	2	1
92	MOV bit,C	CY→bit	×	×	×	×	2	2
控制转移指令								
*1	ACALL addr11	PC+2→PC,SP+1→SP,PCL→(SP),SP+1→SP,PCH→(SP),addr11→PC10～0	×	×	×	×	2	2
12	LCALL addr16	PC+3→PC,SP+1→SP,PCL→(SP),SP+1→SP,PCH→(SP),addr16→PC	×	×	×	×	3	2
22	RET	(SP)→PCH,SP−1→SP,(SP)→PCL,SP−1+SP	×	×	×	×	1	2
32	RETI	(SP)→PCH,SP−1→SP,(SP)→PCL,SP−1→SP,从中断返回	×	×	×	×	1	2
*1	AJMP addr11	PC+2→PC,addr11→PC10～0	×	×	×	×	2	2
02	LJMP addr16	addr16→PC	×	×	×	×	3	2
80	SJMP rel	PC+2→PC,PC+rel→PC	×	×	×	×	2	2
73	JMP @A+DPTR	(A+DPTR)→PC	×	×	×	×	1	2
60	JZ rel	PC+2→PC,若 A=0,则 PC+rel→PC	×	×	×	×	2	2
70	JNZ rel	PC+2→PC,若 A≠0,则 PC+rel→PC	×	×	×	×	2	2
40	JC rel	PC+2→PC,若 CY=1,则 PC+rel→PC	×	×	×	×	2	2
50	JNC rel	PC+2→PC,若 CY=0,则 PC+rel→PC	×	×	×	×	2	2

续表

十六进制代码	助记符	功能	对标志影响				字节数	周期数
			P	OV	AC	CY		
20	JB bit,rel	PC+3→PC,若 bit=1,则 PC+rel→PC	×	×	×	×	3	2
30	JNB bit,rel	PC+3→PC,若 bit=1,则 PC+rel→PC	×	×	×	×	3	2
10	JBC bit,rel	PC+3→PC,若 bit=1,则 0→bit, PC+rel→PC					3	2
B5	CJNE A,direct,rel	PC+3→PC,若 A≠(direct),则 PC+rel→PC;若 A<(direct),则 1→CY	×	×	×	×	3	2
B4	CJNE A,#data,rel	PC+3→PC,若 A≠data,则 PC+rel→PC;若 A<data,则 1→CY	×	×	×	×	3	2
B8～BF	CJNE Rn,#data,rel	PC+3→PC,若 Rn≠data,则 PC+rel→PC;若 Rn<data,则 1→CY	×	×	×	×	3	2
B6～B7	CJNE @Ri,#data,rel	PC+3→PC,若 Ri≠data,则 PC+rel→PC;若 Ri<data,则 1→CY	×	×	×	×	3	2
D8～DF	DJNZ Rn,rel	Rn−1→Rn,PC+2→PC,若 Rn≠0,则 PC+rel→PC	×	×	×	×	2	2
D5	DJNZ direct,rel	PC+2→PC,(direct)−1→(direct),若 (direct)≠0,则 PC+rel→PC	×	×	×	×	3	2
00	NOP	空操作	×	×	×	×	1	1

附录C　Keil C51的库函数

1. CTYPE.H:字符函数

函数名	函数原型	功能说明
isalpha	extern bit isalpha(char c);	检查传入的字符是否在'A'～'Z'和'a'～'z'之间,如果为真,返回值为"1";否则为"0"
isalnum	extern bit isalnum(char c);	检查字符是否位于'A'～'Z','a'～'z'或'0'～'9'之间,为真,返回值为"1";否则为"0"
iscntrl	extern bit iscntrl(char c);	检查字符是否位于0x00～0x1F之间或为0x7F,为真,返回值为"1";否则为"0"
isdigit	extern bit isdigit(char c);	检查字符是否在'0'～'9'之间,为真,返回值为"1";否则为"0"
isgraph	extern bit isgraph(char c);	检查变量是否为可打印字符,可打印字符的值域为0x21～0x7E。若为可打印,返回值为"1";否则为"0"
isprint	extern bit isprint(char c);	除与isgraph相同外,还接受空格字符(0X20)
ispunct	extern bit ispunct(char c);	检查字符是否为标点或空格。如果该字符是个空格或32个标点和格式字符之一(假定使用ASCII字符集中128个标准字符),则返回"1";否则返回"0"
islower	extern bit islower(char c);	检查字符变量是否位于'a'～'z'之间,为真,返回值为"1";否则为"0"
isupper	extern bit isupper(char c);	检查字符变量是否位于'A'～'Z'之间,为真,返回值为"1";否则为"0"
isspace	extern bit isspace(char c);	检查字符变量是否为下列之一:空格、制表符、回车、换行、垂直制表符和送纸。为真,返回值为"1";否则为"0"
isxdigit	extern bit isxdigit(char c);	检查字符变量是否是16进制数,为真,返回值为"1";否则为"0"
toascii	extern char toascii(char c);	将任何整型值缩小到有效的ASCII范围内,它将变量和0x7F相与从而去掉低7位以上所有数位
toint	extern char toint(char c);	将ASCII字符转换为16进制,返回值0到9由ASCII字符'0'到'9'得到,10到15由ASCII字符'a'～'f'(与大小写无关)得到
tolower	extern char tolower(char c)	将字符转换为小写形式,如果字符变量不在'A'～'Z'之间,则不作转换,返回该字符
_tolower	extern char _tolower(char c);	将字符参数与0x20逐位相或,实现大写字符转换为小写字符
toupper	extern char toupper(char c);	将字符转换为大写形式,如果字符变量不在'a'～'z'之间,则不作转换,返回该字符
_toupper	extern char _toupper(char);	该宏将字符参数与0xDF逐位相与,实现小写字符转换为大写字符

2. STDIO. H:输入/输出库函数

函数名	函 数 原 型	功 能 说 明
_getkey	extern char _getkey();	从80C51串口读入一个字符,然后等待字符输入,这个函数是改变整个输入端口机制应做修改的唯一函数
getchar	extern char _getchar();	使用_getkey从串口读入字符,除了读入的字符马上传给putchar函数作为响应外,与_getkey相同
gets	extern char * gets(char * s,int n);	该函数通过getchar从控制台设备读入一个字符送入由's'指向的数据组。考虑到ANSI标准的建议,限制每次调用时能读入的最大字符数,函数提供了一个字符计数器'n',在所有情况下,当检测到换行符时,放弃字符输入
ungetchar	extern char ungetchar(char);	将输入字符推回输入缓冲区,因此下次gets或getchar可用该字符。ungetchar成功时返回'char',失败时返回'eof',不能用ungetchar处理多个字符
_ungetchar	extern char _ungetchar(char);	将传入字符送回输入缓冲区并将其值返回给调用者,下次使用getkey时可获得该字符,不能写回多个字符
putchar	extern putchar(char);	通过80C51串口输出'char',和函数getkey一样,putchar是改变整个输出机制所需修改的唯一函数
printf	extern int printf(const char * fmstr[,argument]…);	以一定格式通过80C51串口输出数值和串,返回值为实际输出的字符数,参量可以是指针、字符或数值,第一个参量是格式串指针
sprintf	extern int sprintf(char * s, const char * ,…);	与printf相似,但输出不显示在控制台上,而是通过一个指针s,送入可寻址的缓冲区
puts	extern int puts(const char * ,…);	将串's'和换行符写入控制台设备,错误时返回'eof',否则返回"0"
canf	extern int scanf(const char * ,…);	在格式串控制下,利用getcha函数由控制台读入数据,每遇到一个值(符号格式串规定),就将它按顺序赋给每个参量,注意每个参量必须都是指针。scanf返回它所发现并转换的输入项数。若遇到错误返回'eof'
sscanf	extern int sscanf(const * s, const char * ,…);	sscanf与scanf输入方式相似,但串输入不是通过串行口,而是通过指针s指向的数据缓冲区

3. STRING. H:字符串处理库函数

函数名	函 数 原 型	功 能 说 明
memchr	extern void * memchr(void * sl, char val,int len);	顺序搜索s1中的len个字符找出字符val,成功时返回s1中指向val的指针,失败时返回NULL
memcmp	extern char memcmp(void * sl, void * s2,int len);	逐个字符比较串s1和s2的前len个字符。相等时返回0,如果串s1大于或小于s2,则相应返回一个正数或负数
memcpy	extern void * memcpy(void * dest, void * src,int len);	由src所指内存中复制len个字符到dest中,返回指向dest中的最后一个字符的指针。如果src和dest发生交叠,则结果是不可预测的

续表

函数名	函 数 原 型	功 能 说 明
memccpy	extern void * memccpy(void * dest, void * src,char val, int len);	复制 src 中 len 个字符到 dest 中,如果实际复制了 len 个字符则返回 NULL。复制过程在复制完字符 val 后停止,此时返回指向 dest 中下一个元素的指针
emmove	extern void * memmove(void * dest, void * src,int len);	工作方式与 memcpy 相同,但复制区可以交叠
memset	extern void * memset(void * s, char val,int len);	用 val 值填充指针 s 中 len 个单元
trcat	extern char * strcat(char * s1, char * s2);	将串 s2 拷贝到串 s1 结尾。它假定 s1 定义的地址区足以接受两个串。返回指针指向 s1 串的第一字符
strncat	extern char * strncat(char * s1, char * s2,int n);	复制串 s2 中 n 个字符到串 s1 结尾。如果 s2 比 n 短,则只复制 s2
strcmp	extern char strcmp(char * s1, char * s2);	比较串 s1 和 s2,如果相等返回 0,如果 s1 大于或者小于 s2 则分别返回一个正数或负数
strncmp	extern char strncmp(char * s1, char * s2,int n);	比较串 s1 和 s2 中的前 n 个字符,返回值与 strncmp 相同
strcpy	extern char * strcpy(char * s1, char * s2);	将串 s2 包括结束符复制到 s1,返回指向 s1 的第一个字符的指针
strncpy	extern char * strncpy(char * s1, char * s2,int n);	与 strcpy 相似,但只复制 n 个字符。如果 s2 长度小于 n,则 s1 串以'0'补齐到长度 n
strlen	extern int strlen(char * s1);	返回串 s1 字符个数(包括结束字符)
strchr	extern char * strchr(char * s1, char c);	搜索 s1 串中第一个出现的'c'字符,如果成功,返回指向该字符的指针,否则返回 NULL。搜索也包括结束符。当搜索一个空字符时,返回指向空字符的指针而不是空指针
strpos	extern int strpos(char * s1, char c);	与 strchr 相似,但它返回字符在串中的位置或-1,s1 串的第一个字符位置是"0"
strrchr	extern char * strrchr(char * s1, char c);	搜索 s1 串中最后一个出现的'c'字符,如果成功,返回指向该字符的指针,否则返回 NULL。对 s1 搜索也返回指向字符的指针而不是空指针
strrpos	extern int strrpos(char * s1, char c);	与 strrchr 相似,但它返回字符在串中的位置或-1
strspn	extern int strspn(char * s1, char * set);	搜索 s1 串中第一个不包含在 set 中的字符,返回值是 s1 中包含在 set 里字符的个数。如果 s1 中所有字符都包含在 set 里,则返回 s1 的长度(包括结束符)。如果 s1 是空串,则返回"0"
strcspn	extern int strcspn(char * s1, char * set);	与 strspn 类似,但它搜索的是 s1 串中的第一个包含在 set 里的字符
strpbrk	extern char * strpbrk(char * s1,char * set);	与 strspn 相似,但它返回指向搜索到字符的指针,而不是个数,如果未找到,则返回 NULL
strrpbrk	extern char * strpbrk(char * s1,char * set);	与 strpbrk 相似,但它返回 s1 中指向找到的 set 字符集中最后一个字符的指针

4. STDLIB.H:标准库函数

函数名	函数原型	功能说明
atof	extern double atof(char * s1);	将 s1 串转换为浮点值并返回它。输入串必须包含与浮点值规定相符的数。C51 编译器对数据类型 float 和 double 相同对待
atoll	extern long atol(char * s1);	将 s1 串转换成一个长整型值并返回它。输入串必须包含与长整型值规定相符的数
atoi	extern int atoi(char * s1);	将 s1 串转换为整型数并返回它。输入串必须包含与整型数规定相符的数
free	extern void free(void xdata * p)	释放指针 p 所指向的存储器区域。如果 p 为 NULL,则该函数无效,p 必须是以前用 calloc、malloc 或 realloc 函数分配的存储器区域
calloc	extern void * calloc(unsigned int n,unsigned int size);	为 n 个元素的数组分配内存空间,数组中每个元素的大小为 size,所分配的内存区域用"0"进行初始化,返回值为已分配的内存单元的起始地址,如不成功则返回"0"
malloc	extern void * malloc(unsigned int size);	在内存中分配一个 size 字节大小的存储器空间,返回值为一个 size 大小对象所分配的内在指针。如果返回 NULL,则无足够的空间可用
realloc	extern void * realloc(void xdata * p,unsigned int size);	用于调整先前分配的区域大小。参数 p 指示该区域的起始地址,参数 size 表示新分配存储器区域的大小。原存储区的内容被复制到新存储区,新存储区域多出的部分不进行初始化。该函数返回值指向新存储区的指针,如果返回 NULL,则无足够内存可用,将保持原存储区不变

5. MATH.H:数学库函数

函数名	函数原型	功能说明

abs
cabs
fabs
labs
	extern int abs(int val);
	extern char cabs(char val);
	extern float fabs(float val);
	extern long labs(long val);
		abs 计算并返回变量 val 的绝对值,如果 val 为正,则不作改变返回;如果为负,则返回相反数。这四个函数除了变量和返回值类型不一样外,其他功能相同

exp
log
log10
	extern float exp(float x);
	extern float log(float x);
	extern float log10(float x);
		exp 返回以 e 为底 x 的幂,log 返回 x 的自然对数(e=2.718282),log10 返回 x 以 10 为底的对数

sqrt	extern float sqrt(float x);	返回 x 的平方根
rand srand	extern int rand(void); extern void srand(int n);	rand 返回一个 0 到 32767 之间的伪随机数。srand 用来将随机数发生器初始化成一个已知(或期望)值,对 rand 的相继调用将产生相同序列的随机数

cos
sin
tan
	extern float cos(flaot x);
	extern float sin(flaot x);
	extern flaot tan(flaot x);
		cos 返回 x 的余弦值。sin 返回 x 的正弦值。tan 返回 x 的正切值,所有函数变量范围为 −p/2～+p/2,变量必须在 −65535～+65535 之间,否则会产生一个 NaN 错误

续表

函数名	函数原型	功能说明

acos
asin
atan
atan2
	extern float acos(float x);
	extern float asin(float x);
	extern float atan(float x);
	extern float atan(float y,float x)
		acos 返回 x 的反余弦值,asin 返回 x 的正弦值,atan 返回 x 的反正切值,它们的值域为－p/2～＋p/2。atan2 返回 x/y 的反正切,其值域为－p～＋p

cosh
sinh
tanh
	extern float cosh(float x);
	extern float sinh(float x);
	extern float tanh(float x);
		cosh 返回 x 的双曲余弦值;sinh 返回 x 的双曲正弦值;tanh 返回 x 的双曲正切值

fpsave fprestore	extern void fpsave(struct FPBUF * p); extern void fprestore (struct FPBUF * p)	fpsave 保存浮点子程序的状态。fprestore 将浮点子程序的状态恢复为其原始状态,当用中断程序执行浮点运算时这两个函数是有用的

6. ABSACC.H:绝对地址访问库函数

函数名	函数原型	功能说明
CBYTE DBYTE PBYTE XBYTE	#define CBYTE((unsigned char *)0x50000L) #define DBYTE((unsigned char *)0x40000L) #define PBYTE((unsigned char *)0x30000L) #define XBYTE((unsigned char *)0x20000L)	用来对 80C51 地址空间作绝对地址访问,因此,可以字节寻址。CBYTE 寻址 CODE 区,DBYTE 寻址 DATA 区,PBYTE 寻址 XDATA 区(通过 MOVX @R0 命令),XBYTE 寻址 XDATA 区(通过 MOVX @DPTR 命令)
CWORD DWORD PWORD XWORD	#define CWORD((unsigned int *)0x50000L) #define DWORD((unsigned int *)0x40000L #define PWORD((unsigned int *)0x30000L) #define XWORD((unsigned int *)0x20000L	这些宏与上面相似,只是它们指定的类型为 unsigned int

7. INTRINS.H:内部库函数

函数名	函数原型	功能说明
crol	unsigned char _crol_(unsigned char val,unsigned char n);	将字符型数据 val 循环左移 n 位,相当于 RL 指令
irol	unsigned int _irol_(unsigned int val,unsigned char n);	将整型数据 val 循环左移 n 位,相当于 RL 指令
lrol	unsigned long _lrol_(unsigned long val,unsigned char n);	将长整型数据 val 循环左移 n 位,相当于 RL 指令
cror	unsigned char _cror_(unsigned char val,unsigned char n);	将字符型数据 val 循环右移 n 位,相当于 RR 指令
iror	unsigned int _iror_(unsigned int val,unsigned char n);	将整型数据 val 循环右移 n 位,相当于 RR 指令
lror	unsigned long _lror_(unsigned long val,unsigned char n);	将长整型数据 val 循环右移 n 位,相当于 RR 指令

续表

函数名	函 数 原 型	功 能 说 明
nop	void _nop_(void);	产生一条 NOP 指令
testbit	bit _testbit_(bit x);	产生一个 JBC 指令。只能用于可直接寻址的位;在表达式中使用是不允许的

8. SETJMP. H:**全程跳转**

函数名	函 数 原 型	功 能 说 明
setjmp	int setjmp(jmp_buf env);	将状态信息存入 env 供函数 longjmp 使用。当直接调用 setjmp 时返回值为"0",当由 longjmp 调用时返回非零值,setjmp 只能在语句 IF 或 SWITCH 中调用一次
long jmp	long jmp(jmp_buf env,int val);	恢复调用 setjmp 时存在 env 中的状态。程序继续执行,似乎函数 setjmp 已被执行过。由 setjmp 返回的值是在函数 longjmp 中传送的值 val,由 setjmp 调用的函数中的所有自动变量和未用易失性定义的变量的值都要改变

参 考 文 献

[1] 张淑清,姜万录.单片微型计算机接口技术及其应用[M].北京:国防工业出版社,2001.
[2] 李朝青.单片机原理及接口技术[M].北京:北京航空航天大学出版社,2003.
[3] 马淑华,王凤文,张美金.单片机原理与接口技术[M].北京:北京邮电大学出版社,2007.
[4] 何立民.MCS-51系列单片机应用系统设计[M].北京:北京航空航天大学出版社,1990.
[5] 张毅刚.单片机原理及应用[M].北京:高等教育出版社,2004.
[6] 李华,陈耀,李玲玲.MCS-51系列单片机实用接口技术[M].北京:北京航空航天大学出版社,2002.
[7] 徐安,陈耀,李玲玲.单片机原理与应用[M].北京:北京希望电子出版社,2003.
[8] 余锡存,曹国华.单片机原理及接口技术[M].西安:西安电子科技大学出版社,1999.
[9] 李全利.单片机原理及接口技术[M].2版.北京:高等教育出版社,2009.
[10] 赵建领,薛园园.51单片机开发与应用技术详解[M].北京:电子工业出版社,2009.
[11] 岂兴明,唐杰,赵沛,等.51单片机编程基础与开发实例详解[M].北京:人民邮电出版社,2008.
[12] 梅丽凤.单片机原理及接口技术[M].3版.北京:清华大学出版社,2009.